普通高等教育"十二五"规划教材

无机化学实验

黄　涛	张明通	主　编
李襄宏　唐定国	杨汉民	副主编
刘浩文	张丙广	

U0220991

化学工业出版社
·北京·

本书是根据高等教育改革发展的方向，在总结多年的实践教学经验基础上编写而成。全书包括基础知识、基本操作技术、基本操作实验、基本常数测定、化合物的制备、元素性质实验及设计性实验七个部分。本书内容精练，注重基本知识和技能的综合运用，具有较广泛的实用性。实验注重小量、半微量及微量相结合；力求对化学实验进行微型化，尽可能降低实验可能造成的污染。根据实际经验对元素性质实验的试剂用量也进行了量化；同时，增加了相应的化学反应方程式，使感性认识与理性认识有效地结合，达到既夯实际基础又全面提高学生综合素质的目的。

　　本书可作为高等院校化学及相关专业的无机化学实验教材，也可以供从事化学实验工作人员或化学研究人员参考。

图书在版编目（CIP）数据

无机化学实验/黄涛，张明通主编 .—北京：化学工业出版社，2011.7（2023.3重印）
普通高等教育"十二五"规划教材
ISBN 978-7-122-11475-4

Ⅰ．无…　Ⅱ．①黄…②张…　Ⅲ．无机化学-化学实验-高等学校-教材　Ⅳ.061-33

中国版本图书馆 CIP 数据核字（2011）第 106571 号

责任编辑：旷英姿　　　　　　　　装帧设计：王晓宇
责任校对：周梦华

出版发行：化学工业出版社（北京市东城区青年湖南街 13 号　邮政编码 100011）
印　　装：三河市延风印装有限公司
710mm×1000mm　1/16　印张 11½　字数 220 千字　2023 年 3 月北京第 1 版第 7 次印刷

购书咨询：010-64518888　　　　　售后服务：010-64518899
网　　址：http://www.cip.com.cn
凡购买本书，如有缺损质量问题，本社销售中心负责调换。

定　　价：29.00 元

前　言

无机化学实验是面向化学类及化学相关专业大学一年级学生开设的第一门基础实验课程。学生通过实验获得感性认识，以便深入理解和应用无机化学的基本知识和基本原理，学习并掌握无机化学实验基本操作、技能和方法，培养进行科学实验的严肃认真的科学态度、严谨的工作作风、良好的实验习惯、勇于创新的精神以及分析问题和解决问题的能力，为后续课程的学习打下良好的基础。

本书是在总结历年来的实践教学经验的基础上，结合高等教育改革发展的方向编写而成。本书注重与无机化学理论课程的融合及互补，使实验课程既自成体系，又与理论课程互为依托，相辅相成，强调系统性与相对独立性。全书包括基础知识、基本操作技术、基本操作实验、基本常数测定、化合物的制备、元素性质实验及设计性实验七个部分，旨在使学生掌握化学实验的基本常识及操作技能，掌握无机物的一般分离、制备和提纯方法；学会正确使用基本仪器测量实验数据、正确处理数据和表达实验结果；准确判断和正确分析实验现象，达到夯实基础、全面提高学生综合素质的目的。绿色化和微型化是本书的亮点之一，实验内容注重小量、半微量及微量相结合，力求对化学实验进行微型化；在实验的设计上尽可能降低实验造成的污染，对元素性质实验项目进行无毒、无公害改造，在保证实验效果的基础上，尽量使化学试剂浓度较低、用量最少，减少了化学污染，体现绿色化学理念，提高学生的绿色化学与环保意识。

本书由中南民族大学化学与材料科学学院黄涛、张明通主编，李襄宏、唐定国、杨汉民、刘浩文、张丙广副主编。中南民族大学湖北省化学实验教学示范中心胡玉梅、刘惠玲、王炎英等老师参编。全书由黄涛和张明通整理定稿。

感谢湖北省化学实验教学示范中心、湖北省无机化学精品课程、应用化学湖北省品牌专业和应用化学国家特色专业等质量工程建设项目经费的支持。同时，本书的编写参考了国内外相关的教材和资料，在此向这些文献的作者表示衷心的感谢。中南民族大学相关部门和化学工业出版社对本书的出版给予了大力支持，在此一并致谢。

由于编者水平有限，书中难免有疏漏和不妥之处，敬请读者批评指正。

编者
2011 年 5 月

目　　录

第一部分　基　础　知　识

本部分主要介绍无机化学实验基本常识、实验室安全知识、化学实验中的数据表达与处理等基础知识，使学生基本了解无机化学实验课程的要求。

1.1　实验室基本常识

1.1.1　无机化学实验的主要目的和基本要求

无机化学是建立在实验科学基础上的一门学科。无机化学实验是无机化学课程的重要组成部分，是培养学生独立操作、观察记录、分析归纳、撰写报告等多方面能力的重要环节。其主要目的如下：

（1）使学生通过观察实验现象，了解和认识化学反应的事实，加深对无机化学基本概念和基本理论的理解、巩固、充实和提高，并适当地扩大知识面；

（2）培养学生正确掌握一定的化学实验基本操作和技能，学习无机化合物的一般分离、制备和提纯方法；

（3）培养学生正确使用基本仪器测量实验数据，正确处理数据和表达实验结果；

（4）培养学生独立思考、独立解决问题的能力、严谨的科学态度和良好的实验素质，为后续课程的学习以及参加实际工作和科学研究打下良好的基础；

（5）激发学生的学习兴趣，树立学生的创新意识，培养学生的创新能力。

本课程学习的基本要求如下：

（1）实验前应认真预习，查阅有关原料和产物的物理常数，明确实验目的要求，了解实验基本原理、实验步骤、方法和注意事项，做到胸中有数。

（2）根据实验内容，写好预习报告。以简单明了的方式（如图、表、流程线等）描述实验步骤和方法，画好表格，以便实验时及时、准确地记录实验现象和有关数据。

（3）实验开始前先清点仪器设备，如发现缺损，应立即报告教师（或实验室工作人员），并按规定手续向实验员申请补领。实验中如有仪器破损，应及时报告并按规定手续向实验员换取新仪器。

（4）实验时应保持安静，集中精力，认真操作，仔细观察，如实记录实验过程中的现象、数据和结果，积极思考问题，并运用所学理论知识解释实验现象，分析并探讨实验中的问题。

（5）熟悉常用仪器使用方法和操作规程，如玻璃仪器的清洗、干燥、装配、使用和拆卸；加热、冷却、萃取和洗涤；重结晶、过滤和抽滤、液体和固体样品的干燥；分离提纯和物理常数的测定；滴定、定性分析和定量分析。

（6）理解有效数字概念及其简便运算规则，正确读取和记录有效数字。掌握常用数据处理方法如平均值法、作图法等。

（7）了解分析天平的构造，掌握其使用方法。

（8）掌握 pH 计的使用方法。

（9）掌握分光光度计的使用，学会用 Excel 作图以及处理实验数据。

（10）能够正确记录和处理实验数据、分析及表达实验结果，撰写合格的实验报告。

（11）实验时要爱护实验器材，注意节约水、电、试剂。按照化学实验基本操作规定的方法取用试剂。必须严格按照操作规程使用精密仪器。如发现仪器有故障，应立即停止使用，并及时报告指导教师。

（12）实验完毕，将玻璃仪器洗涤干净，放回原处。整理桌面，清洁水槽和打扫地面卫生。

（13）实验结束，进行数据处理，认真地写好实验报告，并对实验中出现的现象和问题进行认真的讨论。

1.1.2　无机化学实验的学习方法

为达到教学目的，学生必须树立正确的学习态度，掌握适当的学习方法。无机化学实验的学习方法，大致可分为预习、实验和撰写实验报告三个步骤。

（1）实验前的预习

学生进入实验室前，必须做好预习。实验前的预习，归纳起来是"读、查、写"三个字。

读：仔细阅读与本次实验有关的全部内容（实验指导书中实验项目内容、实验中涉及的基本操作）。

查：通过查阅书后附录、有关手册以及与本次实验相关教材的内容，了解实验的基本原理、化学物质的性质和有关理化常数。

写：在读和查的基础上，认真写好预习报告。预习报告的具体内容及要求如下：

① 实验目的和要求，实验原理或反应方程式，需用的仪器和装置，溶液的浓度及配制方法，主要试剂和产物的物理常数，主要试剂的规格、用量等。

② 根据实验内容用自己的语言简单明了地写出简明的实验步骤（不要照抄!），关键之处应加以注明。步骤中的内容可用符号简化。例如，化合物只写分子式，加热用"△"，加用"+"，沉淀用"↓"，气体逸出用"↑"等符号表示；仪器及装置画出示意图。这样，在实验前形成了一个基本提纲，实验时就会心中有数。

③ 制备实验或提纯实验应列出制备或纯化原理和过程（以操作流程线表

示）。

④ 对于实验中可能会出现的问题（包括安全问题和导致实验失败的因素）要写出防范措施和解决办法。

（2）实验记录

① 实验时除了认真操作、仔细观察、积极思考外，还应及时地将观察到的实验现象及测得的各种数据如实地记录在专门的记录本上。记录必须做到简明、扼要、全面，字迹整洁。

② 如果发现实验现象和理论不符，应认真检查原因，遇到疑难问题而自己难以解释时，可向教师请教。必要时重做实验。

③ 实验记录必须完整，不得随意涂改，不得用铅笔记录，记录本不得撕页。

④ 任何数据和记录不得记录在记录本以外的其它纸张上，也不得记录在实验讲义上。

⑤ 实验完毕后，将实验记录交教师审阅。

（3）实验报告

做完实验后，应在规定的时间内完成实验报告，交指导教师批阅。实验报告应该简明扼要，一般包括如下几个部分：

① 实验名称，实验日期。

② 目的要求。

③ 实验原理。简述该实验的基本原理及相关化学反应式，作为进行此项实验的理论依据。

④ 主要仪器与试剂。实验装置要求画图。

⑤ 实验步骤。按操作时间先后顺序条理化地表达实验进行的过程，实验步骤按不同实验要求，用箭头、方框、简图、表格等形式表达，既可减少文字，又简单、明了、清晰。实验过程中需要特别注意和小心操作的地方要着重注明，切忌抄袭教材。

⑥ 实验现象和数据记录。应及时、正确、客观地记录实验现象或原始数据。能用表格形式表达的最好用表格，一目了然，便于分析和比较。

⑦ 数据处理。以原始记录为依据，合理地对原始数据按照一定要求进行处理。

⑧ 实验结果。实验结果是整个实验的成果和核心，是对实验现象、实验数据进行客观分析和处理之后得到的结论。

⑨ 问题与讨论。问题是对实验思考题的解答或对实验方法及实验内容提出的改进意见和建议，便于学生与教师进行交流和探讨。讨论是对影响实验结果的主要因素、异常现象或数据的解释，或将计算结果与理论值比较，分析误差的原因。

⑩ 未做实验，不得撰写实验报告。

1.1.3　实验室规则

化学实验会接触许多化学试剂和仪器，其中包括一些有毒、易燃、易爆、有腐蚀性的试剂以及玻璃器皿、电气设备、高压及真空器具等。如不按照使用规则进行操作就可能发生中毒、火灾、爆炸、触电或仪器设备损坏等事故。因此，为保障身体健康及人身安全，进行化学实验时必须严格执行实验室规则。

(1) 实验前应充分预习，写好实验预习方案，按时进入实验室。未预习及迟到者，不能进行实验。

(2) 必须认真完成规定的实验内容。如果对实验及其操作有所改动，或者做自选实验，应先与指导教师商讨，经允许后方可进行。

(3) 浓酸、浓碱具有强腐蚀性，切勿溅在皮肤或衣服上，并注意眼睛的防护。稀释浓硫酸等，应将它们慢慢倒入水中，而不能相反进行，以避免溅出发生意外。

(4) 有毒药品（如钡盐、铅盐、砷的化合物、汞的化合物及剧毒药品氰化物等）不得进入口内或接触伤口。

(5) 加热试管时，不要将管口对着自己或他人，更不能俯视正在加热的液体，以免液体溅出而发生意外伤害。

(6) 绝对禁止任意混合各种化学药品，以免发生意外事故。

(7) 一切有毒或有刺激性气体产生的实验都应在通风橱内进行。

(8) 将玻璃管、温度计、漏斗等插入橡皮塞（或软木塞）时，应用水或凡士林等润滑，并用布包好，操作时应手持塞子的侧面，切勿将塞子握在手掌中，以防玻璃管破碎刺伤。

(9) 药品和仪器应整齐地摆放在一定位置，用后立即放回原位。火柴梗、废纸屑、碎玻璃等及时倒入垃圾箱，不得随意乱丢。

(10) 必须正确地使用仪器和实验设备。如发现仪器有损坏，应按规定的有关手续到实验预备室换取新的仪器；未经同意不得随意拿取别的位置上的仪器；如发现实验设备有异常，应立即停止使用，及时报告指导教师。

(11) 水、电、煤气一经使用完毕就应立即关闭。

(12) 实验时应保持实验室和台面的整洁。腐蚀性或污染性的废物应倒入废液桶或指定容器内，严禁投入或倒入水槽内，以防水槽和下水道堵塞或腐蚀。

(13) 实验室内不得吸烟、饮食，离开实验室前应先洗手；若使用过毒物，还应漱口。

(14) 实验室的一切物品及试剂不得带离实验室。用剩的药品应交还给教师。

(15) 清理实验所用的仪器，将属于自己保管的仪器放进实验柜内锁好。各实验台轮流值日，必须检查水、电和煤气开关是否关闭，负责实验室内的清洁卫生。

(16) 实验结束后，将实验记录经指导教师检查签字后方能离开实验室。

1.1.4　学生行为准则

（1）实验室将于实验前规定的时间内开始允许学生进入准备实验。为保障实验室安全，实验室非开放时间，未经允许严禁任何学生进入。

（2）学生做实验前必须预习实验，明确实验原理，熟悉实验内容，写出预习报告，并接受实验指导老师检查。凡未写出实验预习报告者，一经查出，应退出实验室，补写好后，再做实验。

（3）进入实验室必须按要求穿着实验服，严禁穿拖鞋、背心入内。

（4）实验必须在老师的指导下进行，未经老师许可不可擅自操作。

（5）实验过程中，按规范进行实验操作，仔细观察实验现象，认真做好实验记录，接受老师的指导和安排。

（6）必须将实验数据记录在专门的记录本上，记录要求真实、及时、齐全、清楚、规范。应该用钢笔或圆珠笔记录，如有记错，将记录划掉，在旁边重写清楚，不得涂改。实验完毕，须将实验记录交老师检查合格签字后，方可离开实验室。

（7）实验过程中，实验仪器应放置整齐，实验台面及地面应保持干燥、清洁。废液、火柴头、垃圾各归其位，不得倒入水池。实验完毕，整理好实验仪器、试剂，摆放整齐。值日生按《卫生细则》做好整个实验室的卫生，关好门窗、水电，经老师检查合格方可离开。

（8）学生在结束一门实验课程后，应将全部仪器洗涤干净后交还实验室。

（9）实验室内严禁吸烟、饮食；严禁大声喧哗、打闹。

（10）学生损坏实验室仪器、设备，按有关规定按一定金额赔偿。

1.1.5　卫生细则

（1）每学期学生实验开始前，各班班长需向实验室提供清洁卫生值日表（每个卫生小组需安排一个负责人），值日表一式两份，由实验室存档。

（2）实验结束后，每个学生都需自觉清理自己的台面和试剂架，试剂瓶应摆放整齐，并尽量使试剂瓶恢复到实验前的摆放状态。严禁将任何废弃物丢入水池中，特别是试纸、滤纸、火柴等轻小物品，以免造成下水管道的堵塞。

（3）待学生基本做完实验离开实验室后，当天值日生方可开始进行实验室卫生工作。具体要求如下：

① 试剂瓶、试剂架及台面　检查试剂瓶的摆放位置是否正确，摆放是否整齐，试剂架及台面是否清洁。对于卫生状况未达到要求的，值日生应重新予以清洁整理。同时，还需对实验室公共台面进行清洁，实验室的公共台面包括边柜、通风橱及其两侧矮柜的台面。

② 水池　值日生应仔细清理水池，将残留在水池中的异物清出，并清洗水池壁。

③ 地面　负责拖地的同学应勤洗拖把，严禁一把拖把一次性拖完整个实验

室的敷衍行为。拖把的清洗应在实验室内的水池进行，严禁使用卫生间的水池，以免弄脏走廊路面，也避免因瓷砖滞水而滑倒的情况发生。清洗过的拖把应尽量拧干后再拖地（实验室提供手套）。地面清洁完毕，将拖把洗净、拧干、挂回原处。

④ 板凳及抹布的摆放　值日生需对板凳和抹布进行正确摆放，以保持实验室的整洁。

⑤ 门窗水电　清洁卫生完毕，检查各仪器设备电源是否都已关闭，关好所有水龙头，关好门窗，特别注意要插好插销。

⑥ 其它　实验卫生清洁结束前，值日生应该对各蒸馏水瓶进行补充，试管刷应挂在水池两侧相应的位置，公共仪器设备应清洁干净后归还原位。

（4）清洁卫生的具体分工，由各卫生小组负责人全权负责。清洁卫生工作结束后，卫生小组负责人须配合实验员逐一进行清洁卫生的检查。

（5）清洁卫生的评分将由学生清洁卫生的出勤率决定。具体记分方式为出勤次数除以做清洁的总次数，再乘以 100。清洁卫生工作敷衍了事和清洁工作未能达标的同学，按清洁卫生缺勤处理。

（6）清洁卫生的评分占学生实验总成绩的 10%。

1.1.6　仪器使用注意事项

（1）学生进入实验室后，应根据事先安排好的号码对号入座。实验室内禁止追逐嬉戏。

（2）在使用精密仪器前，学生需填写仪器使用登记表，其中仪器使用状况一栏在仪器使用完毕后填写。

（3）在实验指导教师宣布实验开始之前，学生不得擅自使用任何仪器，否则学生将对其所造成的损失进行相应的赔偿。如对本人或他人造成人身伤害的，其后果自负。

（4）实验进行过程中，学生应使用自己所认领的仪器，不得串用或强占他人的仪器设备。若本人的仪器在使用过程中出现异常状况，需向实验指导教师说明情况，经实验指导教师核实，在仪器使用登记表上注明故障原因并签字后，学生可以更换使用其它仪器设备。在确定新的仪器设备后，学生仍需填写新的仪器使用登记表。实验完毕，新的仪器使用登记表仍需实验指导教师签字，学生方可离开。

（5）对未曾使用过的仪器设备，学生应认真听实验指导教师讲解仪器的使用流程及注意事项，并在实验过程中按规定程序认真进行各实验操作。实验过程中对仪器使用的任何疑问应及时报告实验指导教师。切不可擅自操作，以免产生不必要的人身及财产损失。

（6）仪器使用完毕后，学生应关闭其电源开关并对仪器设备进行清洁维护，以保持其外观及内部的整洁，实验室各公用器皿也应各归其位。需要特别注意的是，天平使用完毕后，应对其托盘及托盘底部进行清理。确定天平内无异物后，才可关上两侧玻璃门，套上防尘罩，等待实验指导教师的检查。使用半自动电光天平的学生还应该特别注意天平旋钮的归零。天平清理过程中，禁止使用水，也不得让任何液体渗入天平内部。分光光度计使用完毕后，则应特别注意比色皿的清洗及归位。比色皿需用蒸馏水清洗 2～3 次，用滤纸或镜头纸擦净后，方可放入盒中，等待实验指导教师检查。

（7）实验完毕，认真清洗干净所用仪器，并整齐摆放到仪器柜中。缺损的仪器及时报告，做好登记后，由实验技术人员补齐。

（8）实验结束后，由实验指导教师检查仪器状态及实验结果，实验记录经实验指导教师签字后，学生方可离开实验室。

1.1.7 实验室用水

化学实验室中所用的水一般是各种纯化水。不同的实验，对水质的要求也不相同。普通的化学实验用一次蒸馏水或去离子水；超纯分析（如色谱分析）或精密化学实验中，需要水质更高的二次蒸馏水、三次蒸馏水甚至无二氧化碳蒸馏水等。

国家标准（GB 6682—92）中，明确规定了实验室用水的级别、主要技术指标及检验方法。该标准采用了国际标准（ISO 3696—1987）。在一级水、二级水的纯度下，难于测定其真实的 pH，因此，对 pH 范围不做规定。在一级水的纯度下，难于测定其可氧化物质和蒸发残渣，因此，对其限量也不做规定，可用其它条件和制备方法来保证一级水的质量。

实验室制备纯水一般可用蒸馏法、离子交换法和电渗析法。蒸馏法的优点是设备成本低，操作简单；缺点是只能除掉水中非挥发性杂质，且能耗高。离子交换法制得的水称为"去离子水"，去离子效果好，但不能除掉水中非离子型杂质，常含有微量的有机物。电渗析法是在直流电场作用下，利用阴、阳离子交换膜对原水中存在的阴、阳离子选择性渗透的性质而除去离子型杂质，但也不能除掉非离子型杂质。在实验中，应依据需要选择用水，不要盲目地追求水的纯度。

制备出的纯水水质，一般采用电导率为主要质量指标。一般的检验也可进行，如 pH、重金属离子、Cl^-、SO_4^{2-} 等检验；此外，根据实际工作的需要及化学、医药、生化等方面的特殊要求，有时还要进行一些特殊项目的检验。

1.1.8 化学试剂的一般常识

1.1.8.1 化学试剂的分类

化学试剂的种类很多，其分类和分类标准也不尽一致。我国化学试剂的标准有国家标准（GB）和企业标准（QB）。试剂按用途可分一般试剂、标准试剂、特殊试剂、高纯试剂等；按组成、性质、结构又可分无机试剂、有机试剂。且新的试剂还在不断产生，没有绝对的分类标准。我国国家标准是根据试剂的纯度和杂质含量，将试剂分为五个等级（如表 1-1），并规定了试剂包装的标签颜色及应用范围。

　　试剂等级不同，价格相差很大，因此应根据需要选用试剂。不能认为使用的试剂越纯越好，这需要有相应的纯水及仪器与之配合才能发挥试剂的纯度作用。一些要求不高的实验，例如配制铬酸洗液的浓硫酸及重铬酸钾，作为燃料及一般溶剂的乙醇等都应使用价格低廉的工业品。

表 1-1　化学试剂的等级标志和符号

级别	一级品	二级品	三级品	四级品	其它
标志	优级纯	分析纯	化学纯	实验试剂	生物试剂
代号	G. R.	A. R.	C. P.	L. R.	B. R. 或 C. R.
瓶签颜色	绿色	红色	蓝色	棕色	黄色
用途	纯度最高，杂质含量最少的试剂，适用于最精确分析及研究工作	纯度较高，杂质含量较低，适用于精确的微量分析，为分析实验广泛使用	质量略低于二级试剂，适用于一般的微量分析实验、要求不高的工业分析和快速分析	纯度较低，但高于工业用的试剂，适用于一般化学实验	根据说明使用

1.1.8.2　化学试剂的包装规格

　　化学试剂的包装单位是根据化学试剂的性质、纯度、用途和它们的价值而确定的。包装的规格是指每个包装容器内盛装化学试剂的净重或体积，一般固体试剂为 500g 一瓶，液体试剂为 500mL 一瓶。国产化学试剂规定为五类包装：

　　第一类为稀有元素，是超纯金属等贵重试剂。由于其价值昂贵，包装规格分为五种：0.1g（或 mL）、0.25g（或 mL）、0.5g（或 mL）、1g（或 mL）、5g（或 mL）。

　　第二类为指示剂、生物试剂及供分析标准用的贵重金属元素试剂。由于价值较贵，包装规格有三种：5g（或 mL）、10g（或 mL）、25g（或 mL）。

　　第三类为基准试剂或较贵重的固体或液体试剂，包装规格有三种：25g（或 mL）、50g（或 mL）、100g（或 mL）。

　　第四类为各实验室广泛使用的化学试剂，一般为固体或液体的化学试剂，包装规格为 250g（或 mL）、500g（或 mL）两种。

　　第五类为酸类试剂及纯度较差的实验试剂，包装规格为 0.5kg（或 L）、1kg（或 L）、2.5kg（或 L）、5kg（或 L）等。

1.1.8.3　化学试剂的取用及存放

　　实验中应根据不同的要求选用不同级别的试剂。化学试剂在实验室分装时，一般把固体试剂装在广口瓶中，把液体试剂或配制的溶液盛放在细口瓶或带有滴管的滴瓶中，把见光易分解的试剂或溶液（如硝酸银等）盛放在棕色瓶内。每一试剂瓶上都贴有标签，上面写有试剂的名称、规格或浓度（溶液）以及日期，在标签外面涂上一层蜡来保护它。

（1）固体试剂的取用规则

① 固体试剂一般都用药匙取用。药匙的两端为大小两个匙，取大量固体时用大匙，取少量固体时用小匙。必须用干净的药勺取用，用过的药勺必须洗净，擦干后才能再使用。

② 试剂取用后应立即盖紧瓶盖，不要盖错盖子。多取出的药品，不得再倒回原瓶。

③ 一般试剂可放在干净的称量纸或表面皿上称量。具有腐蚀性、强氧化性或易潮解的试剂应放在玻璃容器内称量。不准使用滤纸来盛放称量物。

④ 往试管中加入固体试剂时，可用药匙或将取出的药品放在对折的纸条上，递送进试管内约 2/3 处，如图 1-1 所示。加入块状固体时，应将试管倾斜，使其沿管壁慢慢滑下，以免碰破管底。

⑤ 有毒药品要在教师指导下取用。

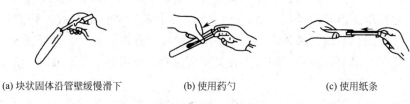

(a) 块状固体沿管壁缓慢滑下　　　　(b) 使用药勺　　　　(c) 使用纸条

图 1-1　固体试剂的取用

（2）液体试剂的取用规则

① 从细口瓶中取用试剂时，用倾注法。将瓶塞取下，反放在桌面上。用左手的大拇指、食指和中指拿住容器（如试管、量筒等）。用右手拿起试剂瓶，并注意使试剂瓶上的标签对着手心，逐渐倾斜瓶子，让试剂沿着洁净的瓶口流入试管或沿着洁净的玻璃棒注入烧杯中，倒出所需量的试剂。倒出后，应将试剂瓶口在容器上靠一下，再逐渐竖起瓶子，以免遗留在瓶口的液体滴流到瓶的外壁。取用后，瓶塞须立刻盖在原来的试剂瓶上，把试剂瓶放回原处，并使瓶上的标签朝外。

② 从滴瓶中取用液体试剂时，必须注意保持滴管垂直，避免倾斜，不可横置或倒立，以免液体流入滴管的胶皮帽中而污染试剂。应在容器口上方将试剂滴入，滴管尖端不可接触容器内壁。

③ 定量取用试剂时，可使用量筒、移液管、吸量管或移液器量取。多余的试剂不能倒回原瓶，可倒入指定容器内供他人使用。

（3）特殊化学试剂（汞、金属钠、钾等）的存放

① 汞　汞易挥发，在人体内会积累起来，引起慢性中毒。因此，不要让汞直接暴露在空气中。汞要存放在厚壁器皿中，保存汞的容器内必须加水将汞覆盖，使其不能挥发。玻璃瓶装汞只能至半满。

② 金属钠、钾　　通常应保存在煤油中，放在阴凉处，使用时先在煤油中切割成小块，再用镊子夹取，并用滤纸把煤油吸干，切勿与皮肤接触，以免烧伤。未用完的金属碎屑不能乱丢，可加少量酒精，使其缓慢反应掉。

1.2　实验室安全知识

1.2.1　实验室安全守则

（1）在进入实验室前必须阅读化学实验安全知识，并严格遵守有关规定。

（2）了解实验室的主要设施及布局，主要仪器设备以及通风橱的位置、开关和安全使用方法。熟悉实验室水、电、气（煤气）总开关的位置，了解消防器材（消火栓、灭火器等）、急救箱、紧急淋洗器、洗眼装置等的位置和正确使用方法以及安全通道。

（3）做化学实验期间必须穿实验服（过膝、长袖），戴防护镜或自己的近视眼镜（包括戴隐形眼镜者）。长发（过衣领）必须扎短或藏于帽内，不准穿拖鞋。

（4）取用化学试剂必须小心，在使用腐蚀性、有毒、易燃、易爆试剂（特别是有机试剂）之前，必须仔细阅读有关安全说明。使用移液管取液时，必须用洗耳球。

（5）一旦出现实验事故，如灼伤、化学试剂溅撒在皮肤上等，必须立即报告实验指导教师，以便采取相应措施及时处理，如立即用冷水冲洗或用药处理，被污染的衣服要尽快脱掉。

（6）实验室是大学生进行化学知识学习和科学研究的场所，必须严肃、认真。在化学实验室进行实验不允许嬉闹、高声喧哗，也不允许戴耳机边听边做实验。实验期间不允许接听或拨打手机。禁止在实验室内吃食品、喝水、咀嚼口香糖。实验后，吃饭前，必须洗手。

（7）使用玻璃仪器必须小心操作，以免打碎，划伤自己或他人。

（8）严格遵守实验室各项规章制度及仪器操作规程，确保实验安全。

1.2.2　实验操作的潜在危险

（1）对于加热生成气体的反应，一定要小心，不要在封闭体系中进行。

（2）应该小心滴加在冷却条件下进行的反应，一定要严格遵守，不要图省事。

（3）反应前，一定要检查仪器有无裂痕。对于反应体系气压变化大的反应，尤其要特别注意。

（4）对于容易爆炸的物质，如过氧化物、叠氮化物、重氮化物，在使用的时候一定要小心。加热小心，量取小心，处理小心。防止因为振动引起爆炸。

1.2.3 常见有毒气体中毒症状及急救常识

1.2.3.1 一氧化碳中毒

（1）理化性状及中毒原因

一氧化碳是常见的有毒气体之一。凡是含碳的物质如煤、木材等在燃烧不完全时都可产生一氧化碳（CO）。一氧化碳进入人体后很快与血红蛋白结合，形成碳氧血红蛋白，而且不易解离。一氧化碳的浓度高时还可与细胞色素氧化酶的铁结合，抑制细胞呼吸而中毒。

一氧化碳与血红蛋白的结合力比氧与血红蛋白的结合力大 200～300 倍，碳氧血红蛋白的解离速率只有氧血红蛋白的 1/3600。因此一氧化碳与血红蛋白结合生成碳氧血红蛋白，不仅减少了红细胞的携氧能力，而且抑制、减慢氧合血红蛋白的解离和氧的释放。

（2）中毒症状

一氧化碳中毒症状主要有头痛，心悸，恶心，呕吐，全身乏力，昏厥等症状体征，重者昏迷，抽搐，甚至死亡。血中碳氧血红蛋白的浓度与空气中一氧化碳的浓度成正比。中毒症状取决于血中碳氧血红蛋白的浓度。根据一氧化碳中毒的程度可分为三度：①轻度中毒，血液碳氧血红蛋白在 10%～20%，有头痛、眩晕、心悸、恶心、呕吐、全身乏力或短暂昏厥，脱离环境可迅速消除；②中度中毒，血液碳氧血红蛋白在 30%～40%，除上述症状加重外，皮肤黏膜呈樱桃红色，脉快、烦躁，常有昏迷或虚脱，及时抢救之后可完全恢复；③重度中毒，血液碳氧血红蛋白在 50% 以上。除上述症状加重外，病人可突然昏倒，继而昏迷。可伴有心肌损害、高热惊厥、肺水肿、脑水肿等，一般可产生后遗症。

（3）现场急救

立即将病人移到空气新鲜的地方，松解衣服，但要注意保暖。对呼吸心跳停止者立即进行人工呼吸和胸外心脏按压，并肌注呼吸兴奋剂山梗菜碱或回苏灵等，同时给氧。昏迷者针刺人中、十宣、涌泉等穴。病人自主呼吸，心跳恢复后方可送医院。

若有条件时，可做一般性后续治疗：①纠正缺氧改善组织代谢，可采用面罩鼻管或高压给氧，应用细胞色素-C 15mg（用药前需做过敏试验）、辅酶 A 50 单位、ATP 20mg，静滴以改善组织代谢；②减轻组织反应可用地塞米松 10～30mg 静滴，每日 1 次；③高热或抽搐者用冬眠疗法，脑水肿者用甘露醇或高渗糖进行脱水等；④严重者可考虑输血或换血，使组织能得到氧合血红蛋白，尽早纠正缺氧状态。

1.2.3.2 氯气中毒

（1）理化特性与中毒原因

氯是一种黄绿色具有强烈刺激性气味的气体，并有窒息臭味，许多工业和农药生产上都离不开氯。氯对人体的危害主要表现在对上呼吸道黏膜的强烈刺激，可引起呼吸道烧伤、急性肺水肿等，从而引发肺和心脏功能急性衰竭。

（2）中毒症状

吸入高浓度的氯气，如每升空气中氯的含量超过 $2\sim3mg$ 时，即可出现呼吸困难、紫绀、心力衰竭等严重症状，病人很快因呼吸中枢麻痹而致死，往往仅数分钟至 $1h$，称为"闪电样死亡"。较重度中毒，病人首先出现明显的上呼吸道黏膜刺激症状，如剧烈的咳嗽，吐痰，咽喉疼痛发辣，呼吸急促困难，颜面青紫，气喘。当出现支气管肺炎时，肺部听诊可闻及干、湿性罗音。中毒继续加重，造成肺泡水肿，引起急性肺水肿，全身情况也趋衰竭。

（3）急救

迅速将伤员脱离现场，移至通风良好处，脱下中毒时所着衣服鞋袜，注意给病人保暖，并让其安静休息。

为解除病人呼吸困难，可给其吸入 $2\%\sim3\%$ 的温湿小苏打溶液或 1% 硫酸钠溶液，减轻氯气对上呼吸道黏膜的刺激作用。

抢救中应当注意，氯中毒病人有呼吸困难时，不应采用徒手式的压胸等人工呼吸方法。这是因为氯对上呼吸道黏膜具有强烈刺激，可引起支气管肺炎甚至肺水肿，这种压式的人工呼吸方法会使炎症、肺水肿加重，有害无益。酌情使用强心剂如西地兰等。鼻部可滴入 $1\%\sim2\%$ 麻黄素，或 $2\%\sim3\%$ 普鲁卡因加 0.1% 肾上腺素溶液。由于呼吸道黏膜受到刺激腐蚀，故呼吸道失去正常保护机能，极易招致细菌感染，因而对中毒较重的病人，可应用抗生素预防感染。

1.2.4　安全用电常识

（1）防止触电

① 不要用潮湿的手接触电器。

② 电源裸露部分应有绝缘装置（例如电线接头处应裹上绝缘胶布）。

③ 所有电器的金属外壳都应接地保护。

④ 实验时，应先连接好电路后才接通电源。实验结束时，先切断电源再拆线路。

⑤ 修理或安装电器时，应先切断电源。

⑥ 不能用试电笔去试高压电。使用高压电源应有专门的防护措施。

⑦ 如有人触电，应迅速切断电源，然后进行抢救。

（2）防止引起火灾

① 使用的保险丝要与实验室允许的用电量相符。

② 电线的安全通电量应大于用电功率。

③ 室内若有氢气、煤气等易燃易爆气体，应避免产生电火花。继电器工作和开关电闸时，易产生电火花，要特别小心。电器接触点（如电插头）接触不良时，应及时修理或更换。

④ 如遇电线起火，立即切断电源，用沙子或二氧化碳、四氯化碳灭火器灭

火，禁止用水或泡沫灭火器等导电液体灭火。

⑤ 严禁将易挥发有机物敞口放置于冰箱内，以防冰箱启动时产生的电火花引爆有机物。

（3）防止短路

① 线路中各接点应牢固，电路元件两端接头不要互相结触，以防短路。

② 电线、电器不要被水淋湿或浸在导电液体中，例如实验室加热用的灯泡接口不要浸在水中。

③ 使用电炉等加热时，小心勿使电线接触高热部位，以防电线烫坏而引发事故。

（4）电器仪表的安全使用

① 使用前先了解电器仪表要求使用的电源是交流电还是直流电，是三相电还是单相电以及电压的大小（380V、220V、110V 或 6V）。须弄清电器功率是否符合要求及直流电器仪表的正、负极。

② 仪表量程应大于待测量。若待测量大小不明时，应从最大量程开始测量。

③ 实验之前要检查线路连接是否正确。经教师检查同意后方可接通电源。

④ 在仪器使用过程中，如发现有不正常声响、局部过热或嗅到绝缘漆过热产生的焦味，应立即切断电源，并报告教师进行检查。

1.2.5　使用化学药品的安全防护

（1）防毒

① 实验前，应了解所用药品的毒性及防护措施。

② 凡是产生有毒气体（如 H_2S、Cl_2、Br_2、NO_2、HCl 和 HF 等）的反应都应在通风橱内进行。

③ 苯、四氯化碳、乙醚、硝基苯等的蒸气会引起中毒。它们虽有特殊气味，但久嗅会使人嗅觉减弱，所以应在通风良好的情况下使用。

④ 有些药品（如苯、有机溶剂、汞等）能透过皮肤进入人体，应避免与皮肤接触。

⑤ 氰化物、汞盐 [$HgCl_2$，$Hg(NO_3)_2$ 等]、可溶性钡盐（$BaCl_2$）、重金属盐（如镉、铅盐）、三氧化二砷等剧毒药品，应妥善保管，使用时要特别小心。

⑥ 禁止在实验室内喝水、吃东西。饮食用具不要带进实验室，以防毒物污染，离开实验室及饭前要洗净双手。

⑦ 任何生理性质不明的物质均以剧毒物对待。

（2）防爆

可燃气体与空气混合的比例达到爆炸极限时，受到热源（如电火花）的诱发，就会引起爆炸。

① 使用可燃性气体时，要防止气体逸出，室内通风要良好。

② 操作大量可燃性气体时，严禁同时使用明火，还要防止发生电火花及其

它撞击火花。

③ 有些药品如叠氮铝、乙炔银、乙炔铜、高氯酸盐、过氧化物等受到振动或受热时都易引起爆炸，使用时要特别小心。

④ 严禁将强氧化剂和强还原剂存放在一起。

⑤ 放置较久的乙醚使用前应除去其中可能产生的过氧化物。

⑥ 进行容易引起爆炸的实验，应采取防爆措施。

（3）防火

化学实验室的易燃、易爆物品需经常定期检查，使用时远离火种，且不能与强氧化剂接触。许多有机溶剂如乙醚、丙酮、乙醇、苯等非常容易燃烧，大量使用时室内不能有明火，电火花或静电放电。实验室内不可存放过多这类药品，用后要及时回收处理，不可倒入下水道，以免聚集引起火灾。

有些物质如磷、金属钠、钾、电石及金属氢化物等，在空气中易氧化自燃。还有一些金属如铁、锌、铝等微粉，比表面大也易在空气中氧化自燃。这些物质必须隔绝空气保存，使用时要特别小心。

（4）防灼伤

强酸、强碱、强氧化剂、溴、磷、钠、钾、苯酚、冰醋酸等都会腐蚀皮肤，特别要防止溅入眼内。液氧、液氮等也会严重灼伤皮肤，使用时要小心。万一灼伤应及时治疗。

（5）汞的安全使用

汞中毒分急性和慢性两种。急性中毒多为高汞盐（如 $HgCl_2$ 入口，$0.1\sim 0.3g$ 即可致死）。吸入汞蒸气会引起慢性中毒，症状有：食欲不振，恶心，便秘，贫血，骨骼和关节疼，精神衰弱等。汞蒸气的最大安全浓度为 $0.1mg \cdot m^{-3}$，而 20 ℃时汞的饱和蒸气压为 $0.0012mmHg$（$1.6 \times 10^{-4} kPa$），超过安全浓度 100 倍。所以使用汞必须严格遵守安全用汞操作规定。具体规定如下：

① 不要让汞直接暴露于空气中，盛汞的容器应在汞面上加盖一层水。

② 装汞的仪器下面一律放置浅瓷盘，防止汞滴散落到桌面上和地面上。

③ 一切转移汞的操作，也应在浅瓷盘内进行（盘内装水）。

④ 实验前要检查装汞的仪器是否放置稳固。橡皮管或塑料管连接处要缚牢。

⑤ 因汞的比重较大，储汞的容器要用厚壁玻璃器皿或瓷器。用烧杯暂时盛汞，不可多装，以防破裂。

⑥ 若有汞掉落在桌上或地面上（如温度计水银球破裂），先用吸汞管尽可能将汞珠收集起来，然后在汞溅落的地方撒上硫黄粉，并摩擦使之生成 HgS。也可用 $KMnO_4$ 溶液使其氧化。

⑦ 擦过汞或汞齐的滤纸或布必须放在有水的瓷缸内。

⑧ 盛汞器皿和有汞的仪器应远离热源，严禁把有汞仪器放进烘箱。

⑨ 使用汞时必须在通风良好的实验室进行，纯化汞应在有专用通风设备的

实验室。

⑩ 手上若有伤口时，切勿接触汞。

1.2.6　化学事故及防护常识

由于人为或自然的原因引起化学危险和泄漏、污染、爆炸，造成损害的事故叫化学事故。

（1）化学危险品可能引起的伤害

① 刺激眼睛——流泪致盲；

② 灼伤皮肤——溃疡糜烂；

③ 损伤呼吸道——胸闷窒息；

④ 麻痹神经——头晕昏迷；

⑤ 燃烧爆炸——物毁人亡。

（2）防止化学事故

① 了解化学危险品特性，不盲目操作，不违章使用。

② 妥善保管好化学危险品。

③ 严防室内积聚高浓度易爆、易燃气体。

（3）防护器材

① 制式器材　隔绝式和过滤过防毒面具、防毒衣。

② 简易器材　湿毛巾、湿口罩、雨衣、雨靴等。

（4）常用医药用品

实验室配置药箱，内放常用医药用品。

① 消毒剂　75%酒精，0.1%碘酒，3%双氧水，酒精棉球。

② 烫伤药　玉树油，蓝油烃，烫伤药，凡士林。

③ 创伤药　红药水，龙胆汁，消炎粉。

④ 化学灼伤药　5%的碳酸氢钠溶液，1%的硼酸，2%的醋酸，氨水，2%的硫酸铜溶液。

⑤ 治疗用品　药棉，纱布，护创胶，绷带，镊子等。

（5）事故现场应急措施

① 向侧风或侧上风方向迅速撤离。

② 离开毒区后脱去污染衣物及时洗消。

③ 必要时到医疗部门检查或诊治。

1.2.7　安全措施及事故处理

（1）防火与灭火

实验室内严禁吸烟；电器设备要经常检查，防止绝缘不良而短路或超负荷而引起线路起火。实验室如果着火不要惊慌，首先要迅速对火势是否可控作出判断。如可控，应根据具体着火情况进行灭火。一面灭火，一面移开可燃物，切断电源，停止通风，防止火势蔓延，并随时准备报警。灭火的方法要针对起火原因选用合适的方法。对小面积的火灾，应立即用湿布、沙子等覆盖燃烧物，隔绝空气使火熄灭。火势大时可用泡沫灭火器。但电器设备所引起的火灾，只能使用二氧化碳或四氯化碳灭火器灭火，不能使用泡沫灭火器，以免触电。实验人员衣服着火时，切勿惊慌乱跑，赶快脱下衣服，或用石棉布覆盖着火处。

一旦火势扩大无法控制，应立即撤离现场人员并报警，根据燃烧物性质使用相应的灭火器进行抢救，以减少损失。

常用的灭火剂有水、沙等。但是以下几种情况不能用水灭火：

① 金属钠、钾、镁、铝粉、电石、过氧化钠着火，应用干沙灭火；

② 比水轻的易燃液体，如汽油、笨、丙酮等着火，可用泡沫灭火器；

③ 有灼烧的金属或熔融物的地方着火时，应用干沙或干粉灭火器；

④ 电器设备或带电系统着火，可用二氧化碳灭火器或四氯化碳灭火器。

灭火器有二氧化碳灭火器、四氯化碳灭火器、泡沫灭火器和干粉灭火器等。可根据起火的原因选择使用。

常用的灭火器有以下几种：

① 二氧化碳灭火器　适用于电器起火。

② 干粉灭火器　适用于扑灭可燃气体、油类、电器设备、物品、文件资料等初起火灾。

③ 泡沫式灭火器　适于油类和一般起火。

④ 1211 灭火器　高效灭火剂，适用于扑灭易燃液体、气体、高压电器设备、精密仪器等的起火，特别适用于扑救珍贵文物、图书、档案等初起火灾。具有灭火效率高、毒性低、腐蚀性小、久储不变质、灭火后不留痕迹、不污染被保护物、绝缘性能良好等优点。

⑤ 四氯化碳灭火器　适用于扑灭电器设备和贵重仪器设备的火灾、小范围的汽油等发生的火灾。四氯化碳毒性大，使用者要站在上风口。但金属钾、钠、镁和铝粉等失火，以及电石、乙炔气等起火，切勿使用四氯化碳扑救。

（2）一般伤害事故的处理

① 割伤处理　伤口保持清洁，伤处不能用手抚摸，也不能用水洗涤。若是玻璃创伤，应先把碎玻璃从伤处挑出，然后用酒精棉清洗，轻伤可涂以紫药水（或红汞，碘酒），必要时敷上消炎粉包扎，严重时采取止血措施，送往医院。

② 烫伤和烧伤的处理　轻度烧烫伤时，将烧烫伤部位用自来水轻轻冲洗 $0.5\sim1h$ 或在冷水中浸泡 10min 左右，还可以考虑冷敷，时间以受伤部位不再感到疼痛为止。这些做法可以防止烫伤面扩大和损伤加重。还可以涂些防止感染、促进创伤面愈合的药物，促进受伤部位愈合。伤处皮肤未破时，可涂擦饱和碳酸氢钠溶液或用碳酸氢钠粉调成糊状敷于伤处，也可抹獾油或烫伤膏；如果伤处皮肤已破，可在伤处涂上玉树油或 75% 酒精清创后涂蓝油烃。如果创伤面较大，

深度达真皮，应小心用75%酒精处理，并涂上烫伤油膏后包扎，并及时送往医院。

如果是重度烧烫伤，烧烫伤面积大，程度也比较深，要尽快让伤者躺下，将受伤部位垫高，详细检查伤者有无其它伤害，维持呼吸道畅通，必要时可将衣裤剪开。这时千万不要用水冲洗伤处，用冷水处理可能会加重全身反应，增加感染机会，要用消毒纱布或干净的布盖在伤处，保护伤口，并尽快送医院进行治疗。注意，这时不要涂抹任何油膏或药剂。

严重的烧烫伤后，受伤者往往感觉浑身发热、口渴，想喝水。如果烧烫伤部位在面部、头部、颈部、会阴部等，为防止发生休克可以给伤者喝些淡盐水，但千万不要在短时间内给伤者喝大量的白开水、矿泉水、饮料或糖水。否则可能会因饮水过多引发脑水肿或肺水肿等并发症，甚至危及生命。

③ 化学灼伤的处理　如果沾上浓硫酸，应立即先用棉布吸取浓硫酸，再用大量水冲洗，接着用3%～5%碳酸氢钠溶液（或稀氨水，肥皂水）中和，最后再用水清洗。必要时涂上甘油，若有水泡，应涂上龙胆汁。至于其它酸灼伤，可立即冲洗，然后进行处理。

若受碱腐蚀致伤，先用大量水冲洗，再用2%醋酸溶液或1%硼酸溶液清洗，最后再用水冲洗。

如果酸碱溅入眼内，应先用水冲洗，再用5%的碳酸氢钠溶液或2%的乙酸清洗，用大量水冲洗后，送医院诊治。

若受溴腐蚀致伤，用苯或甘油洗涤伤口，再用水洗。

若受磷灼伤，用1%硝酸银、5%硫酸铜或浓高锰酸钾溶液洗涤伤口，然后包扎。

（3）中毒的急救措施

化学中毒有三条途径：

① 通过呼吸道吸入有毒的气体、粉尘、烟雾而中毒；

② 通过消化道误服而中毒；

③ 通过接触皮肤而中毒。

在实验室发生中毒时，必须采取紧急处理措施，同时，紧急送往医院医治。常用的急救措施有以下几种：

① 呼吸系统中毒，应使中毒者撤离现场。转移到通风良好的地方，让患者呼吸新鲜的空气。轻者会较快恢复正常；若发生休克昏迷，可给患者吸入氧气及人工呼吸，并迅速送往医院。

② 消化道中毒应立即洗胃。常用的洗胃液有食盐水、肥皂水、3%～5%的碳酸氢钠溶液，边洗边催吐，洗到基本没有毒物后服用生鸡蛋清、牛奶、面汤等解毒剂。

③ 皮肤、眼、鼻、咽喉受毒物侵害时，应立即用大量的清水冲洗（浓硫酸

先用干布吸干），具体措施和化学灼伤处理相同。

（4）触电事故的急救措施

人体接触电压高过一定值（行业规定：安全电压为36V）就可引起触电，特别是手脚潮湿时更容易触电。

发生触电时，应迅速切断电源，将患者上衣解开进行人工呼吸，切忌注射兴奋剂。当患者恢复呼吸立即送往医院治疗。

1.2.8　实验室"三废"的处理

实验过程中产生的废气、废液、废渣大多数是有害的，为防止环境污染，必须经过处理才能排放。

（1）化学废弃物的处理

实验室废弃物收集的一般办法如下：

① 分类收集法　按废弃物的类别、性质和状态不同，分门别类收集。

② 按量收集法　根据实验过程中排出的废弃物的量的多少或浓度高低予以收集。

③ 相似归类法　性质或处理方式、方法等相似的废弃物应收集在一起。

④ 单独收集法　危险废弃物应予以单独收集处理。

（2）废液处理的一般原则

① 实验室应配备储存废液的容器，实验所产生的对环境有污染的废液应分类倒入指定容器储存。

② 废弃化学药品禁止倒入下水管道中，必须集中到焚化炉焚烧或用化学方法处理成无害物。

③ 有机物废液集中后进行回收、转化、燃烧等处理。

④ 尽量不使用或少使用含有重金属的化学试剂进行实验。

⑤ 能够自然降解的有毒废物，集中深埋处理。

⑥ 碎玻璃和其它有棱角的锐利废料，不能丢进废纸篓内，要收集于特殊废品箱内处理。

（3）无机物废液的处理

① 镉废液的处理　用消石灰将 Cd^{2+} 转化成难溶于水的 $Cd(OH)_2$ 沉淀。即在镉废液中加入消石灰，调节 pH 至 $10.6 \sim 11.2$，充分搅拌后放置，分离沉淀，检测滤液中无镉离子时，将其中和后即可排放。

② 含六价铬液的处理　主要采用铁氧吸附法，即利用六价铬氧化性采用铁氧吸附法，将其还原为三价铬，再向此溶液中加入消石灰，调节 pH 为 $8 \sim 9$，加热到80℃左右，放置12h，溶液由黄色变为绿色，排放废液。

③ 含铅废液的处理　用 $Ca(OH)_2$ 把二价铅转为难溶的 $Pb(OH)_2$，然后采用铝盐脱铅法处理，即在废液中加入消石灰，调节 pH 至 11，使废液中铅生成 $Pb(OH)_2$ 沉淀；然后加入硫酸铝，将 pH 降至 $7 \sim 8$，即生成 $Al(OH)_3$ 和

$Pb(OH)_2$ 共沉淀。放置，使其充分澄清后，检测滤液中不含铅，分离沉淀，排放废液。

④ 含砷废液的处理 利用氢氧化物的沉淀吸附作用，采用镁盐脱砷法，在含砷废液中加入镁盐，调节 pH 为 $9.5 \sim 10.5$，生成 $Mg(OH)_2$ 沉淀。利用新生的 $Mg(OH)_2$ 和砷化合物的吸附作用，搅拌，放置 12h，分离沉淀，排放废液。

⑤ 含汞废液的处理 先将含汞盐的废液的 pH 调至 $8 \sim 10$，然后加入过量的 Na_2S，使其生成 HgS 沉淀。再加入 $FeSO_4$（共沉淀剂），与过量的 Na_2S 生成 FeS 沉淀，将悬浮在水中难以沉淀的 HgS 微粒吸附共沉淀。然后静置、离心、过滤，分离沉淀，滤液的含汞量可降至 $0.05mg \cdot L^{-1}$ 以下，达到可排放标准。

⑥ 氰化物废液的处理 因氰化物及其衍生物都是剧毒，因此处理时必须在通风橱内进行。利用漂白粉或次氯酸钠的氧化性将氰根离子转化为无害的气体，即先用碱溶液将溶液 pH 调到大于 11 后，加入次氯酸钠或漂白粉，充分搅拌，氰化物分解为 CO_2 和 N_2，放置 24h 后排放。

⑦ 酸碱废液的处理 将废酸集中回收，或用来处理废碱，或将废酸先用耐酸玻璃纤维过滤，滤液加碱中和，调 pH 至 $6 \sim 8$ 后即可排放，少量滤渣埋于地下。

（4）有机物废液的处理

目前，有机污染物最广泛最有效的处理方法是生物降解法、活性污泥法等。

① 含甲醇、乙醇、醋酸类可溶性溶剂的处理 由于这些溶剂能被细菌分解，可以用大量的水稀释后排放。

② 氯仿和四氯化碳废液 可用水浴蒸馏，收集馏出液，密闭保存，回用。

③ 烃类及其含氧衍生物的处理 最简单的方法是用活性炭吸附。

（5）废气的处理

产生少量有毒气体的实验应在通风橱内进行，通过排风设备将少量毒气排到室外，被空气稀释。

产生大量有毒气体的实验必须具备吸收或处理装置。如氮的氧化物、二氧化硫等酸性气体用碱液吸收，可燃性有机废气可于燃烧炉中通氧气完全燃烧。

1.3 化学实验中的数据表达与处理

1.3.1 误差的来源

根据误差性质的不同可以分为系统误差和偶然误差两类。

1.3.1.1 系统误差

系统误差也称为可测误差。它是由于分析过程中某些确定的原因所造成的，对分析结果的影响比较固定，在同一条件下重复测定时它会重复出现，使测定的结果系统地偏高或偏低。因此，这类误差有一定的规律性，其大小、正负是可以确定的，只要弄清来源，可以设法减小或校正。

产生系统误差的主要原因有以下：

（1）**仪器误差**　由于仪器本身不够精密或有缺陷而造成的误差。例如，使用未校正的容量瓶、移液管、砝码等。

（2）**方法误差**　由于分析方法本身不够完善而引入的误差。例如，反应不完全、副反应的发生、指示剂选择不当等。

（3）**试剂误差**　由于试剂或蒸馏水、去离子水不纯，含有微量被测物质或含有对被测物质有干扰的杂质等所引起的误差。

（4）**主观误差**　由于实验者的主观因素造成的误差。例如，对实验操作不熟练、个人对颜色的敏感性不同、对仪器刻度标线读数不准确等。主观误差的数值可能因人而异，但对一个操作者来说基本是恒定的。

1.3.1.2　偶然误差

偶然误差又称为随机误差，是由某些随机的、难以控制、无法避免的偶然因素所造成的误差。偶然误差没有一定的规律性，虽然操作者仔细操作，外界条件也尽量保持一致，但测得的一系列数据仍有差别。产生这类误差的原因常常难以察觉，如室内环境的温度、湿度和气压的微小波动、仪器性能的微小变化等，都会导致测量结果在一定范围内波动，从而引起偶然误差。偶然误差的大小、方向都不固定。因此，无法测量，也无法校正。但经过大量的实践发现，如果在同样条件下进行多次测定，偶然误差符合正态分布。

1.3.2　准确度与精密度

1.3.2.1　准确度与误差

准确度是指测定值与真实值相接近的程度，它说明测定结果的可靠性。测定值与真实值之间的差值越小，则测定值的准确度越高。

准确度的高低用误差的大小来衡量。误差越小，准确度越高；误差越大，准确度越低。

误差有两种表示方法：绝对误差和相对误差。绝对误差是测定值（x_i）与真实值（T）之差，以 E 表示；相对误差是绝对误差在真实值中所占的百分率。

$$E = x_i - T$$

$$相对误差 = \frac{x_i - T}{T} \times 100\%$$

由于测定值可能大于真实值，也可能小于真实值，因此，绝对误差和相对误差有正、负之分。

绝对误差的大小取决于所使用的器皿、仪器的精度和操作者的观察能力，但不能反映误差在整个测量结果中所占的比例。相对误差可以反映误差在测量结果中所占的百分率。因此，用相对误差来比较各种情况下测定结果的准确度更为确切。

1.3.2.2 精密度与偏差

精密度是指在相同条件下多次重复测定（称为平行测定）结果彼此相符合的程度，它表示了结果的再现性。

精密度的大小常用偏差来衡量。偏差越小，分析结果的精密度就越高。

偏差有以下几种表示方法。

（1）绝对偏差与相对偏差

绝对偏差是指个别测定值（x_i）与 n 次测定结果的算术平均值（$\bar{x}$）的差值，以 d_i 表示。相对偏差是指绝对偏差在平均值中所占的百分率。

$$d_i = x_i - \bar{x}$$

$$相对偏差 = \frac{d_i}{\bar{x}} \times 100\%$$

绝对偏差和相对偏差都有正、负之分。绝对偏差和相对偏差只能用来衡量单次测定结果相对于平均值的偏离程度。

（2）平均偏差和相对平均偏差

平均偏差是指单次测定值绝对偏差的平均值，以 $\bar{d}$ 表示。平均偏差可用来衡量一组平行数据的精密度。相对平均偏差是指平均偏差在平均值中所占百分率。

$$\bar{d} = \frac{|d_1| + |d_2| + |d_3| + \cdots + |d_n|}{n} = \frac{1}{n} \sum_{i=1}^{n} |d_i|$$

$$相对平均偏差 = \frac{\bar{d}}{\bar{x}} \times 100\%$$

（3）标准偏差和相对标准偏差

标准偏差又称为均方根偏差。当重复测定次数 $n \to \infty$ 时，标准偏差以 σ 表示。

$$标准偏差(\sigma) = \sqrt{\frac{1}{n} \sum_{i=1}^{n} d_i^2} = \sqrt{\frac{1}{n} \sum_{i=1}^{n} (x_i - \mu)^2}$$

式中，μ 为无限多次测定结果的平均值，称为总体平均值。

当重复测定次数<20 时，标准偏差用 S 表示。

$$S = \sqrt{\frac{1}{n-1} \sum_{i=1}^{n} (x_i - \bar{x})^2}$$

相对标准偏差（RSD）又称变异系数（CV），指标准偏差占平均值的百分率。

$$RSD = \frac{S}{\bar{x}} \times 100\%$$

用标准偏差表示精密度比用算术平均偏差要好。由于单次测量值的偏差经平方后，较大的偏差就能更显著地反映出来，更能准确地反映测定数据之间的离散性，因此，实际工作中常用相对标准偏差（RSD）来表示精密度。

1.3.2.3 准确度与精密度的关系

实验结果的准确度与精密度是两个不同的概念，既有关系，又有区别。精密度表示分析结果的再现性，准确度表示分析结果的可靠性。

精密度高，准确度不一定高，而准确度高必然要求精密度也高。精密度是保证准确度的先决条件，精密度低，说明测定结果不可靠，也就失去了衡量准确度的前提。因此，首先应该获得较高的精密度，才有可能获得高的准确度。

1.3.3 提高测定结果准确度的方法

根据误差产生的原因，可以采用相应的措施尽可能地减小系统误差和偶然误差，从而提高测定结果的准确度。通常采用的方法如下。

1.3.3.1 系统误差的校正

系统误差是影响分析结果准确度的主要因素。造成系统误差的原因是多方面的，应根据具体情况采用不同的方法检验和消除系统误差。

（1）校正仪器

由仪器不准确引起的系统误差可以通过校正仪器来消除。例如，配套使用的容量瓶、移液管、滴定管等容量器皿应进行校准；分析天平、砝码等应由国家计量部门定期检定。

（2）空白实验

空白实验是在不加试样溶液的情况下，按照试样溶液的分析步骤和条件进行分析的实验，所得结果称为"空白值"，从测定结果中扣除空白值，即可消除此类误差。

（3）对照实验

常用的对照实验有以下三种。

① 用组成与待测试样相近的已知准确含量的标准样品，按所选方法测定，将对照试验的测定结果与标样的已知含量相比，获得校正系数。

$$校正系数 = \frac{标准试样组分的标准含量}{标准试样测定的含量}$$

则被测组分的含量为：

$$被测组分的含量 = 测得含量 \times 校正系数$$

② 用标准方法与所选用的方法测定同一试样，若测定结果符合误差要求，说明所选方法可靠。

③ 用加标回收率的方法检验，即取两等份试样，在一份中加入待测组分的纯物质，用相同的方法进行测定，计算测定结果和加入纯物质的回收率，以检验分析方法的可靠性。

1.3.3.2 偶然误差的消除

可通过增加平行测定次数，以减小测定过程中的偶然误差。

1.3.4 有效数字及其有关规则

在化学实验中，不仅要准确测定物理量，而且应正确地记录所测定的数据并进行合理地运算。测定结果不仅能表示其数值的大小，而且还反映了测定的精密度和准确度。

例如，某试料用托盘天平称量 1g 与用分析天平称量 1g 是不相同的。托盘天平只能称准至±0.1g，而分析天平可以称准至±0.0001g，二者准确度不同。记录称量数据时，前者应记为 1.0g，而后者应记为 1.0000g，后者较前者准确 1000 倍。同理，在数据运算过程中也有类似的问题。因此，在记录实验数据和计算结果时应特别注意有效数字的问题。

(1) 有效数字的使用

有效数字就是在测量和运算中得到的具有实际意义的数值，通常包括全部准确数字和一位不确定的可疑数字。所谓不确定的可疑数字，除特殊说明外，一般可理解为该数字上有±1 个单位的误差。

明确有效数字的位数十分重要。为了正确判别和写出测量数值的有效数字，必须注意以下几点。

① 记录测定数据和运算结果时，只保留一位不确定数字，既不允许增加位数，也不应减少位数。有效数字的位数与所用测量仪器和方法的精密度一致。例如，化学实验中称量质量和测量体积，获得如下数字，其意义是有所不同的。

1.0000g 是五位有效数字，这不仅表明试样的质量为 1.0000g，还表示称量误差在±0.0001g 以内，是用精密分析天平称量的；如将其质量记录成 1.00g，则表示该试样是用台秤或精度为 0.01g 的电子天平称量的，其误差范围为±0.01g。例如，用分析天平称量一个烧杯的质量为 15.0637g，可理解为该烧杯的真实质量为 (15.0637±0.0001)g，即 15.0636g~15.0638g，因为分析天平能称准至±0.0001g。

例如，10.00mL 是四位有效数字，是用滴定管或吸量管量取的，刻度精确至 0.1mL，估计至±0.01mL。当用 25mL 移液管移取溶液时，应记录为 25.00mL。用 5mL 吸量管时，应记录为 5.00mL。当用 250mL 容量瓶配制溶液时，所配的溶液体积应记作 250.0mL。用 50mL 容量瓶时，则应记为 50.00mL，这是根据容量瓶质量的国家标准所允许容量误差决定的。

不同大小的量筒刻度精度不同，例如，10.0mL，是三位有效数字，一般是用 10mL 小量筒取的，刻度至 1mL，估计至±0.1mL；10mL 则是两位有效数字，是用大量筒取的，说明量取准确度至±1mL 即可满足实验要求。

② 数值的有效数字的位数与量的使用单位无关，与小数点的位置无关。其单位之间的换算的倍数通常以乘 10 的相当幂次来表示。例如，称得某物的质量为 2.1g，两位有效数字；若以 mg 为单位，应记为 2.1×10^3mg，而不应记为 2100mg；若以 kg 为单位，可记为 0.0012kg 或 2.1×10^{-3}kg。

③ 非零数字都是有效数字。

④ 数据中的"0"要作具体分析。"0"在第一个非零数字前面不作有效数字，"0"在非零数字的中间或末端都是有效数字。例如，0.1041 与 0.01041 有效数字都是 4 位，而 0.10410 则表示有 5 位有效数字。

⑤ pH、pK 等，其有效数字的位数仅取决于小数部分的位数，其整数部分只说明原数值的方次，起定位作用，不是有效数字。例如，pH＝7.68，则 $[H^+]＝2.1×10^{-8} mol·L^{-1}$，只有两位有效数字。

⑥ 简单的整数、分数、倍数以及常用 π、e 等属于准确数或自然数，其有效数字可以认为是无限制的，在计算中需要几位就取几位，因为对数学上的纯数不考虑有效数字的概念。

(2) 有效数字的运算规则

在实验过程中，一般都要经过几个测定步骤获得多个测量数据，然后根据这些测量数据经过一定的运算步骤才能获得最终的结果。由于各个数据的准确度不一定相同，因此运算时必须按照有效数字的运算规则进行，合理地取舍各数据的有效数字的位数，既可以节省时间，又可以保证得到合理的结果。

① 有效数字的修约规则　采用"四舍六入五留双"的规则对测量数据的有效数字进行修约。即在拟舍弃的数字中，若左边第一个数字≤4 时则舍去；若左边第一个数字≥6 时则进 1；若左边第一个数字等于 5 时，其后的数字不全为零，则进 1；若左边第一个数值等于 5，其后的数字全为零，保留下来的末位数字为奇数时，则进 1，为偶数（包括 0）时则不进位。例如，将下列数值修约成三位有效数字，其结果分别为：

10.345 修约为 10.3（尾数＝4）

10.3625 修约为 10.4（尾数＝6）

10.3500 修约为 10.4（尾数＝5，前面为奇数）

10.2500 修约为 10.2（尾数＝5，前面为偶数）

10.0500 修约为 10.0（尾数＝5，0 视为偶数）

10.0501 修约为 10.1（尾数 5 后面并非全部为 0）

若被舍弃的数字包括几位数字时，不得对该数进行连续修约，而应根据以上法则仅作一次性修约处理。

② 有效数字的加减运算法　在加减法运算中，应以参加运算的各数据中绝对误差最大（小数点后位数最少）的数据为标准确定有效数字的位数。例如，将 0.0201、0.00571、1.03 三个数相加，根据上述法则，上述三个数的末位均是可疑数字，它们的绝对误差分别为 ±0.0001、±0.00001、±0.01，其中 1.03 的绝对误差最大（小数点后位数最少）。因此在运算中应以 1.03 为依据确定运算结果的有效数字位数。先将其它数字依舍弃法则取到小数点后两位，然后相加：

$$0.0201＋0.00571＋1.03＝0.02＋0.01＋1.03＝1.06。$$

③ 乘除运算规则　在乘除运算中，保留有效数字的位数，应以相对误差最大（有效数字位数最少）的数为标准。例如：

$$0.0201 \times 15.63 \times 1.05681 = ?$$

上述三个数字的相对误差分别为：

$$\frac{\pm 0.0001}{0.0201} \times 100\% = \pm 0.5\%$$

$$\frac{\pm 0.01}{15.63} \times 100\% = \pm 0.06\%$$

$$\frac{\pm 0.00001}{1.05681} \times 100\% = \pm 0.0009\%$$

可见 0.0201 的相对误差最大，有效数字的位数最少，应以它为标准先进行修约，再计算。即：$0.0201 \times 15.6 \times 1.06 = 0.332$。

计算结果的准确度（相对误差）应与相对误差最大的数据保持在同一数量级（有效数字的位数相同），不能高于它的准确度。

1.3.5　实验数据的记录与处理

学生在实验过程中应养成正确记录测量数据的习惯。各种测量数据应及时、准确、清楚地记录下来。要严肃、科学、实事求是，切忌带有主观因素，更不允许随意拼凑或伪造数据。

应用专门的编有页码的实验记录本，并且在任何情况下都不能撕页。

在记录测量所得数值时，要如实地反映测量的准确度，只保留一位可疑数字。用 0.1mg 精度的分析天平称量时，要记到小数点后第四位，即 0.0001g，如 0.3600g、1.4571g；如果用 0.1g 精度的电子天平（或托盘天平）称量，则应记到小数点后一位，如 0.2g、2.7g、10.6g 等。

用玻璃量器量取溶液时，准确度视量器不同而异。5mL 以上滴定管应记到小数点后两位，即 ±0.01mL；5mL 以下的滴定管则应记到小数点后第三位，即 0.001mL。例如，从滴定管读取的体积为 24mL 时，应记为 24.00mL，不能记为 24mL 或 24.0mL。50mL 以下的无分度移液管应记到小数点后两位，如 50.00mL、25.00mL、5.00mL 等。有分度的移液管，只有 25mL 以下的才能记到小数点后两位。10mL 以上的容量瓶总体积可记到四位有效数字，如常用的 25.00mL、100.0mL、250.0mL。50mL 以上的量筒只能记到个位数；5mL、10mL 量筒则应记到小数点后一位。

正确记录测量所得数值，不仅反映实际测量的准确度，也反映测量时所耗费的时间和精力。例如，称量某物质的质量为 0.2000g，表明是用分析天平称取的。该物质的实际质量应为 (0.2000±0.0001)g，相对误差 0.0001/0.2000 = ±0.05%；如果记作 0.2g，则相对误差为 0.1/0.2 = ±50%，准确度差了 1000 倍。如果只要一位有效数字，用托盘天平就可称量，不必费时费事地用分析天平称取。

由此可见，记录测量数据时，切记不要随意舍去小数点后的"0"，当然也不允许随意增加位数。

1.4 绿色化学简介

1.4.1 绿色化学的概念

绿色化学（green chemistry），又称环境友好化学（enviromentally friendly chemistry）、清洁化学（clean chemistry）、环境无害化学（enviromentally benign chemistry）。作为一种新的化学理念，绿色化学有三层含义。第一，绿色化学是清洁化学。绿色化学致力于从源头制止污染，而不是污染后的再治理。绿色化学技术应不产生或基本不产生对环境有害的废弃物，所产生出来的化学品不会对环境产生有害的影响。第二，绿色化学是经济化学，是指在生产过程中不产生或较少产生副产物。绿色化学技术应是低能耗和低原材料消耗的技术。第三，绿色化学是安全化学。在绿色化学过程中尽可能不使用有毒或危险的化学品，其反应条件尽可能是温和的或安全的，发生意外事故的可能性是极低的。总之，绿色化学是用化学的技术和方法去减少或彻底消除对人类健康、社区安全、生态环境有害的原料、溶剂、产物、产品等的生产和使用。

1.4.2 绿色化学的发展

绿色化学是当今国际化学学科研究的前沿。绿色化学的口号最早产生于化学工业非常发达的美国。人类进入 20 世纪以来创造了高度的物质文明，从 1990 年到 1995 年的 6 年间合成的化合物数量就相当于有记载以来的 1000 多年间人类发现和合成化合物的总量（1000 多万种）。这是科技的发展，是社会的进步，但同时也带来了负面的效应，如资源的巨大浪费，日益严重的环境问题等。人们开始重新认识和寻找更为有利于其自身生存和可持续发展的道路，注意人与自然的和谐发展，绿色意识成了人类追求自然完美的一种高级表现形式。1990 年美国颁布污染防治法案，并将其确立为基本国策，推动了绿色化学在美国的迅速兴起和发展。1991 年，"绿色化学"由美国化学会（ACS）提出并成为美国环保署（EPA）的中心口号。1995 年 3 月，美国政府提出"绿色化学挑战计划"，并设立"总统绿色化学挑战奖"，奖励在利用化学原理从根本上减少化学污染方面的成就。1997 年，美国国家实验室、大学和企业联合成立了绿色化学院，美国化学会成立了"绿色化学研究所"；日本制订了环境无害制造技术等以绿色化学为内容的"新阳光计划"；欧洲、拉美地区也纷纷制订了绿色化学与技术的科研计划。有关绿色化学的国际学术会议不断增加，展示了绿色化学的最新研究成果，受到国际学术界的高度重视。美国每年召开以绿色化学为主题的哥登会议。1999 年，哥登会议在英国牛津大学召开，同时出版了《绿色化学：理论与应用》专集；同年，英国皇家化学会创办了绿色化学国际性化学期刊，立即在欧洲掀起了绿色化学的浪潮。总之，绿色化学与技术已经成为世界各国政府、企业和学术界所关注的重要研究与发展方向。各国化学家在绿色化学研究领域里，运用物理学、生态学、生物学等的最新理论、技术和手段，取得了可喜的成绩。

我国对绿色化学这一新兴学科的研究也十分重视。1995 年，中国科学院化学部确定了"绿色化学与技术——推动化工生产可持续发展的途径"的院士咨询课题；1997 年中国国家科委主办第 72 届香山科学会议，主题为"可持续发展对科学的挑战——绿色化学"；同年，国家自然科学基金委员会与中国石油化工集团公司联合资助了"环境友好石油化工催化化学与化学反应工程"重大基础研究项目，并于 1998 年举办了国际绿色化学高级研讨会，推动了我国绿色化学的发展，该研讨会现每年举办一次。

1.4.3 绿色化学的任务和原则

绿色化学的核心是杜绝污染源，其最佳途径就是从源头消除污染。首先要建立绿色化学的思维方式，在化学实验教学中，应在教师和学生的头脑中树立这种意识；其次，应从环境保护、经济和安全的角度来研究新反应体系（其中包括新合成方法和路线），寻求新的化学原料（包括可再生的生物质资源），探索新反应条件（如超临界流体、环境无害的介质）以及设计和研制环境友好产品，并遵循绿色化学的原则。

经过十几年的研究和探索，科研工作者总结出了绿色化学的 12 条原则，这些原则可作为化学家开发和评估一条合成路线、一个生产过程、一个化合物是不是绿色的指导方针和标准。绿色化学的 12 条原则如下：

(1) 从源头制止污染，而不是在末端治理污染。

(2) 合成方法应具备"原子经济性"，即尽量使参加反应过程的原子都进入最终产物。

(3) 在合成方法中尽量不使用、不产生对人类健康和环境有毒有害的物质。

(4) 设计具有高使用效益、低环境毒性的化学产品。

(5) 尽量不用溶剂等辅助物质，不得已使用时它们必须是无害的。

(6) 生产过程应该在温和的温度和压力下进行，而且能耗最低。

(7) 尽量采用可再生的原料，特别是用生物质代替石油和煤等矿物原料。

(8) 尽量减少副产品。

(9) 使用高选择性的催化剂。

(10) 化学产品在使用完后能降解成无害的物质，并且能进入自然生态循环。

(11) 发展适时分析技术，以便监控有害物质的形成。

(12) 选择参加化学过程的物质，尽量减少发生意外事故的风险。

第二部分 基本操作技术

本部分主要介绍基本仪器及基本操作技术，使学生能够系统了解和学习基本仪器的操作步骤和方法。

2.1 常用玻璃仪器

玻璃仪器按玻璃的性质不同可以简单地分为软质玻璃仪器和硬质玻璃仪器两类。软质玻璃承受温差的性能、硬度和耐腐蚀性都比较差，但透明度比较好。一般用来制造不需要加热的仪器，如试剂瓶、漏斗、量筒、吸管等。硬质玻璃具有良好的耐受温差变化的性能，用它制造的仪器可以直接用灯火加热，这类仪器耐腐蚀性强、耐热性能以及耐冲击性能都比较好。常见的烧杯、烧瓶、试管、蒸馏器和冷凝管等都用硬质玻璃制作。

无机化学实验中常用玻璃仪器及辅助仪器种类、规格、主要用途及注意事项见表 2-1。

表 2-1　常用玻璃仪器及辅助仪器

仪器名称	规　格	主要用途	注意事项
试管　　离心试管	玻璃质。分硬质、软质，有刻度，无刻度。无刻度试管以管口外径（mm）×长度（mm）表示。有刻度试管以容积（mL）表示	①少量试剂的反应容器；②收集少量气体；③少量沉淀的辨识和分离	①可直接用火加热，但不能骤冷；②离心试管只能用水浴加热；③所装液体不超过试管容积的1/2，加热时不超过1/3；④加热固体时管口略向下倾斜
试管架	木质、铝质和特种塑料	插放试管、离心试管等	试管架应洗干净。洗净的试管不用时尽量倒插在管架上。
毛刷	以大小和用途表示，如试管刷、烧杯刷、滴定管刷等	洗刷玻璃仪器	①毛刷大小选择要合适；②小心刷子顶端的铁丝撞破玻璃仪器

续表

仪器名称	规　格	主要用途	注意事项
试管夹	木质和钢丝制成	加热时夹住试管	防止烧坏或锈蚀
烧杯	玻璃质或塑料。有一般型和高型、有刻度和无刻度。规格以容积（mL）表示	①反应物量较多时的反应容器；②配制溶液；③容量大的可用作水浴	①加热时垫石棉网，使其受热均匀，外壁擦干；②反应液体不得超过其容积的 2/3
广口瓶　细口瓶　滴瓶	玻璃质或塑料。分无色、棕色，规格以容积（mL）表示	①滴瓶、细口瓶用于盛放液体试剂；②广口瓶用于盛放固体试剂；③棕色瓶用于盛放见光易分解的试剂	①不能加热；②磨口塞或滴管要原配，不可互换；③盛放碱液时应使用橡皮塞；④不可使溶液吸入滴管橡皮头内，亦不可使滴管倒置
烧瓶	玻璃质。有平底、圆底、长颈、短颈及标准磨口之分。规格以容积（mL）表示	反应容器。反应物较多，且需要长时间加热时用	加热时底部垫石棉网，使其受热均匀，使用时勿使温度变化过于剧烈
量筒　量杯	玻璃质。以所能量度的最大容积（mL）表示	粗略量取一定体积的溶液	①不可在其中配制溶液；②不能加热或量热溶液；③不能用作反应容器
表面皿	玻璃质。规格以口径（mm）大小表示	①盖在蒸发皿或烧杯上以免液体溅出或灰尘落入；②盛放待干燥的固体物质	不能用火直接加热
蒸发皿	瓷质。有无柄、有柄之分，规格以容积（mL）表示	蒸发、浓缩液体	可耐高温，能直接用火加热，高温时不能骤冷

仪器名称	规　格	主要用途	注意事项
长颈漏斗　短颈漏斗	玻璃质。分长颈漏斗、短颈漏斗。规格以口径(mm)大小表示	①短颈漏斗用于一般过滤；②长颈漏斗在定量分析中用于过滤沉淀	不能用火直接加热
漏斗架	木质或塑料	用于过滤时支撑漏斗	组装件,不可倒放
锥形瓶　碘量瓶	玻璃质,规格以容积(mL)表示	反应容器。振荡方便。用于加热处理试样及滴定分析中,碘量瓶用于碘量法分析中	①可加热至高温,底部垫石棉网；②碘量瓶磨口塞要原配,加热时要打开瓶塞
容量瓶	玻璃质。有无色、棕色之分,规格以刻度以下的容积(mL)表示	配置一定体积准确浓度的溶液	①磨口塞要原配,漏水的不能用；②不能加热
称量瓶	玻璃质。分扁型和高型两种,规格以外径(mm)×高(mm)表示	①扁型用于测定水分,烘干基准物；②高型用于称量样品、基准物	①不可盖紧磨口塞烘烤；②磨口塞要原配,不能互换
酸式　碱式 滴定管	分酸式、碱式、无色、棕色、常量、微量。规格以容积(mL)表示	容量分析滴定操作	碱性滴定管盛碱性溶液或还原性溶液；酸式滴定管盛放酸性溶液或氧化性溶液；见光易分解的溶液应用棕色滴定管

仪器名称	规　格	主要用途	注意事项
移液管　吸量管	以容积(mL)表示	准确量取各种不同量的溶液	①不能加热；②未标"吹"字，不可用外力使残留在末端尖嘴溶液流出
分液漏斗　滴液漏斗	玻璃质。分筒形、球形、梨形、长颈、短颈。规格以容积(mL)和漏斗的形状表示	①滴液漏斗用于向反应体系中滴加液体；②分液漏斗用于萃取分离和富集分开两相液体	①磨口必须原配，漏水不能用；②活塞要涂凡士林；③不能用火直接加热
洗瓶	用玻璃或塑料制作，规格以容积（mL）大小表示	装蒸馏水洗涤仪器或沉淀物	玻璃洗瓶可放在石棉网上加热
抽滤瓶　布氏漏斗	抽滤瓶为玻璃质，布氏漏斗为瓷质。规格以抽滤瓶容积(mL)和漏斗口径(mm)大小表示	两者配套用于沉淀的减压过滤	①抽滤瓶不能加热；②滤纸必须与漏斗底部吻合，过滤前须先将滤纸润湿
研钵	以铁、瓷、玻璃、玛瑙为材料。规格以钵口径(mm)大小表示	研磨固体物质	①不能用火直接加热；②只能研磨，不能敲击(铁质除外)；
点滴板	瓷质。点滴板的釉面有黑、白两种规格	用于定性分析、点滴实验。生成有色沉淀用白面，白色沉淀用黑面	不能加热
坩埚	用瓷器、石英、铁、镍等制作，规格以容积(mL)表示	①灼烧固体；②样品高温加热	①依试样的性质选用不同材料的坩埚；②瓷坩埚加热后不能骤冷；③灼烧时放在泥三角上，直接用火加热

仪器名称	规　格	主要用途	注意事项
普通干燥器　真空干燥器	玻璃质。规格以口部外径(mm)大小表示	①内放干燥剂,保持样品或产物的干燥;②真空干燥器通过抽真空造成负压,干燥效果更好	①放入底部的干燥剂不要放得太满;②不可将红热物品放入,放入热物质后要不时开盖;③防止盖子滑动而摔碎
石棉网	用铁丝网和石棉制作。规格以铁丝网边长(mm)表示,如 150mm×150mm	加热玻璃反应容器时垫在容器底部,使其受热均匀	不可与水接触,以免铁丝生锈及石棉脱落
泥三角	用瓷管和铁丝制作,有大小之分	承放加热的坩埚和小蒸发皿	①灼烧的泥三角不要滴上冷水,以免瓷管破裂;②大小选择要合适,坩埚露出泥三角的部分不超过其高度的1/3
坩埚钳	用金属合金材料制作,表面镀镍、铬	夹持坩埚及坩埚盖	①不要与化学试剂接触,防止腐蚀;②放置时头部朝上,以免污染;③高温下使用前,钳尖要预热
铁架台	铁制品,有铁架、铁夹和铁圈	固定反应容器	应先将铁夹等升至合适高度,并旋紧螺丝,使之牢固后再进行实验
三角架	铁制品	放置较大或较重的加热容器	防止生锈
药匙	牛角、不锈钢或塑料制品,两端都可用	取用固体试剂样品	①取少量固体用小端;②取用前药匙一定要洗净,以免玷污试剂

2.2　玻璃仪器的洗涤与干燥

2.2.1　玻璃仪器的洗涤

实验室经常使用的玻璃仪器必须干净，才能得到可信的实验结果。通常附着于仪器上的污物有可溶性物质，也有不溶性物质和尘土、油污以及有机物质等。玻璃仪器洗涤的方法很多，一般来说，应根据实验要求、污物的性质、玷污程度以及仪器的类型和形状选择合适的方法进行洗涤。已经清洁的器皿壁上留有均匀的一层水膜，器壁不应挂有水珠，表示已经洗净。凡是已经洗净的仪器，决不能用布或纸擦干，否则，布或纸上的纤维将会附着在仪器上。常用洗涤方法如下。

（1）用毛刷洗

用毛刷蘸水刷洗仪器，可以去掉仪器上附着的尘土、可溶性物质和易脱落的不溶性杂质。洗涤时要根据待洗涤的玻璃仪器的形状选择大小合适的毛刷，并防止刷内的铁丝将玻璃仪器撞破。

（2）用去污粉（肥皂、合成洗涤剂）洗

去污粉是由碳酸钠，白土，细砂等混合而成的。将要洗的容器先用少量水湿润，然后撒入少量去污粉，再用毛刷擦洗。它是利用碳酸钠的碱性具有强的去污能力，细砂的摩擦作用，白土的吸附作用，增加了对仪器的清洗效果。仪器内外壁经擦洗后，先用自来水冲洗掉去污粉颗粒，然后用少量蒸馏水洗 3 次，去掉自来水中带来的钙、镁、铁、氯等离子。注意节约用水，采取"少量多次"的原则。

（3）用铬酸洗液洗

铬酸洗液是由浓硫酸和重铬酸钾配制而成的（通常将 25g $K_2Cr_2O_7$ 置于烧杯中，加 50mL 水溶解，然后在不断搅拌下，慢慢加入 450mL 浓硫酸），呈深红褐色，具有强酸性、强氧化性，对有机物、油污等的去污能力特别强。

一些较精密的玻璃仪器，如滴定管、容量瓶、移液管等，由于口小、管细，难以用刷子刷洗，且容量准确，不宜用刷子摩擦内壁，常可用铬酸洗液来洗。洗涤时装入少量洗液，将仪器倾斜转动，使管壁全部被洗液湿润，转动一会儿后将洗液倒回原洗液瓶中，再用自来水把残留在仪器中的洗液洗去，最后用少量的蒸馏水洗 3 次。玷污程度严重的玻璃仪器用铬酸洗液浸泡十几分钟、数小时或过夜，再依次用自来水和蒸馏水洗涤干净。把洗液微微加热浸泡仪器，效果会更好。

使用铬酸洗液时，应注意以下几点：

① 尽量把仪器内的水倒掉，以免把洗液稀释；

　　② 洗液用完应倒回原瓶内，可反复使用；

　　③ 洗液具有强的腐蚀性，会灼伤皮肤，破坏衣物，如不慎把洗液洒在皮肤、衣物和桌面上，应立即用水冲洗；

　　④ 已变成绿色的洗液（重铬酸钾被还原为硫酸铬的颜色，无氧化性），不能继续使用；

　　⑤ 铬（Ⅵ）有毒，清洗残留在仪器上的洗液时，第一、第二次的洗涤水不要倒入下水道，应回收处理。

2.2.2　玻璃仪器的干燥

　　（1）烘干

　　洗净的玻璃仪器可以放在电热恒温干燥箱内烘干，放进去之前应尽量把水沥干净。放置时，应注意使仪器的口朝下（倒置后不稳的仪器则应平放）。可以在电热干燥箱的最下层放一个搪瓷盘，以接收从仪器上滴下的水珠，不使水滴到电炉丝上，以免损坏电炉丝。也可放在红外灯干燥箱内烘干。

　　（2）烤干

　　烧杯和蒸发皿可以放在石棉网的电炉上烤干。试管可以直接用小火烤干，操作时，先将试管略为倾斜，管口向下，并不时地来回移动试管，水珠消失后，再将管口朝上，以便水气逸出。也可放在红外灯下烤干。

　　（3）晾干

　　洗净的仪器可倒置在干净的实验柜内或仪器架上（倒置后不稳定的仪器，应平放），让其自然干燥。

　　（4）吹干

　　急于干燥的或不适合放入烘箱的玻璃仪器可用吹干的办法。通常是用少量乙醇将玻璃仪器荡洗，荡洗剂回收，然后用电吹风吹。开始用冷风，当大部分溶剂挥发后用热风吹至仪器完全干燥，再用冷风吹去残余的蒸气，使其不再冷凝在容器内。一些带有刻度的计量仪器，不能用加热方法干燥，否则，会影响仪器的精密度。可以将少量易挥发的有机溶剂（如乙醇或乙醇与丙酮的混合液）倒入洗净的仪器中，把仪器倾斜，转动仪器，使仪器壁上的水与有机溶剂混合，然后倾出，少量残留在仪器内的混合液很快挥发，或用冷风吹干。

2.3　电子天平的使用

2.3.1　电子天平的功能

　　电子天平是新一代的天平，是根据电磁力平衡原理直接称量，即利用电子装置完成电磁力补偿的调节或通过电磁力矩的调节，使物体在重力场中实现力矩的平衡。电子天平性能稳定、操作简便、称量速度快、灵敏度高，能进行自动校正、去皮及质量电信号输出。图 2-1 为 Acculab ALC 型电子天平。

电子天平最基本的功能是可以自动调零、自动校准、自动扣除空白和自动显示称量结果。

电子天平的结构设计一直在不断改进和提高，向着功能多、平衡快、体积小、重量轻和操作简便的趋势发展。但就其基本结构和称量原理而言，各种型号都基本类似。

2.3.2　电子天平的使用方法

一般情况下，Acculab ALC 型电子天平只使用开/关键、调零/去皮键和校准/清除键。其操作步骤如下：

图 2-1　Acculab ALC 型电子天平

（1）在使用前观察水平仪是否水平，若不水平，需调整水平调节脚；

（2）接通电源，预热 30min；

（3）按［ON/OFF］键，显示屏全亮，约 2s 后，显示 0.0000g；

（4）如果显示不是 0.0000g，则需按一下 ZERO 键调零；

（5）将容器（或被称量物）轻轻放在秤盘上称皮重，待显示数字稳定并出现质量单位"g"后，即可读数，并记录称量结果。若需清零，去皮重，轻按 ZERO 键，显示全零状态 0.0000g，容器质量显示值已去除，即为去皮重。可继续在容器中加入药品进行称量，显示出的是药品的质量，当拿走称量物后，就出现容器质量的负值；

（6）称量完毕，取下被称物，轻按 ZERO 键清零。若不再使用，按一下［ON/OFF］键关机。如不久还要称量，可不拔掉电源，让天平处于待命状态；再次称量时按一下 ON 键就可使用。最后使用完毕，应拔下电源插头，盖上防尘罩。

2.3.3　使用注意事项

（1）将天平置于稳定的工作台上，避免振动、气流及阳光照射。

（2）在使用前调整水平仪气泡至中间位置。使用前要进行预热。

（3）开关天平门时要轻缓。

（4）操作天平不可过载使用，以免损坏天平。

（5）加取称量物时要轻缓，称量的物品必须放在适当的容器中，不得直接放在天平盘上。易挥发和具有腐蚀性的物品要盛放在密闭的容器中，以免腐蚀和损坏电子天平。

（6）避免使用滤纸或玻璃纸作称量容器，这会加大静电干扰，同时这种轻质的容器也会增加空气浮力等对称量的影响。

（7）称量时，关上防风罩，等数值稳定了再读数。

（8）称量完毕应将各部件恢复原位，关好天平门，罩上天平罩，切断电源。最后在天平使用登记本上写清使用情况。

（9）不要在防风罩内放置干燥剂。因为干燥剂的存在会引起防风罩内空气对流而影响称量，另外干燥剂也会增大静电的产生。

（10）经常对电子天平进行自校或定期外校，保证其处于最佳状态。

（11）不要冲击称盘，不要让粉粒等异物进入中央传感器孔。使用后应及时清扫天平内外（切勿扫入中央传感器孔），定期用酒精擦洗称盘及防护罩，以保证玻璃门正常开关。

2.3.4　称量方法

常用的称量方式有直接称量法和减量法。

（1）直接称量法

直接称量法用于称取不易吸水、在空气中性质稳定的物质，如称量金属或合金试样。称量时先称出称量瓶（或称量纸）的质量（m_1），加上试样后再称出称量瓶（或称量纸）与试样的总质量（m_2）。

$$称出的试样质量＝m_2－m_1$$

也可按调零/去皮键，去皮后称得的质量即是称出的试样质量。

（2）减量法称量

此法用于称取粉末状或容易吸水、氧化、与二氧化碳反应的物质。减量法称量应使用称量瓶。如欲称出 $0.4 \sim 0.5g$ 的 $K_2Cr_2O_7$，方法如下：

① 取洁净干燥的称量瓶，内装约 $2g K_2Cr_2O_7$，按上述方法先在分析天平上称其准确质量 m_1。注意：切勿用手直接拿取，用干净的光纸条套在称量瓶上，如图 2-2(a) 所示。

② 用一干净的光纸条套在称量瓶上，用手拿取，再用一小块纸包住瓶盖，打开称量瓶，用盖轻轻敲击称量瓶，从称量瓶中小心倾出 $0.4 \sim 0.5g$ $K_2Cr_2O_7$ 于一洁净干燥的小烧杯中。如图 2-2(b) 所示。

③ 再称出称量瓶与剩余的 $K_2Cr_2O_7$ 的质量 m_2，计算称出的 $K_2Cr_2O_7$ 质量 m（如果小于 $0.4g$，可再倾一次，再称量，直至倾出的 $K_2Cr_2O_7$ 质量在 $0.4 \sim 0.5g$ 范围内为止）；称出的样品质量为：

$$m＝m_1－m_2$$

(a) 称量瓶拿法　　　　(b) 从称量瓶中敲出样品的操作

图 2-2　称量瓶操作

2.4 液体的量取与溶液的配制

2.4.1 基本度量仪器的使用

（1）量筒和量杯

量筒和量杯是容量精度不太高的最普通的玻璃量器。量筒分为量出式和量入式两种，量入式有磨口塞子。量出式在基础化学实验中普遍使用，量入式用的不多。取用一定量的液体药品，常用量筒量出体积。量液时，量筒必须垂直平稳放置在实验台上。视线要与量筒内液体的凹液面的最低处保持水平，再读出液体的体积。如图 2-3 所示。

（2）胶头滴管

图 2-3　量筒的使用

胶头滴管在化学实验中经常使用，胶头滴管常用于取用和滴加少量的液体。

① 胶头滴管的拿法　用无名指和中指夹住滴管的颈部，用拇指和食指捏住胶头。

② 液体的吸取　先从滴瓶上提起滴管，使管口离开液面，挤压胶头，排除胶头里面的空气，然后把滴管伸入试剂瓶中液面下，松开大拇指和食指，这样滴瓶内的液体就被吸入滴管内。再提起滴管，将试剂滴入试管或烧杯等容器中。

③ 液体的滴加　把液体滴加到试管中去时，用无名指和中指夹住滴管，将它垂直悬空地放在靠近试管口的上方，滴管下端既不可离试管口很远，也不能伸入到试管内，滴管尖端与试管口平面接近在同一平面上并且悬空垂直。然后轻轻用大拇指和食指掐捏橡皮头，使试剂滴入试管内，如图 2-4 所示。

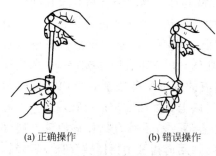

(a) 正确操作　　　　(b) 错误操作

图 2-4　胶头滴管的使用

绝对禁止将滴管伸入试管中，否则，滴管的管端将很容易碰到试管壁上面黏附的其它溶液，致使试剂被污染。

在试管里进行某些不需要准确体积的实验时，可以估算取用量。一般滴管的一滴液体约为 0.05mL，即 20 滴大约 1mL。在进行定性实验时，可据此粗略估计液体药品的量。

④ 滴管的放置　取液后的滴管，应保持橡胶胶帽在上，不要平放或倒置，防止液体倒流，玷污试剂或腐蚀橡胶胶帽；不要把滴管放在实验台或其它地方，以免玷污滴管。使用完毕后，要把滴管内的试剂排空，不要残留试剂在滴管中。

滴瓶上的滴管只能专用，不能和其它滴瓶上的滴管搞错。使用后，应立即将滴管插回原来的滴瓶中。滴管从滴瓶中取出试剂后，应保持橡皮头在上，不要平放或倒置，以免试液流入滴管的橡皮头。用过的普通滴管要立即用清水冲洗干净（滴瓶上配用的滴管不要用水冲洗），以备再用。严禁用未经清洗的滴管再吸取别的试剂。

（3）移液管及吸量管

移液管和吸量管常用于准确量取一定体积的液体。移液管管颈上部刻有一标线，此标线的位置是由放出纯水的体积所决定的，只能吸取固定体积的液体。吸量管的全称是分度吸量管，是带有分度线的量出式玻璃量器，用于移取非固定量的溶液。吸量管标有精细刻度，用来准确量取非整数体积的液体。其容量定义为：在 20℃ 时按下述方式排空后所流出纯水的体积，单位为 mL。

① 润洗　用移液管或吸量管吸取溶液之前，首先用铬酸洗液洗净内壁，再依次用自来水和去离子水分别洗涤 3 次，使内壁及下端的外壁不挂水珠。移取液体之前，先用吸水滤纸将尖端内外的水吸干，再用待取溶液润洗 2～3 次。所有洗涤及润洗过程所用的液体体积由管的大小决定，移液管以液面上升到球部 1/4 体积处为限，吸量管以充满管体积的 1/5 处为限，水平转动洗涤，再从尖端口放出液体。润洗这一步骤很重要，它使管的内壁及有关部位与待取溶液处于同一体系浓度状态。

② 液体的吸入　右手拇指及中指和无名指握住移液管标线以上部分，移液管下端插入液面以下 1～2cm 深度，左手拿捏洗耳球，排空空气后紧按在移液管上口，然后缓慢放松洗耳球借助吸力使液面慢慢上升，眼睛应注意正在上升的液面位置，管应随容器中液面的下降而下降，防止吸空。注意勿将液体吸进洗耳球。当溶液上升至标线以上时，迅速移去洗耳球，用右手食指紧按管口，取出移液管，使之离开液面，并将管下部原伸入溶液的部分沿待吸液容器内部轻转两圈，以除去管壁上的溶液。保持液面在管颈线以上。如图 2-5(a) 所示。

③ 标准体积调节　左手拿盛装原溶液的容器，右手垂直拿住移液管，使管尖靠住容器中液面以上的内壁，微微松开食指并用拇指及中指捻转管身，轻轻转动移液管，使液面缓慢下降到与标线相切处，立即按紧移液管管口，使溶液不再流出。

④ 液体的放出　将移液管缓慢地垂直插入准备接收溶液的容器中，移液管管尖紧贴容器内壁，倾斜接收溶液的容器，使移液管垂直，松开食指，使溶液沿内壁自由流出。待溶液流尽后，再等待 15s，并来回转动移液管 2～3 次后，取出移液管。如图 2-5(b) 所示。

⑤ 残留液滴　注意绝不能把残留在管尖的液体用洗耳球吹出，因为在校准移液管体积时，没有把这部分残留液体计算在内。如管上有"吹"字就应用洗耳球吹出。吸量管的使用方法与移液管类似，但移取溶液时应尽量避免使用尖端处刻度。

（4）容量瓶

容量瓶的主要用途是配制准确浓度的溶液或定量地稀释溶液。形状是细颈梨形平底玻璃瓶，由无色或棕色玻璃制成，带有磨口玻璃塞，颈上有一标线。容量瓶均为量入式，其容量定义为：在 20℃ 时，充满至标线所容纳水的体积，以 mL 为单位。容量瓶的使用步骤如下。

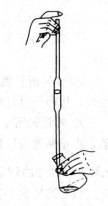

(a) 移液管吸取液体　　　　(b) 移液管放出液体

图 2-5　移液管的使用

① 检漏　在容量瓶内装入半瓶水，塞紧瓶塞，用右手食指顶住瓶塞，另一只手五指托住容量瓶底，将其倒立（瓶口朝下），观察容量瓶是否漏水。若不漏水，将瓶正立且将瓶塞旋转 180° 后，再次倒过来检查一次，确认无漏水后，方可使用。

② 转移　在烧杯中用少量溶剂溶解准确称量好的固体溶质，然后把溶液转移到容量瓶里。用溶剂多次洗涤烧杯，并把洗涤液全部转移到容量瓶里。转移时要用玻璃棒引流，即将玻璃棒一端靠在容量瓶颈内壁上，注意不要让玻璃棒其它部位触及容量瓶口，防止液体流到容量瓶外壁上。

③ 定容　加入的液体液面离标线 1cm 左右时，改用滴管小心滴加，最后使液体的弯月面与标线正好相切。若加水超过刻度线，则需重新配制。

④ 振荡　盖紧瓶塞，用倒转和摇动的方法使瓶内的液体混合均匀。如图 2-6 所示。

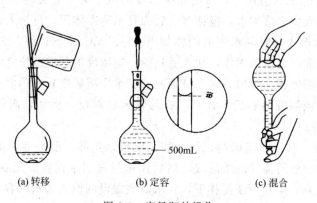

(a) 转移　　　　　　(b) 定容　　　　　　(c) 混合

图 2-6　容量瓶的操作

注意：

① 容量瓶的容积是特定的，内部不能用毛刷刷洗。

② 不能在容量瓶里进行溶质的溶解，应将溶质在烧杯中溶解后再转移到容量瓶里。

③ 用于洗涤烧杯的溶剂总量不能超过容量瓶的标线。

④ 容量瓶不能加热。如果溶质在溶解过程中放热，要待溶液冷却后再进行转移。

⑤ 容量瓶只能用于配制溶液，不能储存溶液，因为溶液可能会对瓶体进行腐蚀，从而使容量瓶的精度受到影响。

⑥ 容量瓶用毕应及时洗涤干净，塞上瓶塞，并在塞子与瓶口之间夹一条纸条，防止瓶塞与瓶口粘连。

2.4.2 溶液的配制

（1）溶液的分类

无机化学实验中通常配制的溶液主要有一般溶液和标准溶液。

① 一般溶液　指由各种固体或液体试剂配制而成的溶液，如一般的酸、碱、盐溶液、指示剂溶液、洗涤剂溶液、缓冲溶液等。这类溶液对浓度的准确度要求不高。

② 标准溶液　已知准确浓度的溶液，在容量分析中用作滴定剂，以标定被测物质。通常由基准试剂配制或用其它方法配制并标定。基准试剂也称为基准物质，是能用于直接配制标准溶液或标定其它溶液浓度的物质。基准试剂应具备的条件是：组成与化学式完全相符，纯度足够高（含量大于 99.99%），储存稳定、不易变质，化学式量大，参与反应应按反应式定量进行。

（2）溶液配制方法

① 一般溶液的配制　配制一般溶液常用以下三种方法。

a. 直接水溶法　对一些易溶于水且不发生水解的固体试剂，如 KCl、NaCl、KNO$_3$、NaOH、H$_2$C$_2$O$_4$ 等，可用相应精度的电子天平直接称取一定量的固体于烧杯中，加入少量蒸馏水，搅拌溶解后稀释至所需体积，再转入试剂瓶中。

b. 介质水溶法　对易水解的固体如 FeCl$_3$、AlCl$_3$、SnCl$_2$、BiCl$_3$ 等，配制其溶液时，称取一定的固体，加入适量的一定浓度的酸或碱使之溶解，再用蒸馏水稀释至所需体积，摇匀后转入试剂瓶。在水中溶解度较小的固体试剂，在选用合适的溶剂或溶液溶解后，稀释，摇匀转入试剂瓶。例如，固体 I$_2$，可先用 KI 水溶液溶解。

c. 稀释法　对于液态试剂，如盐酸、硫酸、硝酸、醋酸等，配制其稀溶液时，先用量筒量取所需量的浓溶液，然后用适量蒸馏水稀释。配制 H$_2$SO$_4$ 溶液时，需特别注意，应在不断搅拌下，将浓硫酸缓慢的倒入盛水的容器中，切不可将顺序颠倒。一些容易见光分解或是发生氧化还原反应的溶液，要防止在保存期间失效。如 Sn^{2+}，Fe^{2+} 溶液应分别放入一些 Sn 粒和 Fe 屑；AgNO$_3$、KMnO$_4$、KI 等溶液应储存于干净的棕色瓶中。容易发生化学腐蚀的溶液应储存于合适的容器中。

② 标准溶液的配制　已知准确浓度的溶液称为标准溶液。配制的方法有直

接法和标定法两种。

　　a. 直接法　用精密分析天平准确称取一定量的基准试剂于烧杯中，加入适量的蒸馏水溶解后，转入容量瓶，再用蒸馏水稀释至刻度，摇匀（见图 2-6）。其准确浓度可由称量数据及稀释体积求得。

　　b. 标定法　不符合基准试剂条件的物质，不能用直接法配制标准溶液，但可先配成近似于所需浓度的溶液，然后用基准试剂或已知准确浓度的标准溶液标定它的浓度。当需要通过稀释法配制标准溶液的稀溶液时，可用移液管准确移取其浓溶液至适当的容量瓶中配制。

2.5　常用气体的获得与纯化

2.5.1　气体的制备

　　(1) 固-液不加热　化学实验中经常要制备少量气体，可根据原料和反应条件，采用一定装置进行。如果固体和液体反应物混合后不需加热就可反应而产生气体，如氢气、二氧化碳及硫化氢等气体的制备可用启普发生器。

$$Zn + 2HCl \xlongequal{\quad\quad} ZnCl_2 + H_2 \uparrow$$

$$CaCO_3 + 2HCl \xlongequal{\quad\quad} CaCl_2 + CO_2 \uparrow + H_2O$$

$$FeS + 2HCl \xlongequal{\quad\quad} FeCl_2 + H_2S \uparrow$$

　　启普发生器由一个葫芦状的玻璃容器和球形漏斗组成，如图 2-7(a) 所示。葫芦状的容器（由球体和半球体构成）底部有一个液体出口，平常用玻璃塞（有的用橡皮塞）塞紧。球体的上部有一个气体出口，与带有玻璃旋塞的导气管相连。移动启普发生器时，应用两手握住球体下部，切勿只握住球形漏斗，以免葫芦状容器落下而打碎。固体药品放在中间圆球内，固体下面放些玻璃棉，以免固体掉至下球内。酸从球形漏斗加入，使用时，打开活塞，酸进入中间球内，与固体接触而产生气体。要停止使用，把活塞关闭，气体就会把酸从中间球内压入下

(a) 固-液不加热制备气体装置

(b) 固-固加热制备气体装置

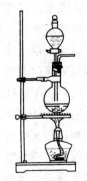
(c) 固-液加热制备气体装置

图 2-7　气体制备装置

球及球形漏斗内，使固体与酸不再接触而停止反应。下次再用，只要重新打开活塞，又会产生气体。启普发生器的优点之一就是使用起来甚为方便。

启普发生器的使用方法如下。

① 检查气密性　开启玻璃旋塞，从球形漏斗口注水至充满半球体时，关闭旋塞。继续加水，待水从漏斗管上升到漏斗球体内，停止加水。在水面处做一记号，静置片刻，如水面不下降，证明不漏气，可以使用。

② 加试剂　在葫芦状容器的球体下部先放些玻璃棉（或橡皮垫圈）。玻璃棉（或橡皮垫圈）的作用是避免固体掉入半球体底部。然后由气体出口加入固体药品。加入固体的量不宜过多，以不超过中间球体容积的 1/3 为宜，否则固液反应剧烈，酸液很容易从气体导管冲出。再从球形漏斗加入适量稀酸（酸液的用量以恰好浸没固体反应物为宜，加酸前可先用水试一下用量）。

③ 气体发生　使用时，打开旋塞，由于中间球体内压力降低，酸液即从底部通过狭缝进入中间球体与固体接触而产生气体。停止使用时，关闭旋塞，由于中间球体内产生的气体增大了压力，就会将酸液压回到球形漏斗中，使固体与酸液不再接触而停止反应。下次再用时，只要打开旋塞即可。使用非常方便，还可通过调节旋塞来控制气体的流速。

④ 添加或更换试剂　发生器中的酸液长久使用会变稀，因此需添加或更换酸液。换酸液时，可先用塞子将球形漏斗上口塞紧，然后将液体出口的塞子拔下，让废酸缓慢流出后，将葫芦状容器洗净，再塞紧塞子，向球形漏斗中加入酸液；或者关闭导气管上的活塞，将液体压入球形漏斗，再用大容量的移液管将液体吸出。需要更换或添加固体时，可先把导气管旋塞关好，将酸液压入半球体后，用塞子将球形漏斗上口塞紧，再把装有玻璃旋塞的橡皮塞取下，更换或添加固体。

实验结束后，将废酸倒入废液缸内（或回收），剩余固体（如锌粒）倒出并洗净回收。仪器洗涤后，在球形漏斗与球形容器连接处以及液体出口和玻璃塞之间夹一纸条，以免时间过久，磨口粘在一起而使玻璃塞拔不出来。

启普发生器不能加热，且装在发生器内的固体必须是块状的。启普发生器适用于制备大量气体，如果要制取少量的气体，可根据启普发生器的原理，自己动手装配简易启普发生器，如图 2-8 所示。

(2) 固-固加热

固-固加热即固体物质（混合物或单一固体）在加热条件下制取气体，如氯化铵和熟石灰混合加热制取氨气，氯酸钾加热分解制取氧气等。主要实验仪器为带有胶塞玻璃导管的试管、酒精灯和铁架台。装置如图 2-7(b) 所示。大试管口略向下倾斜，这是为了防止固体受热分解生成的水或附于固体表面的湿存水汽化而生成的水蒸气在管口冷凝后倒流而引起试管炸裂。实验前注意检查装置的气密性。此方法适用于制取 O_2、NH_3、N_2 等。

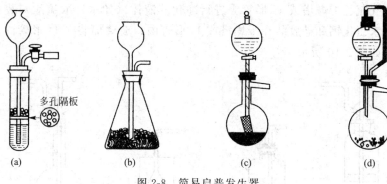

图 2-8 简易启普发生器

（3）固-液加热

当固体物质与液体混合物制备气体反应需要在加热情况下进行且固体的颗粒很小甚至是粉末时，就不能用启普发生器，而要采用如图 2-7（c）所示的装置。如浓盐酸与二氧化锰混合制氯气、食盐与浓硫酸混合制氯化氢等。CO、SO_2、Cl_2、HCl 等均可采用此法。

$$2KMnO_4 + 16HCl = 2MnCl_2 + 2KCl + 5Cl_2 \uparrow + 8H_2O$$

$$MnO_2 + 4HCl \xrightarrow{\triangle} MnCl_2 + Cl_2 \uparrow + 2H_2O$$

$$NaCl + H_2SO_4 = NaHSO_4 + HCl \uparrow$$

$$Na_2SO_3 + H_2SO_4 = Na_2SO_4 + SO_2 \uparrow + H_2O$$

在如图 2-7（c）所示的装置中，固体加在蒸馏瓶内，酸加在滴液漏斗中，使用时，打开滴液漏斗下面的活塞，使酸液缓慢滴加在固体上（酸不要加得太多），以产生气体，当反应缓慢或不发生气体时，可以微微加热。

注意：普通滴液漏斗管应插入液面以下（或一个小试管内），否则漏斗中液体不易流下。向反应瓶内滴加液体时，可直接使用恒压滴液漏斗（见图 2-9）。也可用玻璃管将反应瓶与普通滴液漏斗上口相通，构成恒压滴液装置［见图 2-8（d）］，此时，滴液漏斗管口不应插入液面以下。

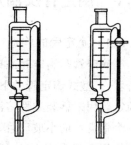

图 2-9 恒压滴液漏斗

2.5.2 气体的收集

气体的收集可根据其性质选取不同的方式。在水中溶解度很小的气体（如氢气、氧气），可用排水集气法收集；易溶于水而比空气轻的气体（如氨），可以用向下排气集气法收集；易溶于水而比空气重的气体（如氯气、二氧化碳），可采取向上排气集气法收集。

2.5.3 气体的干燥与纯化

由上述方法制得的气体常带有酸雾和水汽，常常需要进行净化和干燥。酸雾可用水或玻璃棉除去，水汽可选用浓硫酸、无水氯化钙或硅胶等干燥剂吸收。通常使用洗气瓶、干燥塔或 U 形管等进行净化。液体（如水、浓硫酸）装在洗气瓶内；无水氯化钙和硅胶装在干燥塔或 U 形管内；玻璃棉装在 U 形管内。气体吸收装置如图 2-10 所示。

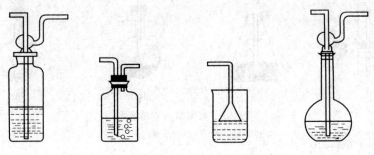

图 2-10　气体吸收装置

可根据气体的性质和所要除去的杂质性质分别选用不同的洗涤液或固体吸收。选定的洗涤剂既不与被洗气体反应，又能吸收气体中的杂质。对于杂质的吸收，一般是易溶于水的杂质用水吸收，酸性杂质用碱性物质吸收，碱性杂质用酸性物质吸收，水分杂质用干燥剂吸收，能与某种物质反应生成沉淀或可溶物的杂质用某种物质吸收。例如，要除去大理石与盐酸反应生成的二氧化碳中的氯化氢，可选用水作洗涤剂；要除去水蒸气可选用浓硫酸作干燥剂；要除去硫化氢，可选用硫酸铜溶液作洗涤剂。

2.6　滴定管及滴定操作

2.6.1　滴定管的构造

滴定管是滴定时准确测量溶液体积的量器，分酸式和碱式两种（如图 2-11 所示）。酸式滴定管的下端有一玻璃旋塞，开启旋塞，酸液即自管内滴出。酸式滴定管用来盛装酸性溶液或具有氧化性的溶液；碱式滴定管的下端用橡皮管连接一个带尖嘴的小玻璃管，橡皮管内装有一玻璃珠，用以控制溶液的流出。碱式滴定管用来盛装碱溶液或无氧化性的溶液。实验室常用的滴定管有 10.00mL、25.00mL、50.00mL 等容量规格。

2.6.2　滴定前的准备

（1）洗涤

选择合适的洗涤剂和洗涤方法。通常，滴定管可用自来水或洗涤剂洗刷（避免使用去污粉），而后用自来水冲洗干净，再用蒸馏水润洗；有油污的滴定管要用铬酸洗液洗涤。

（2）涂凡士林

酸式滴定管洗净后，玻璃活塞处要涂凡士林，起密封和润滑作用。取出活塞，用吸水纸将活塞和活塞套擦干，将酸管放平，以防管内水再次进入活塞套。用食指蘸取少许凡士林，在活塞的两端各涂一薄层凡士林。将活塞插入活塞套内，按紧并向同一方向转动活塞，直到活塞和活塞套上的凡士林全部透明为止。检查活塞转动是否灵活。用橡皮圈将活塞固定在滴定管上，再用蒸馏水继续洗涤 3 次。

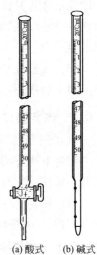

（3）检漏

检查密合性，管内充水至最高标线，垂直挂在滴定台上。仔细观察酸式滴定管活塞边缘及管口是否渗水；转动活塞，再观察一次，直至不漏水为止。对碱式滴定管，如果漏水，需更换橡皮管或玻璃珠。

（4）装入操作溶液

滴定前用操作溶液（滴定液）洗涤 3 次后，将操作溶液（滴定液）装入滴定管。

(a)酸式　(b)碱式

图 2-11　滴定管

（5）排出气泡

滴定管内装入滴定液至"0"刻度以上，检查活塞附近（或橡皮管内）有无气泡。如有气泡，应将其排出，以免造成误差。对酸式滴定管，稍稍倾斜，迅速打开活塞，气泡随溶液的流出而被排出；对碱式滴定管，左手拇指和食指拿住玻璃珠中间偏上部位，并将乳胶管向上弯曲，出口管斜向上，同时向一旁压挤玻璃珠，使溶液从管口喷出，气泡可被流出的溶液排出（见图 2-12）。

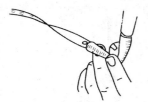

图 2-12　碱式滴定管排气泡

2.6.3　滴定管的使用

（1）滴定管要垂直，操作者要坐正或站直。滴定读数时，视线应与零刻度线或弯液面在同一水平。

（2）为了使弯液面下缘更清晰，调零和读数时可在液面后衬一纸板。

（3）深色溶液的弯液面不清晰时，应观察液面的上边缘；在光线较暗处读数时可用白纸板作后衬。

（4）使用碱式滴定管时，把握好捏胶管的位置。位置偏上，调定零点后手指一松开，液面就会降至零线以下；位置偏下，手一松开，尖嘴内就会吸入空气，这两种情况都直接影响滴定结果。滴定读数时，若发现尖嘴内有气泡必须小心排除。

（5）握塞方式及操作，通常滴定在锥形瓶中进行，右手持瓶，使瓶内溶液不断旋转；对溴酸钾法，碘量法等需在碘量瓶中进行反应和滴定。碘量瓶是带有磨口塞和水槽的锥形瓶，喇叭形瓶口与瓶塞柄之间形成一圈水槽，槽中加入纯水便形成水封，可防止瓶中溶液反应生成的气体遗失。反应一段时间后，打开瓶塞，水即流下并可冲洗瓶塞和瓶壁，接着进行滴定。无论哪种滴定管，都要掌握好加液速度（连续滴加、逐滴滴加、半滴滴加）。终点前，用蒸馏水冲洗瓶壁，再继续滴至终点。

（6）实验完毕后，滴定溶液不宜长时间放在滴定管中，应将管中的溶液倒掉，用水洗净后再装满纯水挂在滴定台上。

2.6.4 滴定操作

（1）调零点

将装好操作溶液（滴定液）的滴定管夹在滴定管夹上，酸式滴定管的活塞柄向右。保持滴定管垂直，把管内溶液的弯月面最低点调至"0"刻度。

（2）滴定

用左手的拇指、食指和中指操作活塞（如图 2-13 所示），使滴定液逐滴滴出，右手不断摇动锥形瓶，使溶液混合均匀。如果使用碱式滴定管，则用左手的拇指和食指捏住内含玻璃珠的橡皮管，轻轻挤压玻璃珠，溶液便会顺着玻璃珠和橡皮管之间的空隙流出，右手的操作同酸式滴定管。在滴定开始时，溶液的流速可以稍快，当接近终点时，应逐滴加入，边加边振荡，并不时用蒸馏水冲洗锥形瓶的瓶颈及内壁，最后每加半滴摇匀。滴加半滴溶液时，应使悬挂的半滴溶液沿锥形瓶内壁流入瓶内，并用蒸馏水冲洗瓶颈内壁。

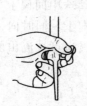

图 2-13 滴定操作

（3）滴定管的读数

对于常量滴定管，读数应读到小数点后第二位。读数时视线必须与液面保持同一水平。对于无色或浅色溶液，读弯月面下缘最低点的刻度；对于深色溶液如高锰酸钾、碘溶液等，可读两侧最高点的刻度。

2.7 溶解、结晶、固液分离

2.7.1 固体溶解

当固体物质溶解于溶剂时，如固体颗粒太大，可先在研钵中研细。对一些溶解度随温度升高而增加的物质来说，加热对溶解过程有利。加热时要盖上表面皿，要防止溶液剧烈沸腾和迸溅。加热后要用蒸馏水冲洗表面皿和烧杯内壁，冲洗时也应使水流顺烧杯壁流下。搅拌可加速溶质的扩散，从而加快溶解速度。搅拌时注意手持玻璃棒，轻轻转动，使玻璃棒不要触及容器底部及器壁。在试管中溶解固体时，可用振荡试管的方法加速溶解，振荡时不能上下，也不能用手指堵住管口来回振荡。

2.7.2　蒸发浓缩

当溶液很稀而所制备的物质的溶解度又较大时，为了能从中析出该物质的晶体，必须通过加热蒸发，使溶液浓缩到一定程度后冷却，方可析出晶体。若物质的溶解度较大时，必须蒸发到溶液表面出现晶膜时才可停止；若物质的溶解度较小或高温时溶解度较大而室温时溶解度较小，则不必蒸发到液面出现晶膜就可冷却。蒸发通常在蒸发皿中进行。蒸发浓缩时可根据溶质的性质选用直接加热或水浴加热的方法进行。若无机物对热是稳定的，可以直接加热，否则用水浴间接加热。

2.7.3　结晶与重结晶

溶质从溶液中析出晶体的过程，叫做结晶。两种或多种溶质在同一种溶剂中的溶解度不同，可以用结晶的方法分离和提纯。结晶的原理是通过蒸发减少溶剂或降低温度，使溶质溶解的量减小，进而以晶体析出。

使结晶出的晶体溶在适当溶剂里，再经过加热、蒸发、冷却等步骤，重新析出晶体的过程，叫做重结晶。重结晶常用于精制晶体。

析出晶体的颗粒大小与结晶条件有关。如果溶液的浓度较高，溶质在水中的溶解度是随温度下降而显著减小的，冷却得越快，析出的晶体就越细小；自然缓慢冷却，则有利于得到较大颗粒的结晶。搅拌溶液和静止溶液，可以得到不同的效果，前者有利于细小晶体的生成，后者有利于大晶体的生成。若溶液容易发生过饱和现象，可以用搅拌，摩擦器壁或投入几粒小晶体（晶种）等办法，使其形成结晶中心而使结晶析出。

第一次结晶所得到的晶体纯度，往往是不符合要求的，可进行重结晶。其方法是在加热情况下使纯化的物质溶于一定量的水中，形成饱和溶液。趁热过滤，除去不溶性杂质。然后使滤液冷却，被纯化物质即结晶析出；而杂质则留在母液中，过滤便得到较纯净的物质。若一次重结晶达不到要求，可再次结晶。重结晶是使不纯物质通过重新结晶而获得纯化的过程，它是提纯固体物质常用的重要方法之一，适用于溶解度随温度有显著变化的化合物。

重结晶是利用被提纯物质与杂质在溶剂中溶解度不同的原理，当一种物质（被提纯物质或杂质）还在溶液中时，另一种物质已从溶液中析出，从而达到两者分离的目的。由此可见进行重结晶最关键的是选择合适的溶剂。

用于重结晶的溶剂必须具备以下条件：

（1）不与被提纯物质起化学反应。

（2）在较高温度时被提纯物质的溶解度较大，而在室温或更低的温度时溶解度很小。

（3）对杂质的溶解度非常大或非常小（前一种情况是使杂质留在母液中，不随被提纯物晶体一同析出，后一种情况是使杂质在热过滤时被滤去）。

（4）溶剂沸点较低，容易蒸发，易与晶体分离除去。

（5）能析出较好的晶体。

2.7.4　固液分离

溶液与沉淀的分离方法有 3 种：倾析法，过滤法，离心分离法。

（1）倾析法

当沉淀的相对密度较大或结晶的颗粒较大，静置后能很快沉降至容器底部

图 2-14　倾析法

时，可用倾析法将沉淀上部的溶液倾入另一容器中而使沉淀与溶液分离，操作如图 2-14 所示。如需洗涤沉淀时，向盛沉淀的容器内加入少量水或洗涤液，将沉淀搅动均匀，待沉淀沉降到容器的底部后，再用倾析法分离。反复操作 2～3 次，即能将沉淀洗净。

（2）过滤法

过滤法是固液分离较常用的方法之一。溶液和沉淀的混合物通过过滤器（如滤纸）时，沉淀留在过滤器上，溶液则通过过滤器。过滤后所得的溶液叫做滤液。溶液的黏度、温度、过滤时的压力及沉淀物的性质、状态、过滤器孔径大小都会影响过滤速度。溶液的黏度越大，过滤越慢；热溶液比冷溶液容易过滤；减压过滤比常压过滤快。如果沉淀呈胶体状态时，易穿过一般过滤器（滤纸），应先设法将胶体破坏（如用加热法）。

常用的过滤方法有常压过滤、减压过滤和热过滤三种。

① 常压过滤　使用玻璃漏斗和滤纸进行过滤。滤纸按用途分定性滤纸和定量滤纸两种；按滤纸的空隙大小，又分"快速"、"中速"、"慢速"三种。

过滤时，把一圆形滤纸对折两次成扇形，展开使之呈锥形，放入玻璃漏斗内，使之恰能与 60°角的漏斗相密合。如果漏斗的角度大于或小于 60°，应适当改变滤纸折成的角度，使之与漏斗相密合。装置如图 2-15 所示。

滤纸边缘应略低于漏斗边缘，然后在三层滤纸的那边将外两层撕去一小角，用食指把滤纸按在漏斗内壁上，用少量蒸馏水润湿滤纸，再用玻璃棒轻压滤纸四周，赶走滤纸与漏斗壁间的气泡，使滤纸紧贴在漏斗壁上。过滤时，漏斗要放在漏斗架上，并使漏斗管的末端紧靠接受器内壁。先倾倒溶液，后转移沉淀。转移时应使用玻璃棒，应使玻璃棒接触三层滤纸处，漏斗中的液面应低于滤纸边缘。如果沉淀需要洗涤，应待溶液转　图 2-15　常压过滤

移完毕，再将少量洗涤液倒入沉淀上，然后用玻璃棒充分搅动，静止放置一段时间，待沉淀下沉后，将上清液倒入漏斗。洗涤2～3次，最后把沉淀转移到滤纸上。

②减压过滤（简称"抽滤"）　利用循环水真空泵不断将空气带走，使抽滤瓶内的压力减小，在布氏漏斗内的液面与抽滤瓶之间造成一个压力差，从而提高过滤的速度和效率，且固液分离较完全，滤出的固体容易干燥。减压过滤装置如图2-16所示，包括瓷质的布氏漏斗、抽滤瓶、安全瓶和抽气泵。

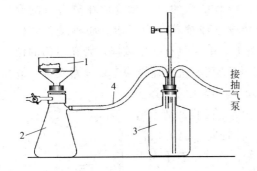

图 2-16　减压过滤装置图
1—瓷质布氏漏斗；2—抽滤瓶；
3—安全瓶；4—橡皮管

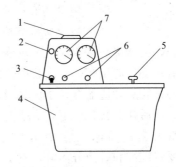

图 2-17　循环水真空泵
1—电动机；2—指示灯；3—电源开关；4—水箱；
5—水箱盖；6—抽气管接口；7—真空表

在连接循环水真空泵的橡皮管和抽滤瓶之间安装一个安全瓶，用以防止关闭真空泵时泵内的水倒吸入抽滤瓶将滤液玷污。减压过滤装置通常联合组装。减压过滤可缩短过滤时间，但它不适用于胶状沉淀和颗粒太细的沉淀的过滤。减压过滤的基本步骤是：第一，选好比布氏漏斗内径略小的圆形滤纸平铺在漏斗底部，用溶剂润湿，开启抽气装置，使滤纸紧贴在漏斗底。漏斗安装时，布氏漏斗下方的尖端要远离抽滤瓶的支管口，以免滤液被抽入支管。第二，在抽气情况下，用玻璃棒小心地将要过滤的混合液倒入漏斗中，等溶液抽完后再转移沉淀。注意加入的溶液不要超过漏斗容积的2/3。一直抽到几乎没有液体滤出为止。为尽量除净液体，可用玻璃塞压挤滤饼。继续减压抽滤，直至沉淀抽干。沉淀需要洗涤时，应先拨去抽气管使其与大气相通，然后用少量溶剂润湿晶体，再连接抽气管将沉淀抽干。第三，停止抽滤时，应先从抽滤瓶上拔掉抽气管，然后关闭真空泵，以防止泵内的水倒吸入瓶内。循环水真空泵构造如图2-17所示。

有些浓的强酸、强碱和强氧化性溶液，过滤时不能用滤纸，可用砂芯漏斗。这种漏斗是玻璃质的，可以根据沉淀颗粒的不同选用不同规格。

③热过滤　当溶质的溶解度对温度极为敏感易结晶析出时，可用热滤漏斗过滤（热过滤）。过滤时把玻璃漏斗放在铜质的热漏斗内，热漏斗内装有热水，以维持溶液的温度，灯焰放在夹套支管处加热，如图2-18所示。这种热滤漏斗的优点是能够使待滤液一直保持或接近其沸点，尤其适用于滤去热溶液中的脱色

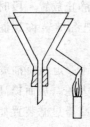

图 2-18　热水漏
斗示意图

炭等细小颗粒的杂质；缺点是过滤速度慢。

可以将布氏漏斗预热后，用减压过滤装置进行快速热过滤，代替上述热过滤。

（3）离心分离法

当被分离的沉淀量很少时，使用一般的方法过滤后，沉淀会粘在滤纸上，难以取下，这时可以用离心分离。实验室内常用电动离心机进行分离，如图 2-19 所示。

电动离心机使用时，将装试样的离心试管放在离心机的套管中，套管底部应垫上橡胶垫或棉花。为了使离心机旋转时保持平稳，几个离心试管应放在对称的位置上。如果只有一个试样，则在对称的位置上放一支离心试管，管内装等量的水。电动离心机转速极快，要注意安全。放好离心试管后，应盖好盖子。先慢速后加速，停止时应逐步减速，最后任其自行停下，决不能用手强制它停止。离心时间一般为 2～3min，也可用定时按钮控制时间。离心沉降后，要将沉淀和溶液分离时，左手斜持离心试管，右手拿毛细滴管，把毛细滴管伸入离心试管，末端恰好进入液面，取出清液。在毛细滴管末端接近沉淀时，要特别小心，以免沉淀也被吸出。沉淀和溶液分离后，沉淀表面仍含有少量溶液，必须经过洗涤才能得到纯净的沉淀。为此，往盛沉淀的

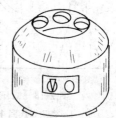

图 2-19　电动离心机

离心试管中加入适量的蒸馏水或洗涤用的溶液，用细头玻璃棒充分搅拌后，再次进行离心分离，用毛细滴管将上层清液取出，再用上述方法操作 2～3 次。

2.7.5　晶体的干燥与保存

晶体的干燥方法包括烘干法、吸干法和干燥器干燥法等方法。

（1）烘干法

对于比较稳定的晶体可采用烘干法干燥，即将晶体放置于培养皿（或表面皿）内，在恒温干燥箱中烘干；也可将其放在蒸发皿中，在水浴或石棉网上直接加热，将结晶烤干，或置于红外灯下烤干。

（2）吸干

对于含有结晶水的晶体，不宜采用烘干法干燥，可采用滤纸吸干，即将晶体放在两层滤纸之间用手轻轻积压，让晶体表面的水分被滤纸吸收，更换滤纸重复操作直到晶体干燥为止。

（3）干燥器干燥法

对于受热易分解或干燥后又易吸水但是又需要保存较长时间的晶体，可将晶体放入装有干燥剂的干燥器中干燥和存放。干燥器口涂有一层凡士林，使之能与盖子密合，防止外界水汽进入。最常用的干燥剂有变色硅胶和无水氯化钙。变色硅胶干燥时为蓝色，受潮吸水后为粉红色。受潮后的硅胶可于 120℃烘干，变为

蓝色后反复使用。

打开干燥器时，应该一手挟住干燥器，另一手握住盖子上的手柄，沿水平方向移动盖子（如图 2-20 所示）。盖上盖子的操作与此相同但方向相反（打开真空干燥器时，应先将盖上活塞打开充气）。搬动干燥器时，应用双手大拇指紧紧按住盖子（见图 2-21）。温度高的物体应稍微冷却后再放入干燥器，放入后，在短时间内再把盖子打开 1～2 次，以免以后盖子打不开。

图 2-20　开启干燥器的操作　　　　图 2-21　搬动干燥器的操作

2.8　加热和冷却

2.8.1　加热用仪器

在实验室中加热常用酒精灯、酒精喷灯、煤气灯、电炉、电热板、电热套、红外灯等。

（1）酒精灯

酒精灯是实验室最常用的加热灯具。酒精灯由灯罩、灯芯和灯壶三部分组成，灯罩上有磨口，如图 2-22 所示。酒精灯温度通常可达 400～500℃。

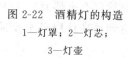

图 2-22　酒精灯的构造
1—灯罩；2—灯芯；
3—灯壶

酒精易燃，使用时要特别注意安全。使用时注意事项：

① 添加酒精时应将灯熄灭，利用漏斗将酒精加入到灯壶内。灯壶内酒精的储量以容积的 1/2～2/3 为宜。

② 应使用火柴或打火机点燃酒精灯［见图 2-23（a）］，绝不能用点燃的酒精

(a) 正确的点燃方式　(b) 错误的点燃方式　(c) 酒精灯的熄灭

图 2-23　酒精灯的点燃和熄灭

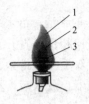

图 2-24 酒精灯的灯焰
1—外焰；2—内焰；
3—焰心

灯来点燃 [见图 2-23(b)]，否则会把酒精洒在外面而引起火灾或烧伤。

③ 熄灭酒精灯时，不要用嘴吹，将灯罩盖上即可 [见图 2-23(c)]。但注意当酒精灯熄灭后，要将灯罩拿下，稍作晃动赶走罩内的酒精蒸汽后盖上，以免引起爆炸（特别是在酒精灯使用时间过长时，尤其应注意）。

④ 酒精灯不用时应盖上灯罩，以免酒精挥发。

酒精灯火焰分外焰、内焰和焰心，如图 2-24。外焰温度最高，因此，加热时用外焰。

(2) 酒精喷灯

常用的酒精喷灯有座式和挂式两种。座式喷灯的酒精储存在灯座内，挂式喷灯的酒精储存罐悬挂在高处。这里主要介绍座式喷灯。座式酒精喷灯由灯管、空气调节器、预热盆、铜帽、酒精壶构成，如图 2-25。火焰温度可达 700~1000℃，每耗用酒精 200mL，可连续工作半小时左右。

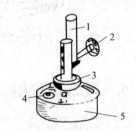

图 2-25 座式酒精喷灯
1—灯管；2—空气调节器；
3—预热盆；4—铜帽；
5—酒精壶

座式喷灯使用方法如下。

① 借助小漏斗向酒精储罐内添加酒精，酒精壶内的酒精不能装得太满，以不超过酒精壶容积的 2/3 为宜，一般约 250mL，铜帽一定要旋紧。将喷灯倒置片刻，倒出灯管中的金属氧化物、玻璃碴。燃烧管内下端喷孔若没有酒精渗出，应用捅针把喷孔捅一捅，以保证出气口畅通。

② 往预热盆里加入酒精至满，点燃酒精使灯管受热，待酒精接近燃尽且在灯管口有火焰时，上下移动空气调节阀，调节空气进入量，产生呼呼响声，火焰达到最高且稳定连续时，锁定空气阀，调节火焰为正常火焰（见图 2-26）。

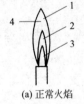
(a) 正常火焰

(b) 凌空火焰

(c) 侵入火焰

图 2-26 灯焰的几种情况
1—氧化焰；2—还原焰；3—焰心；4—最高温度点

③ 座式喷灯连续使用不能超过半小时，或火焰变小时，必须暂时熄灭喷灯，待冷却后，添加酒精再继续使用。

④ 停止使用时，用石棉网、硬质板或湿抹布盖灭火焰，也可以将调节器上

下移动来熄灭火焰。若长期不用时，须将酒精壶内剩余的酒精倒出。

　　⑤ 在使用过程中，若发现酒精壶底部出现隆起，立即熄灭喷灯，用湿抹布降温，以免发生事故。

　　⑥ 如发现灯身温度升高或罐内酒精沸腾（有气泡破裂声）时，要立即停用，避免由于罐内压强增大导致罐身崩裂。

　　（3）电炉

　　电炉有普通万用电炉及封闭式电炉，如图 2-27。目前常用的万用电炉都是用电炉丝加热（注意电炉丝上不要沾有酸、碱等试剂），温度的高低用调节器来控制。加热温度一般在 500～1000℃，有的可高达 2000℃ 以上。使用时，容器和电炉之间要放置石棉网。封闭电炉是一种新型电加热器，发热体被全封闭在绝缘耐高温材料中，外壳表面采用优质冷轧钢板，经耐温材料涂复，同时炉盘表面喷涂无毒不粘涂料，干净、防腐蚀、防油烟、便于清洗、清洁卫生。它具有加热快、使用方便、热效率高、特别安全耐用等优点。使用前先检查电源线是否有破损，电炉表面有没有液体等残留物，电源线有没有贴在加热盘周围。插上电源插座，根据需要调节调温旋钮，调节到所需温度即可。使用结束后，拔除电源插座，等冷却充分后，用软布擦净表面污渍，置干燥处存放。

(a) 万用电炉　　　　　　　　　　(b) 封闭式电炉

图 2-27　万用电炉及封闭式电炉

　　（4）高温电阻炉

　　实验室进行高温灼烧或反应时，除用电炉外，还常用高温电阻炉（图 2-28）。高温炉利用电热丝或硅碳棒加热，用电热丝加热的高温炉最高使用温度为 950℃；用硅碳棒加热的高温炉温度高达 1300～1500℃。高温炉根据形状分为管式电阻和箱式电阻，箱式又称马弗炉。高温炉的炉温由高温计测量。高温计由一

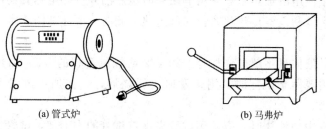

(a) 管式炉　　　　　　　　　　　　(b) 马弗炉

图 2-28　高温电阻炉

对热电偶和一只毫伏表组成。

使用时应注意：查看高温炉所接电源电压是否与电炉所需电压相符，热电偶是否与测量温度相符，热电偶正、负极是否接反；调节温度控制器的定温调节按钮，设定所需温度；打开电源开关升温，当温度升至所需温度时即能恒温；被加热物体必须放置在能够耐高温的容器（如坩埚）中，不要直接放在炉膛上，同时不能超过最高允许温度；灼烧完毕，先关上电源，不要立即打开炉门，以免炉膛骤冷碎裂，一般当温度降至 200℃ 以下时方可打开炉门，用坩埚钳取出样品；高温炉应放置在水泥台上，不可放置在木质桌面上，以免引起火灾；炉膛内应保持清洁，炉周围不要放置易燃物品，也不可放置精密仪器。

（5）电热恒温水浴锅

电热恒温水浴锅（图 2-29）通过电热管加热水槽内的水，当水的温度达到设定值时，温度控制系统自动切断电源，电热管停止加热；当水温低于设定值时，控制电路自动接通电源，启动电热管重新加热，如此自动反复循环，使水槽内的水温稳定在设定值。电热恒温水浴锅适用于 100℃ 以下的加热操作。锅盖是由一组由大到小的同心圆水浴环组成。根据受热器皿底

图 2-29　电热恒温水浴锅

部受热面积的大小选择适当口径的水浴环。使用时，装有样品的容器悬置于水槽内或置于水浴环上，即可在所需要的温度下进行恒温加热。

2.8.2　加热方法

（1）直接加热

当被加热的样品在高温下稳定而不分解，又无着火危险时，可使用直接加热法。使用酒精灯或万用电炉加热盛装液体样品的烧杯、烧瓶等玻璃仪器时，容器外的水应擦干，同时在火源与容器之间应放置石棉网，以防受热不均而破裂。

直接使用酒精灯、电炉等热源隔石棉网对玻璃仪器进行加热的方式也称为空气浴。加热时，必须注意玻璃仪器与石棉网之间要留有空隙（约 1cm）。较好的空气浴方式是使用电加热套。使用电热套时烧瓶的外壁和电热套的内壁应有 1cm 左右的距离，以利空气传热和防止局部过热。同时，要注意防止水、药品等物落入套内。

加热时，液体量不超过烧杯容积的 1/2 或烧瓶容积的 1/3。加热含较多沉淀的液体以及需要蒸干沉淀时，用蒸发皿比用烧杯好。在加热过程中，应适时搅拌，以防爆沸。

加热试管中的液体时，应该用试管夹夹持试管的中上部，试管稍倾斜，管口向上，但不得对着人或有危险品的方向。先加热液体的中上部，然后慢慢向下移

动。加热过程中不时地上下移动试管［如图 2-30(a) 所示］，使管内液体各部分受热均匀，以免液体暴沸冲出试管。注意试管中的液体量不得超过试管高度的 1/3。

　　加热时，要注意加热的试管应位于灯焰的外焰，其它位置不正确［见图 2-30(b) 和图 2-30(c)］。

(a) 正确　　　　　　　(b) 错误　　　　　　　(c) 错误

图 2-30　试管中液体的加热

　　在高温下加热固体样品时，可将固体样品放置于坩埚中，用氧化焰灼烧（图 2-31）。开始时，用小火烘烧坩埚，待坩埚均匀受热后，加大火焰灼烧坩埚底部。根据实验要求控制灼烧温度和时间，灼烧完毕后移去热源，冷却后备用。高温下的坩埚应使用干净的坩埚钳夹取，放置于石棉网上冷却。

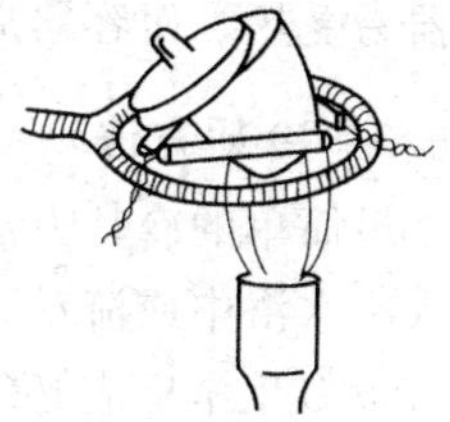

　　（2）间接加热

　　直接加热的方式较为猛烈，受热不太均匀，有产生局部过热的危险，且难以控制温度，一般只适用于高沸点且不易燃烧物质的加热，而不适用于低沸点易燃液体的加热，也不适用于减压蒸馏操作。为此，常使用各种加热浴进行间接加热。一般加热浴有水浴、油浴和砂浴。

图 2-31　高温灼烧固体

　　① 水浴　水浴是借助被加热的水或水蒸气进行间接加热的方法。凡需均匀受热且所需加热温度不超过 100℃时，均可使用水浴加热。若要严格控制水浴温度，应使用电热恒温水浴锅。将被加热器皿（试管、烧杯、烧瓶等）放在水浴锅盖的金属圈上，水蒸气即可使被加热物受热升温。如果不严格要求水浴恒温，可自制简易的水浴加热装置，将水装入普通水浴锅或烧杯中，水量约为水浴锅或烧杯容积的 2/3，使用万用电炉及封闭式电炉等加热水浴锅或烧杯，反应容器置于水浴锅中或悬置在烧杯中，利用热水浴或蒸汽浴加热。与空气浴相比，水浴加热均匀，温度易于控制，适合于低沸点物质的加热、回流等。用盛水的烧杯进行水浴加热过程中，由于水的蒸发，应注意及时加水。

　　但是，对于低沸点易燃液体的水浴加热，如乙醚溶液的蒸馏或回流等，应预先烧好热水，在进行热水浴时，切不可在水浴锅下使用酒精灯、电炉等加热。使用钾（钠）的操作不能在水浴上进行。

② 油浴 油浴是借助被加热的油进行间接加热的方法。当加热温度要求在 $100\sim250℃$ 范围时，一般可采用油浴。油浴常用浴液有甘油、石蜡油、硅油、真空泵油或一般植物油等，其中硅油最佳。在油浴加热时，要注意采取措施，不要让水溅入油中，否则加热时浴液会产生泡沫或引起飞溅。同时还应注意防止着火，发现油浴受热冒烟情况严重时，应立即停止加热。在使用植物油时，为防止植物油在高温下的分解，可加入 1% 对苯二酚，以增加其热稳定性。硅油和真空泵油加热温度可达 250℃ 以上，热稳定性好，实验室较常采用。

在油浴操作中，应使用接点温度计或控温装置，随时监测、调节和控制温度。需注意温度升高时会有油烟产生，达到燃点时就自燃，同时引起油着火。此时应立即切断热源，取出受热器，用盖板迅速盖住油浴锅，以熄灭油火。

③ 砂浴 砂浴是借助被加热的细砂进行间接加热的方法。若加热温度在 $250\sim350℃$ 范围，应采用砂浴。将细砂（需先洗净并煅烧除去有机杂质）装入铁盘中，把反应容器埋在砂中，注意使反应器底部有一层砂层，以防局部过热。砂浴温度分布不太均匀。测试砂浴温度时，温度计应靠近反应容器。

因砂的热传导能力差，砂浴温度分布不均匀，故容器底部的砂要薄些，以使容器易受热，而容器周围的砂要厚些，以利于保温。

2.8.3 冷却方法

最简单的冷却方法就是自然冷却，其次是用水冷却，即将盛有反应物的容器浸入冷水浴中或流动自来水中。

很多化学反应必须控制好温度，有些反应甚至要求在低温下进行，操作中需要使用致冷剂。在进行一些放热反应时，由于反应产生大量的热，使温度迅速升高，导致反应过于剧烈，甚至发生冲料或爆炸等事故。为此，必须进行适当的冷却，使温度控制在一定的范围。通常的冷却方式是将反应器浸入冷水或冰水中。当反应必须在低于室温的温度下进行时，用碎冰和水混合物的冷却效果比单纯使用冰好，因为前者与容器的接触面积更大。采用冰水冷却时，冰块要弄得很碎，为了更好地移除热量，可加入少量的水。对于水溶液中的反应，将干净的碎冰直接投入反应器中可将反应体系有效地维持在低温水平。

如果所需温度在 0℃ 以下，可采用冰-盐混合物作冷却剂。制冰盐冷却剂时，应把盐研细，然后与碎冰均匀混合，并随时加以搅拌。碎冰和食盐的混合物能冷却到 $-5\sim-18℃$。

固体二氧化碳（干冰）与乙醇、异丙醇或丙酮等以适当比例混合可冷却到很低的温度（$-50\sim-78℃$）。为保持冷却效果，冷却剂常盛装在广口保温瓶等容器中。常见冰盐混合比例见表 2-2。如果要长期保持低温，就要使用冰箱。放在冰箱内的容器要塞紧，否则水汽会在物质上凝结，放出的腐蚀性气体也会侵蚀冰箱，容器要做好标记。

表 2-2　常用冷却剂组成及冷却温度

冷却剂组成	最低冷却温度/℃
冰水	0
氯化铵(1 份)＋碎冰(4 份)	−15
氯化钠(1 份)＋碎冰(3 份)	−21
六水合氯化钙(1 份)＋碎冰(1 份)	−29
六水合氯化钙(1.4 份)＋碎冰(1 份)	−55
干冰＋乙醇	−72
干冰＋丙酮	−78
干冰＋乙醚	−100
液氮	−196

2.9　试纸的使用

在实验室中常用一些试纸来定性检验溶液的性质或某些物质是否存在，操作简单、方便、快速，并具有一定的精确度。

2.9.1　试纸的种类

实验室所用的试纸种类很多，常用的有 pH 试纸、$Pb(Ac)_2$ 试纸、KI-淀粉试纸等。

(1) pH 试纸

pH 试纸用来检验溶液或气体的 pH，包括广泛 pH 试纸和精密 pH 试纸两大类别。广泛 pH 试纸的变色范围在 pH 为 1～14 之间，用来粗略估计溶液的 pH。精密 pH 试纸可相对较精密地估计溶液的 pH，根据其变色范围可以分为多种，如变色范围在 pH2.7～4.7、3.8～5.4、5.4～7.0、6.9～8.4、8.2～10.0、9.5～13.0 等，根据待测溶液的酸碱性可选用某一变色范围的试纸。一般先用广泛 pH 试纸粗测，再选用适当精密 pH 试纸较准确地测量。

(2) $Pb(Ac)_2$ 试纸

$Pb(Ac)_2$ 试纸是用来定性检验 H_2S 气体的试纸。当含有 S^{2-} 的溶液被酸化后，逸出的 H_2S 气体遇到该试纸，即与纸上的 $Pb(Ac)_2$ 反应，生成黑色的 PbS 沉淀，使试纸呈黑褐色，并具有金属光泽。若溶液中 S^{2-} 的浓度较小，则不易检验出。

$$Pb(Ac)_2 + H_2S =\!=\!= PbS\downarrow + 2HAc$$

(3) KI-淀粉试纸

KI-淀粉试纸是用来定性检验氧化性气体如 Cl_2、Br_2 的一种试纸。当氧化性气体遇到湿的 KI-淀粉试纸时，将试纸上的 I^- 氧化成 I_2，后者立即与试纸上的淀粉作用而显蓝色。

$$2I^- + Cl_2 =\!=\!= I_2 + 2Cl^-$$

如气体氧化性强，且浓度较大时，还将 I_2 可以进一步氧化而使试纸褪色。

$$I_2 + 5Cl_2 + 6H_2O \Longrightarrow 2HIO_3 + 10Cl^-$$

使用时必须仔细观察试纸颜色的变化，以免得出错误的结论。

（4）其它试纸

目前我国生产的各种用途的试纸已多达几十种，较为重要的有测 AsH_3 的溴化汞试纸、测汞的汞试纸等。

2.9.2　试纸的使用方法

每种试纸的使用方法都不一样，在使用前应仔细阅读使用说明，但也有一些共性的地方，如用作测定气体的试纸，都需要先行润湿后再测量，并且不要将试纸接触相应的液体或反应器，以免造成误差；使用试纸时，应注意节约，尽量将试纸剪成小块，盛装在小的广口瓶中；使用试纸时应尽量少取，取后盖好瓶盖，以防污染［尤其是 $Pb(Ac)_2$ 试纸］；不要将试纸浸入到反应液中，以免造成溶液的污染。

下面介绍几种试纸的一般使用方法。

（1）pH 试纸及石蕊、酚酞试纸

将小块试纸放在洁净的表面皿或点滴板上，用玻璃棒蘸取少量待测液点在试纸的中部，试纸即被待测液润湿而变色，再与标准色阶板比较，确定相应的 pH 或 pH 范围；若是其它试纸，则根据颜色的变化确定其酸碱性。如果需要测气体的酸碱性时，应先用蒸馏水将试纸润湿，将其沾附在洁净玻璃棒尖端，移至产生气体的试管口上方（不要接触试管），观察试纸的颜色变化。

（2）KI-淀粉试纸或 $Pb(Ac)_2$ 试纸

将小块试纸用蒸馏水润湿后沾附在干净的玻璃棒尖端，移至产生气体的试管口上方（不要接触试管或触及试管内的溶液），观察试纸的颜色变化。若气体量较小时，可在不接触溶液及管壁的条件下将玻璃棒伸进试管内进行观察。

2.9.3　试纸的制备

（1）KI-淀粉试纸（无色）

将 3g 可溶性淀粉溶于 25mL 冷水，搅匀后倾入 225mL 沸水中，再加入 1g KI 和 1g Na_2CO_3，搅拌，加水稀释至 500mL，将滤纸条浸润，取出后放置于无氧化性气体处晾干，保存于密封装置（如广口瓶）中备用。

（2）$Pb(Ac)_2$ 试纸（无色）

在浓度小于 $1mol \cdot L^{-1}$ 的 $Pb(Ac)_2$ 溶液［每升中含 190g $Pb(Ac)_2 \cdot 3H_2O$］中浸润滤纸条，在无 H_2S 气氛中干燥即可，密封保存备用。

2.10　酸度计的使用

酸度计也称 pH 计，是测定溶液 pH 的精密仪器，也可用来测量电动势，由电极和电动势测量部分组成。

2.10.1　基本原理

（1）电极

① 玻璃电极　pH 玻璃电极是对氢离子活度有选择性响应的电极。在电位分析法中，pH 玻璃电极是指示电极。pH 玻璃电极的结构如图 2-32 所示。电极的下端是用特殊玻璃吹制成的薄膜小球，内装 pH 一定的内参比溶液，溶液中插一个 Ag-AgCl 内参比电极。玻璃电极在初次使用前，必须在蒸馏水中浸泡 24h 以上。平常不用时也应浸泡在蒸馏水中。

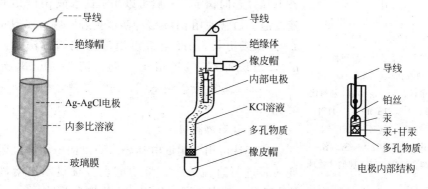

图 2-32　玻璃电极　　　　　　　图 2-33　饱和甘汞电极

② 参比电极　电位法中常用饱和甘汞电极作参比电极。饱和甘汞电极由汞、甘汞和氯化钾饱和溶液组成，如图 2-33 所示。甘汞电极在初次使用前，应浸泡在饱和氯化钾溶液内，不要与玻璃电极同泡在蒸馏水中。不使用时也浸泡在饱和氯化钾溶液中或用橡胶帽套住甘汞电极的下端毛细孔。

饱和甘汞电极的电位稳定，不随溶液 pH 的变化而变化。当玻璃电极和饱和甘汞电极以及待测溶液组成工作电池时，在 25℃下，所产生的电动势为：

$$E = E^{\ominus} + 0.0591 \text{pH}$$

测量这一电动势就可获得待测溶液的 pH。实际测量时，先以已知酸度的标准缓冲溶液的 pH 为基准，比较标准缓冲溶液组成的电池的电动势和待测溶液组成的电池的电动势，从而得出待测溶液的 pH。

③ 复合电极　把 pH 玻璃电极和参比电极组合在一起的电极就是 pH 复合电极。根据外壳材料的不同分塑壳和玻璃两种。相对于两个电极而言，复合电极最大的优点就是使用方便。pH 复合电极主要由电极球泡、玻璃支持杆、内参比电极、内参比溶液、外参比电极、外参比溶液、液接界、电极帽、电极导线、加液孔、外壳等组成。结构如图 2-34 所示。

pH 复合电极的特点是参比溶液有较高的渗透速度、液接界电位稳定重现、测量精度较高。当参比电极减少或受污染后可以补充或更换 KCl 溶液。使用时应将加液孔打开，以增加液体压力，加速电极响应，当参比液液面低于加液孔

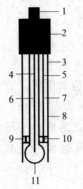

图 2-34　pH 复合电极
结构示意图

1—导线；2—密封塑料；
3—加液孔；4—Ag/AgCl 内
参比电极；5—Ag/AgCl 外参比
电极；6—0.1mol·L^{-1} HCl；
7—3mol·L^{-1} KCl；
8—聚碳酸树脂；9—密封胶；
10—细孔陶瓷；11—玻璃薄膜球

2cm 时，应及时补充新的参比液。

电极头部配有一个用于密封的塑料小瓶，内装电极浸泡液，电极头长期浸泡其中，使用时拔出洗净即可。塑料小瓶中的浸泡液不要受污染，要注意更换。

使用前必须浸泡，因为 pH 球泡是一种特殊的玻璃膜，在玻璃膜表面有一很薄的水合凝胶层，它只有在充分湿润的条件下才能与溶液中的 H$^+$ 有良好的响应。同时，电极球泡经过浸泡，可以使不对称电势大大下降并趋向稳定。一般可以用蒸馏水或 pH4 缓冲溶液浸泡。通常使用 pH4 缓冲溶液更好一些，浸泡时间 8～24h 或更长。pH 电极浸泡液的配制方法是：取 pH4.00 缓冲剂（250mL）一包，溶于 250mL 纯水中，再加入 56g 分析纯 KCl，适当加热，搅拌至完全溶解。

（2）电动势测量

酸度计可用于测量电动势。测出的电动势经阻抗变换后进行直流放大，带动电表直接显示出溶液的 pH。目前，国产的酸度计型号繁多，精度不同，使用的方法也有差异。

2.10.2　使用方法

下面以 pHS-3C 型酸度计（图 2-35）为例说明溶液 pH 的测定方法。

pHS-3C 型酸度计是一种精密数字显示 pH 计，其测量精度为 0.01pH 或 1mV。pH S-3C 型酸度计测量溶液 pH 时，按如下操作进行。

（1）打开电源开关，指示灯亮，预热 30min。mV 指示灯亮，显示 mV 测量状态。取下电极帽，用蒸馏水清洗电极，然后浸入盛蒸馏水的小烧杯中待用。

（2）按 pH/mV 键，进入 pH 测量状态，pH 指示灯亮。

（3）按"温度"键调节为溶液温度值。

（4）按"确认"键回到 pH 测量状态。

图 2-35　pHS-3C 型酸度计

（5）取下放蒸馏水的小烧杯，并用滤纸轻轻吸去玻璃电极上的多余水珠。把电极插入 pH 为 6.86 的标准缓冲溶液，注意使玻璃电极端部小球和甘汞电极的毛细孔浸在溶液中。轻轻摇动小烧杯使电极所接触的溶液均匀。待读数稳定后按"定位"键，调至该温度下标准溶液的 pH。

（6）按"确认"键回到 pH 测量状态，pH 指示灯停止闪烁。

（7）用蒸馏水清洗电极，并用滤纸轻轻吸去玻璃电极上的多余水珠后，插入

pH 为 4.00 的标准缓冲溶液（若待测溶液为碱性，则用 pH 为 9.18 的标准缓冲溶液），读数稳定后按"斜率"键，调至该温度下标准溶液的 pH。

（8）按"确认"键回到 pH 测量状态，pH 指示灯停止闪烁

（9）用 pH＝6.86 和 pH＝4.00 的标准缓冲溶液重复以上操作。若测定偏碱性的溶液，应用 pH＝6.86 和 pH＝9.18 的标准缓冲溶液重复标定仪器。

（10）如果被测溶液的温度与标定溶液温度不一致，用温度计测出被测溶液的温度，然后按"温度"键，使温度显示为被测溶液的温度，再按"温度"键，即可对被测溶液进行测量。

（11）仪器标定一旦完成，定位和斜率调节旋钮不得进行变动。一般情况下，在 24 h 内仪器不需要再标定。换用新电极时，仪器必须重新标定。标定结束，用蒸馏水清洗电极后即可对被测溶液进行测量。常用标准缓冲溶液的 pH 与温度关系对照如表 2-3。

表 2-3　常见标准缓冲溶液的 pH 与温度关系对照表

溶液温度/℃	邻苯二甲酸氢钾 （0.05mol · L⁻¹）	NaH_2PO_4-Na_2HPO_4 （0.025mol · L⁻¹）	四硼酸钠 （0.01mol · L⁻¹）
5	4.00	6.95	9.39
10	4.00	6.92	9.33
15	4.00	6.90	9.28
20	4.00	6.88	9.23
25	4.00	6.86	9.18
30	4.01	6.85	9.14
35	4.02	6.84	9.11
40	4.03	6.84	9.07
45	4.04	6.84	9.04
50	4.06	6.83	9.03
55	4.07	6.83	8.99
60	4.09	6.84	8.97

2.11　分光光度计的使用

2.11.1　分光光度法基本原理

分光光度法是根据物质对光的选择性吸收而进行分析的方法，其理论基础是 Lambert-Beer 定律：

$$A＝\varepsilon bc$$

式中，A 为吸光度；系数 ε 称为摩尔吸光系数，L · (mol · cm)⁻¹；b 为液层厚度，cm；c 为吸光物质的浓度，mol · L⁻¹。该定律的物理意义是：当一束平行单色光垂直通过某溶液时，溶液的吸光度 A 与吸光物质的浓度 c 及液层厚度 b 成正比。待测样品通常盛装在比色皿中，因此，b 常指比色皿厚度。

2.11.2 仪器的基本结构

分光光度法使用的仪器称为分光光度计，主要由光源、分光器、比色皿、光电元件和测量记录系统几部分组成。国内外不同档次的分光光度计型号很多。72型分光光度计结构示意图如图 2-36 所示。

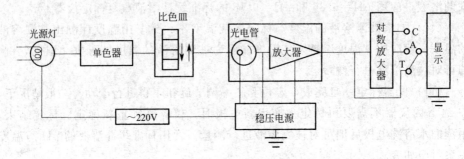

图 2-36　72 型分光光度计结构示意图

光源灯（碘钨灯）发出的连续复合光通过光栅的衍射作用形成按一定顺序排列的连续单色光谱，转动波长刻度盘即可带动光栅转动，因而可通过转动波长刻度盘让测量波长的单色光射向比色皿，最后透过光经光门射向光电管的光敏阴极。

2.11.3 常用比色皿

分光光度计中使用的比色皿都是两面透光、另两面为毛玻璃的方形容器。制做比色皿的材料主要为光学玻璃或石英。前者只能用于测量可见光区的吸光度；后者既可测量可见光区，也可测量紫外光区的吸光度。比色皿的厚度有 2mm、5mm、10mm、20mm、30mm、40mm 等规格，其中 10mm 的应用最普遍。

比色皿在使用中要注意保护透光面，避免擦伤或被硬物划伤。拿比色皿时，应拿毛玻璃面。一般溶液装至 3/4 容积即可，以防太满溢出腐蚀光度计。先用滤纸轻轻吸干比色皿外壁上的溶液，再用镜头纸擦至透明，即可放入样品架进行测量。

每台仪器配套的比色皿不能与其它仪器上的比色皿单个调换。

2.11.4 操作步骤

722E 型分光光度计（图 2-37）是可见光分光光度计，波长范围为 420～700nm。它是根据相对测量原理工作的，即先选定某一溶剂作为标准溶液，设定其透射率为 100%。被测试样的透射率是相对于标准溶液而言的，即让单色光分别通过被测试样和标准溶液，二者能量的比值就是在一定波长下对于被测试样的透射率。

722E 型分光光度计的操作步骤如下：

(1) 打开电源开关，预热 30min。开机前确认光路未挡。

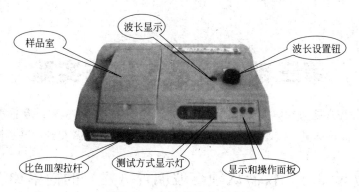

图 2-37　722E 型分光光度计

（2）用"波长设定"钮设置波长。每重设波长需重调零。

（3）将挡光体插入比色槽并推入光路，关好样品室，在 T 方式下按"0％T"调透射比零（调零）。此时，显示器显示"BLA"，稳定后显示 00.0。

（4）取出挡光体，关好样品室，按"100％T"调 100％透射比（调满度）。此时，显示器显示"BLA"，稳定后显示 100.0。

（5）按 MODE 键将测试方式设置为吸光度 A 方式，A 方式指示灯亮。

（6）将盛有参比液和待测液的比色皿插入比色皿槽，该关好样品室盖。通常在样品架第一个槽放参比液。

（7）将参比液推入光路，按"100％T"调整零 ABS，显示器显示 0.000。

（8）将待测液拉入光路，从显示器上读取 ABS 值。

T 方式下测定透射比。

2.11.5　注意事项

722E 型分光光度计使用和维护中注意事项：

（1）连续使用仪器的时间不应超过 2h，最好是间歇 0.5h 后，再继续使用。

（2）比色皿每次使用完毕后，要用去离子水洗净并倒置晾干后，存放在比色皿盒内。在日常使用中应注意保护比色皿的透光面，使其不受损坏或产生划痕，以免影响透射率。

（3）仪器不能受潮，使用时放置在坚固平稳的工作台上，室内照明不宜太强。在日常使用中，应经常注意单色器上的防潮硅胶（在仪器的底部）是否变色，如硅胶的颜色已变红，应立即取出烘干或更换。

（4）在托运或移动仪器时，应注意小心轻放。热天时不能用电扇直接向仪器吹风，防止灯泡灯丝发亮不稳定。

第三部分　基本操作实验

本部分为常见基本操作训练的实验项目，使学生通过实验熟练掌握玻璃工、仪器的洗涤、固体称量、液体量取、溶液配制、酸碱滴定、分离提纯等基本操作技能。

实验 3.1　仪器认领与玻璃管（棒）的简单加工

【实验目的】

(1) 了解实验室的规则与要求；

(2) 认识实验常用仪器，熟悉其名称、规格及用途，了解使用注意事项；

(3) 了解酒精喷灯的构造和原理，掌握正确的使用方法；

(4) 练习玻璃管（棒）的切割和圆口基本操作；

(5) 完成滴管、搅拌棒和小药匙的制做。

【实验预习】

(1) 酒精喷灯的构造与使用方法；

(2) 酒精喷灯使用过程中，应注意的安全问题；在加工玻璃管时，应注意哪些安全问题；

(3) 切割玻璃管（棒）的操作。

【仪器和药品】

酒精喷灯，锉刀，玻璃棒（直径 3～5mm），玻璃管（内径 4mm，壁厚 1～2mm），乳胶头，钻孔器，胶塞。

工业酒精（95％）。

【实验内容】

(1) 仪器认领

① 实验室简介及注意事项。

② 实验要求，实验目的、意义，实验学习方法，实验室规则，实验安全与卫生等。

③ 实验预习报告、实验报告的书写要求。

④ 认领并清点常用实验仪器，缺少和损坏的仪器列出清单，予以更换。

(2) 酒精喷灯的使用

玻璃管（棒）的熔烧需要高温，一般使用酒精喷灯。其使用方法参见第二部分相关内容。

(3) 玻璃管和玻璃棒的加工

① 玻璃管（棒）的切割　将玻璃管（棒）平放在桌面上，依需要的长度左手按住要切割的部位，右手用锉刀的棱边（或薄片小砂轮）在要切割的部位向前或向后（向一个方向，不要来回锯）用力挫出一道深而短的凹痕［见图 3-1(a)］。挫出的凹痕应与玻璃管（棒）垂直，这样才能保证截断后的玻璃管（棒）截面是平整的。然后双手持玻璃管（棒），两拇指齐放在凹痕背面［见图 3-1(b)］，并轻轻地由凹痕背面向外推折，同时两食指和拇指将玻璃管（棒）向两边拉［图 3-1(c)］，玻璃管（棒）即折成两段。

截取长 18cm 左右玻璃管一支；截取长 18～20cm、15cm 粗玻璃棒各一支；截取长约 18cm 细玻璃棒一支。

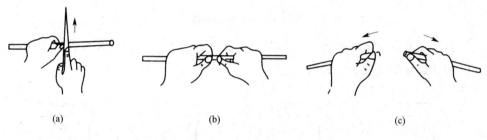

(a)　　　　　　　　　(b)　　　　　　　　　(c)

图 3-1　玻璃管的切割

② 熔光　切割的玻璃管（棒），其截断面的边缘很锋利容易割破皮肤，橡皮管或塞子，所以必须放在火焰中熔烧，使之平滑，这个操作称为熔光（或圆口）。将刚切割的玻璃管（棒）的一头插入火焰中熔烧。熔烧时，角度一般为 45°，并不断来回转动玻璃管（棒）（图 3-2），直至截面变成红热平滑为止。

图 3-2　玻璃管（棒）
截面的熔光

熔烧时，加热时间过长或过短都不好，过短，管（棒）口不平滑；过长，管径会变小。转动不匀，会使管口不圆。灼热的玻璃管（棒），应放在石棉网上冷却，切不可直接放在实验台上，以免烧焦台面，也不要用手去摸，以免烫伤。

③ 玻璃管的弯曲

a. 第一步，烧管　先将玻璃管在小火上来回旋转预热，然后用双手托持玻璃管，把要弯曲的地方斜插入氧化焰中，以增大玻璃管的受热面积（也可以在喷灯管上罩以鱼尾形灯头扩展火焰，增大玻璃管的受热面积），同时缓慢地转动玻璃管。使之受热均匀，如图 3-3(a) 所示。注意两手用力山均匀，转速一致，以免玻璃管在火焰中扭曲。加热到玻璃管发黄变软即可弯管。

b. 第二步，弯管　自火焰中取出玻璃管后，迅速用"V"字形手法将玻管准确地弯成所需的角度。弯管的手法是两手在上边，玻璃管的弯曲部分在两手中间的正下方，如图 3-3 (b)。弯好后，待其冷却变硬才可撒手，放在石棉网上继续冷却。120°以上的角度可一次性弯成。较小的锐角可分几次弯，先弯成一个较大的角度，然后在第一次受热部位的偏左、偏右处进行再次加热和弯曲，如图3-3(b) 中的 L 和 R 处，直到弯成所需的角度为止。

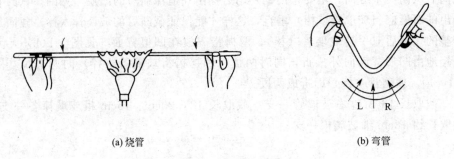

(a) 烧管　　　　　　　　　　　　　　　　　(b) 弯管

图 3-3　玻璃管的弯曲

合格的弯管必须弯角内外均匀平滑，角度准确。整个玻璃管处在一个平面上。弯管好坏的比较分析如图 3-4。

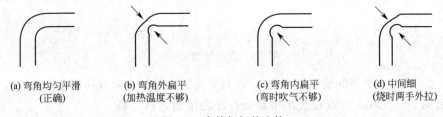

(a) 弯角均匀平滑　　(b) 弯角外扁平　　　(c) 弯角内扁平　　　(d) 中间细
　　(正确)　　　　(加热温度不够)　　　(弯时吹气不够)　　(烧时两手外拉)

图 3-4　弯管好坏的比较

④ 滴管的制做　将长约18cm玻璃管中点部分平放在火焰中加热，双手同时不断旋转使其受热均匀，待充分软化后，从火焰中取出，在同一水平面，两手同时向左右两边旋拉（如图3-5 所示），拉至所需细度，此时一手持玻璃管，使之垂直下垂。冷却后，即可按需要截断，制成毛细管或滴管。

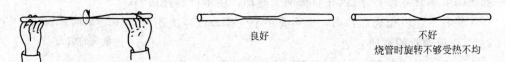

　　　　　　　　　　　　　　　　良好　　　　　　　　　　不好
　　　　　　　　　　　　　　　　　　　　　　　　　　烧管时旋转不够受热不均

图 3-5　拉管方法及和拉管好坏比较

如制做滴管，在细部中点截开，管嘴用火圆口。将未拉细的另一端玻璃管口以 40°角斜插入火焰中加热，并不断转动加热至红热，立即垂直在石棉网上轻轻按一下，使管口变厚并略向外翻，冷却后，装上乳胶头，即成滴管，如图3-6 所示。标准滴管要求每滴出 20 滴左右，约为 1mL。

⑤ 玻璃棒的制做　将长 18～20cm、15cm 玻璃棒的两端用喷灯火焰加热，圆口，冷却得两支玻璃棒。

⑥ 玻璃小药匙的制做　将上述较长的玻璃棒的一头放进火焰中加热变软时，

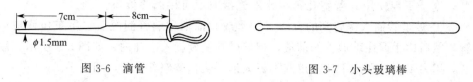

图 3-6　滴管　　　　　　　　　　　　图 3-7　小头玻璃棒

立即在石棉网上用点滴板侧面将其压扁，并使扁平面与玻璃棒成120°角。

⑦ 小头搅拌棒　将长约18cm的细玻璃棒中间部位平放在火焰中加热至充分变软时，拉长、拉细中间部分（直径2～3mm）。置石棉网上冷却后，从中间截断。在火焰中加热细头端点使其成一小球型，如图3-7所示。放至冷却后，将小头搅拌棒另一端端面熔烧圆口。

做好的搅拌棒、药匙、滴管均保存备用。

（4）塞子钻孔

在塞子内需要插入玻璃管或温度计时，必须在塞子上钻孔。钻孔的工具是钻孔器，它是一组直径不等的金属管，一端有柄、另一端很锋利，用来钻孔。此外每组钻孔器还配有一个带柄的细铁棒，用来捅出钻孔时进入钻孔器中的橡皮或软木。

① 塞子的选择　实验室所用的塞子有软木塞、橡皮塞及玻璃磨口塞。前两者常用于钻孔，以插配温度计和玻璃导管等。选用塞子时，除了要选择材质外，还要根据容器口径大小选择合适大小的塞子。软木塞由于质地松软，严密性较差，且易被酸碱腐蚀，但与有机物作用小，不被有机溶剂溶胀，故常用于与有机物（溶剂）接触的情况。但现在人们已很少使用软木塞。橡皮塞弹性好，可把瓶子塞得严密，并耐强碱侵蚀，故常用于无机化学实验。塞子的大小应与仪器的口径相符，塞子进入瓶颈部分不能少于塞子本身高度的1/2，也不能高于本身的2/3。塞进过多、过少都是不合适的。

② 钻孔器的选择　钻孔器应比玻璃管口径略粗，因为橡皮塞有弹性，孔道钻成后会收缩，使孔径变小。钻孔器如图3-8所示。

③ 钻孔方法　将塞子小的一端朝上，平放在木板上，左手持塞，右手握住钻孔器［见图3-8(a)］。钻之前在钻孔器上涂点水或甘油将钻孔器按在选定的位置上，朝一个方向旋转，同时用力向下压，如图3-8(b) 所示。注意，钻孔器应垂直于塞子，不能左右摆动，也不能倾斜，以免把孔钻穿。当钻至一半时，以反方向旋转，并向上拔，取出钻孔器。

按同法在大头钻孔，注意要对准小的那端孔位。直到两端的圆孔贯穿为止。拔出钻孔器，将钻孔器中的橡皮取出。

钻孔后，检查孔道是否合适。若玻璃管轻松的插入圆孔，说明孔过大，孔和玻璃管间密封不

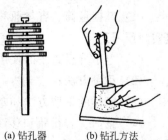

(a) 钻孔器　　　(b) 钻孔方法

图 3-8　钻孔器及钻孔方法

严，塞子不能使用；若塞孔稍小或不光滑时，可用圆锉修整。

④ 玻璃管插入橡胶塞的方法　用水或甘油把玻璃管润湿后，用布包住玻璃管，然后用手握住玻璃管的前端，把玻璃管慢慢旋入塞孔内，如图 3-9 所示。注意，用力不要过猛或手离橡皮塞不要太远，防止玻璃管折断，刺伤手。

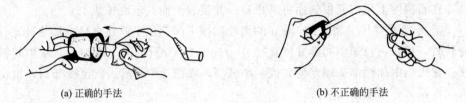

　　(a) 正确的手法　　　　　　　　　　　　　　(b) 不正确的手法

图 3-9　把玻璃管插入塞子的手法

【注意事项】

（1）切割玻璃管、玻璃棒时要防止划破手；

（2）使用酒精喷灯前，必须先准备一块湿抹布备用；

（3）灼热的玻璃管、玻璃棒，要按先后顺序放在石棉网上冷却，切不可直接放在实验台上，防止烧焦台面；未冷却之前，也不要用手去摸，防止烫伤手。

【思考题】

（1）酒精喷灯的构造怎样、如何使用？

（2）酒精喷灯的火焰分几层？各层的温度和性质如何？

（3）切割玻璃管时应注意什么？为什么要熔光？

（4）为什么向塞子插入玻璃管前要涂抹甘油或水？

实验 3.2　溶液的配制

【实验目的】

（1）学习和掌握电子分析天平的正确使用方法；

（2）了解实验室常用溶液的配制方法，学习溶液的定量转移及稀释操作；

（3）复习溶液浓度的有关计算；

（4）掌握量筒、容量瓶和移液管的使用方法以及玻璃器皿的洗涤。

【实验预习】

（1）电子分析天平的使用方法；

（2）称量方法；

（3）液体的量取方法和常用溶液的配制方法；

（4）量筒、容量瓶和移液管的操作。

【实验原理】

溶液的稀释、物质的溶解前后，溶质的物质的量保持不变。

溶液配制的基本方法参见第二部分 2.4.2。

【仪器和药品】

电子天平（0.1g，0.0001g），容量瓶（250mL，50mL），试剂瓶，移液管（10mL），量筒（100mL，10mL），烧杯（500mL，250mL，100mL）。

$KHC_8H_4O_4$（s，A.R.），NaOH（s，A.R.），NaCl（s，A.R.），浓硫酸，盐酸（$2mol \cdot L^{-1}$）。

【实验内容】

（1）用固体试剂配制溶液

① 质量分数（w）溶液的配制

配制 100mL 1% 的 NaCl 溶液　用电子天平称取 1.0g NaCl 固体，加蒸馏水 99mL，搅拌使 NaCl 完全溶解后，装入试剂瓶，贴上标签（名称、浓度、日期）。

② 物质的量浓度（c）溶液的配制

a. 配制 500mL $0.1mol \cdot L^{-1}$ 的 NaOH 溶液　用烧杯在电子天平上称取 2.0～2.2g NaOH 固体，加 30mL 蒸馏水搅拌溶解后，继续加蒸馏水稀释至 500mL，搅拌均匀后，装入试剂瓶，盖上胶塞，贴上标签。

$$c = \frac{m_{NaOH}/M_{NaOH}}{V}$$

式中　c——物质的量浓度，$mol \cdot L^{-1}$；

　　　V——溶液的体积，L。

b. 准确配制 250mL $0.1000mol \cdot L^{-1}$ $KHC_8H_4O_4$ 溶液　用电子天平称取 5.1055～5.1083g $KHC_8H_4O_4$ 固体，加 60mL 蒸馏水，微热搅拌使之完全溶解，冷却至室温后转移至 250mL 容量瓶中。每次用 20～30mL 蒸馏水洗涤烧杯 2～3 次，洗涤液均转移入容量瓶中。往容量瓶中加水至溶液体积为容量瓶容积的 2/3 时，将容量瓶沿水平方向转动，使溶液初步混合。再加水至刻度，塞上瓶塞。混匀，计算准确浓度，倒入干燥洁净的试剂瓶中，贴上标签。

$$c = \frac{m_{KHC_8H_4O_4}/M_{KHC_8H_4O_4}}{V} \quad (M_{KHC_8H_4O_4} = 204.23g \cdot mol^{-1})$$

（2）用液体试剂配制溶液

① 体积比溶液的配制

1:5 的 H_2SO_4 溶液配制　用量筒量取 25mL 蒸馏水倒入烧杯中，再量取 5mL 浓硫酸，在不断搅拌下，慢慢倒入水中，自然冷却至室温。量筒中残余的浓硫酸用冷却至室温的硫酸溶液润洗两次后，将洗涤液合并至硫酸溶液中，再将硫酸溶液转移至试剂瓶中，贴上标签。

② 物质的量浓度溶液的配制

a. 粗配制　用 $2mol \cdot L^{-1}$ 盐酸溶液配制 250mL $0.1mol \cdot L^{-1}$ 盐酸溶液。

量取 12.5mL $2mol \cdot L^{-1}$ 盐酸溶液与 240mL 蒸馏水混合均匀，转入试剂瓶中，贴上标签。

　　b. 准确配制　用 $0.1000mol \cdot L^{-1}$ 盐酸溶液配制 $50mL$ $0.02000mol \cdot L^{-1}$ 盐酸溶液。

　　用移液管准确吸取 $10.00mL$ $0.1000mol \cdot L^{-1}$ 盐酸溶液至 $50mL$ 容量瓶中，加水稀释至刻度，盖上瓶塞，混匀后，倒入干燥洁净的试剂瓶中，贴上标签。

【基本操作】

　　(1) 玻璃器皿的一般洗涤方法；

　　(2) 电炉的使用及溶液的搅拌和加热；

　　(3) 试剂的取用；

　　(4) 移液管、吸量管、容量瓶的使用；

　　(5) 电子天平的使用。

【思考题】

　　(1) 称量的样品不能直接放在称盘上，应如何选择盛接物？

　　(2) 准确进行减量法称量的关键是什么？用减量法称取试样时，若称量瓶内的试样吸湿，将对称量结果造成什么误差？若试样倾入烧杯内后再吸湿，对称量结果是否有影响？

　　(3) 用浓 H_2SO_4 溶液配制一定浓度的稀 H_2SO_4 溶液，应注意哪些问题？

　　(4) 易水解盐如 $FeCl_3$、$AlCl_3$、$SnCl_2$、$BiCl_3$ 等的水溶液如何配制？

　　(5) 配制具有明显热效应的溶液时，应注意哪些问题？

　　(6) 用容量瓶配制标准溶液时，应注意哪些问题？是否可用精度为 $0.01g$ 的电子天平称取基准物质？

　　(7) 配制的碱溶液时，应如何储存？

　　(8) 对见光易分解的药品，其溶液如何储存？

　　(9) 使用容量瓶时，若定容时不小心液面超过了刻度线，怎么办？能用胶头滴管把多余的液体取出吗？

　　(10) 定容时，下列操作对实验结果有何影响（偏高、偏低、无影响）？

　　① 未用蒸馏水洗涤烧杯内壁。

　　② 转移溶液时有部分溶液溅出。

　　③ 转移溶液前容量瓶内有水珠。

　　④ 摇匀后，液面低于刻度线，再加水至刻度线。

　　⑤ 定容时加水不慎超过刻度线，将超过部分吸走。

实验 3.3　酸　碱　滴　定

【实验目的】

　　(1) 通过 NaOH 溶液和盐酸溶液的浓度测定，了解滴定管的主要用途，掌握滴定操作要领，学会正确判断滴定终点；

（2）复习移液管的使用和移液操作。

【实验预习】

（1）预习洗移液管和滴定管的洗涤和使用方法；

（2）滴定操作步骤。

【实验原理】

酸碱滴定是利用酸碱中和反应测定酸或碱浓度的定量分析方法。

因为在酸碱反应的化学计量点，体系的酸和碱刚好完全中和，所以滴定达到终点后，根据酸给出质子的物质的量与碱所接受质子的物质的量相等的原则，可求出酸或碱的物质的量浓度。

滴定终点的确定可借助于酸碱指示剂。指示剂本身是一种弱酸或弱碱，在不同的pH范围内可显示出不同的颜色，滴定时应根据不同的滴定体系选用不同的指示剂，以减少滴定误差。实验室常用的酸碱指示剂有酚酞、甲基红、甲基橙等。强碱滴定酸时，常用酚酞作指示剂；强酸滴定碱时，常用甲基橙作指示剂。

【仪器和药品】

碱式滴定管（50mL），移液管（25mL），滴定管夹，滴定管架，锥形瓶（250mL），洗耳球。

$KHC_8H_4O_4$（$0.1000mol \cdot L^{-1}$，自己配制），NaOH（$0.1mol \cdot L^{-1}$，准确浓度待滴定），HCl溶液（$0.1mol \cdot L^{-1}$，准确浓度待滴定），酚酞溶液。

【实验内容】

（1）NaOH溶液准确浓度的标定

① 洗净25mL移液管和50mL碱式滴定管各一支。

② 把少量待测浓度的NaOH溶液注入洁净的碱式滴定管内，按少量多次的原则润洗滴定管3次。然后加入NaOH溶液至"0.00"刻度以上，排除玻璃珠下面的气泡，调节液面在"0.00"刻度处，将滴定管置于滴定管夹上。

③ 将一支洁净的25mL移液管用少量$KHC_8H_4O_4$溶液润洗3次后，用该移液管吸取25.00mL溶液放入洁净的锥形瓶中（平行取3份）。用少量蒸馏水冲洗锥形瓶内壁，然后分别加入2滴酚酞指示剂，混匀。

④ 右手拇指、食指和中指拿捏锥形瓶，滴定管尖嘴伸入锥形瓶口内1～2cm。左手拇指在前，食指在后，轻轻挤压玻璃珠外稍上方的胶管，NaOH溶液通过胶管与玻璃珠之间的小缝隙流出，滴入锥形瓶内。同时右手持锥形瓶不断向一个方向旋转，使溶液混合均匀。滴定速度先快后慢。滴至溶液的微红色消失较慢时，每滴入1滴NaOH溶液，都要将溶液充分摇匀。观察粉红色消失快慢。最后，NaOH溶液要半滴半滴地加入，用锥形瓶内壁靠一下滴定管下端的玻璃尖嘴，使半滴溶液沿瓶壁流下。用少量蒸馏水冲洗锥形瓶内上壁，溶液的微红色半分钟不消失，即为滴定的终点。读取滴定管内NaOH溶液液面位置的准确读数并记录。滴定管内液面位置要准确到0.01mL。（可反复如此练习多次至掌握

操作要领和能正确判断滴定终点后再开始滴定实验）。

　　⑤ 重复滴定两次（每次都需 NaOH 溶液装入滴定管，并调节液面至"0.00"刻度处）。三次滴定所消耗的 NaOH 溶液的体积相差不超过 0.05mL 时，可取平均值计算 NaOH 溶液的浓度（取四位有效数字）。

　　(2) 盐酸溶液准确浓度的标定

　　① 将吸取过 $KHC_8H_4O_4$ 溶液的 25mL 移液管用自来水冲洗后，用蒸馏水润洗三次。用小滤纸擦干移液管外壁的水，用洗耳球吹尽管内的水，并用滤纸吸掉残余在尖嘴的水。再用少量待测定的盐酸溶液润洗 3 次后，移取 25.00mL 溶液放于洗净的锥形瓶中（平行取 3 份）。

　　② 重复【实验内容】(1) 中④～⑤的步骤，用 NaOH 溶液滴定盐酸溶液。记录每次滴定前后滴定管的读数。

【数据记录与处理】

　　将数据记录于表 3-1 及表 3-2，并进行处理。

表 3-1　NaOH 溶液浓度的标定

滴定序号　　　　　数据与结果	1	2	3
$c_{KHC_8H_4O_4}/mol \cdot L^{-1}$			
$V_{KHC_8H_4O_4}/mL$			
滴定终点读数(NaOH)/mL			
滴定开始读数(NaOH)/mL			
NaOH 溶液的用量 V_{NaOH}/mL			
NaOH 溶液的平均用量 $\bar{V}_{NaOH}/mL$			
$\bar{c}_{NaOH}/mol \cdot L^{-1}$			

表 3-2　HCl 溶液浓度的标定

滴定序号　　　　　数据与结果	1	2	3
滴定终点读数(NaOH)/mL			
滴定开始读数(NaOH)/mL			
NaOH 溶液的用量 V_{NaOH}/mL			
NaOH 溶液的平均用量 $\bar{V}_{NaOH}/mL$			
$c_{NaOH}/mol \cdot L^{-1}$			
V_{HCl}/mL			
$\bar{c}_{HCl}/mol \cdot L^{-1}$			

【思考题】

　　(1) 为什么在洗移液管和滴定管时，最后都要用被量取的溶液洗 2～3 次？

用于滴定的锥形瓶或烧杯也要用同样的方法洗涤吗？是否需要干燥？

（2）为什么不能用直接法配制 NaOH 标准溶液？

（3）盛装 NaOH 溶液的试剂瓶或滴定管为什么不能用玻璃塞？

（4）滴定管装入溶液后没有将下端尖管的气泡赶尽就读取液面读数，对实验结果有何影响？

（5）滴定结束后发现：①滴定管末端液滴悬而不落；②溅在锥形瓶壁上的液滴没有用蒸馏水冲洗下；③滴定管未洗净，管壁内挂有液滴。它们对实验结果各有何影响？

（6）滴定过程中如何避免：①碱式滴定管的橡皮管内形成气泡；②酸式滴定管活塞漏液。

实验 3.4　氯化钠的提纯

【实验目的】

（1）学习 NaCl 提纯的化学原理和方法；

（2）掌握溶液加热、搅拌、浓缩、结晶、过滤等基本操作；

（3）学习定性检验有关离子是否除去的方法；

（4）pH 试纸的使用。

【实验预习】

（1）预习沉淀溶解平衡原理，查出 Ca^{2+}、Mg^{2+}、Ba^{2+} 的碳酸盐和硫酸盐的溶度积以及 $Mg(OH)_2$ 的溶度积；

（2）了解 Ca^{2+}、Mg^{2+}、SO_4^{2-}、K^+ 的定性检出方法；

（3）了解浓缩、结晶、过滤等固-液分离的方法和操作。

【实验原理】

粗食盐中除了含有泥沙等不溶性杂质外，还含有 K^+、Ca^{2+}、Mg^{2+}、SO_4^{2-} 等相应盐类的可溶性杂质。不溶性杂质可用过滤的办法除去，可溶性杂质则要用化学方法处理才能除去。因为 NaCl 的溶解度随温度变化不大，所以不能用重结晶的方法纯化。

处理的方法是：过滤除去不溶性杂质后，向滤液中加入稍过量的 $BaCl_2$ 溶液，溶液中的 SO_4^{2-} 便转化为难溶的 $BaSO_4$ 沉淀而被除去：

$$Ba^{2+} + SO_4^{2-} =\!=\!= BaSO_4 \downarrow$$

在滤除 $BaSO_4$ 沉淀的溶液中，加入 NaOH 和 Na_2CO_3 的混合溶液，这时：

$$Ca^{2+} + CO_3^{2-} =\!=\!= CaCO_3 \downarrow$$

$$Ba^{2+} + CO_3^{2-} =\!=\!= BaCO_3 \downarrow$$

$$2Mg^{2+} + 2OH^- + CO_3^{2-} =\!=\!= Mg_2(OH)_2CO_3 \downarrow$$

过滤除去上述沉淀物后，溶液中的 Ca^{2+}、Mg^{2+}、Ba^{2+} 都已除去，但又引进了过量的 NaOH 和 Na_2CO_3，再用盐酸将溶液调至微酸性以除去 OH^- 和破坏 CO_3^{2-}，反应方程式为：

$$OH^- + H^+ == H_2O$$

$$CO_3^{2-} + 2H^+ == CO_2\uparrow + H_2O$$

对于 KCl，由于它的含量少而溶解度较大，在最后的浓缩结晶过程中仍留在母液内，过滤使 KCl 与 NaCl 晶体分开。

【仪器和药品】

电子天平（0.1g），烧杯（200mL，100mL），玻璃漏斗，漏斗架，循环水真空泵，布氏漏斗，抽滤瓶，量筒（50mL，10mL）离心试管，蒸发皿，滤纸（12cm，7cm）。

HCl（6mol·L^{-1}），NaOH（6mol·L^{-1}），$BaCl_2$（1mol·L^{-1}），$(NH_4)_2C_2O_4$（饱和），Na_2CO_3（饱和），$NaB(C_6H_5)_4$（0.1mol·L^{-1}），镁试剂 I，粗食盐，pH 试纸。

【实验内容】

（1）提纯

① 粗食盐的溶解　称取 5.0g 粗食盐，放入烧杯内，加入 30mL 水，加热搅拌使之溶解。记下烧杯内液面的位置，以便在②、③步骤中随时补水，以保持液面基本不变。

② 除去 SO_4^{2-}　加热粗食盐溶液至近沸，边搅拌边滴加 1mL 1mol·L^{-1} 的 $BaCl_2$ 溶液。保持溶液近沸状态 5min 后，取下烧杯静置，待不溶物沉降后，取上层清液 1mL 于离心试管中，加 1 滴 1mol·L^{-1} 的 $BaCl_2$ 溶液，若溶液不变混浊，表明直至 SO_4^{2-} 除尽。普通过滤，弃去沉淀物，滤液移入洁净的小烧杯中。

③ 除去 Ca^{2+}，Mg^{2+} 和过量的 Ba^{2+}　将滤液加热至近沸，边搅拌边滴加 1mL 饱和 Na_2CO_3 溶液，并滴加 2~3 滴 6mol·L^{-1} NaOH 溶液，使溶液的 pH 约为 11。保持近沸 5min，取下烧杯静置，待沉淀沉降后，取上层清液 1mL，加 3 滴饱和 Na_2CO_3 溶液，若溶液不变混浊，表明金属杂质离子除尽。趁热过滤，滤液移入蒸发皿中。

④ 除去 CO_3^{2-} 和 OH^-　将滤液加热至近沸，取下滤液，边搅拌边滴加 6mol·L^{-1} HCl 溶液至无气泡放出，再多加两滴，滤液的 pH 约 4~5。

⑤ 浓缩、结晶　将上述溶液小火加热，不断搅拌溶液，加热蒸发浓缩直至稠状。趁热减压过滤。NaCl 晶体转入蒸发皿内用小火烘干。冷至室温，称重。

（2）产品质量的定性检验

取粗食盐 0.5g 左右，用 3mL 水溶解后，均分于 4 支离心试管中。

取纯食盐 0.5g 左右，用 3mL 水溶解后，均分于 4 支离心试管中。

定性检验溶液中是否有 SO_4^{2-}，Ca^{2+}，Mg^{2+} 和 K^+ 的存在，比较实验结果。

【数据记录与处理】

将数据记录于表 3-3 及表 3-4，并进行处理。

表 3-3　产品检验

检验液 \ 试剂	1 滴 6mol·L^{-1} HCl 2 滴 1mol·L^{-1} BaCl$_2$	2 滴饱和 (NH$_4$)$_2$C$_2$O$_4$	3 滴 6mol·L^{-1} NaOH, 2 滴镁试剂 I^①	1 滴 0.1mol·L^{-1} NaB(C$_6$H$_5$)$_4$^{②}
粗盐溶液				
纯盐溶液				

① 在碱性介质中 Mg^{2+} 与镁试剂生成蓝色的螯合物溶液（Mg^{2+}少）或沉淀（Mg^{2+}多）；

② 在碱性、中性或稀酸性介质中，K$^+$ 与 NaB(C$_6$H$_5$)$_4$ 作用生成白色的 KB(C$_6$H$_5$)$_4$ 沉淀。

表 3-4　收率的计算

粗食盐(g)	纯食盐(g)	纯盐收率 /%	纯食盐中杂质离子含量是否合格

【思考题】

（1）能否用重结晶的方法提纯氯化钠？

（2）能否用氯化钙代替毒性较大的氯化钡来除去食盐中的 SO$_4^{2-}$？

（3）试用沉淀溶解平衡原理，说明用碳酸钡除去食盐中 Ca^{2+} 和 SO$_4^{2-}$ 的根据和条件？

（4）在实验中如果以 Mg(OH)$_2$ 沉淀形式除去粗盐中的 Mg^{2+}，则溶液的 pH 应为何值？

（5）在提纯粗食盐溶液过程中，K$^+$ 将在哪一步除去？

实验 3.5　由胆矾精制五水硫酸铜

【实验目的】

（1）用干净氧化剂将杂质 Fe^{2+} 氧化为 Fe^{3+}；

（2）用分步沉淀法除去铁离子；

（3）复习溶液的加热、蒸发、浓缩，固液分离和重结晶等基本实验操作。

【实验预习】

（1）预习水浴加热操作；

（2）预习蒸发浓缩、固液分离和重结晶等基本操作。

【实验原理】

本实验是用工业硫酸铜（俗称胆矾）为原料，精制 CuSO$_4$·5H$_2$O。首先用过滤法除去胆矾中的不溶性杂质。用过氧化氢将胆矾中的主要杂质铁中的 Fe^{2+} 氧化为 Fe^{3+} 后，调节溶液的 pH 约 4.0，使 Fe^{3+} 全部水解为 Fe(OH)$_3$ 沉淀而除去。溶液中的可溶性杂质可根据 CuSO$_4$·5H$_2$O 的溶解度随温度的升高而增大的性质见表 3-5，用重结晶法使它们留在母液中，从而得到较纯的 CuSO$_4$·

$5H_2O$ 晶体。反应方程式如下：

$$2Fe^{2+} + H_2O_2 + 2H^+ \!=\!=\!= 2Fe^{3+} + 2H_2O$$

$$Fe^{3+} + 3H_2O \!=\!=\!= Fe(OH)_3 \downarrow + 3H^+$$

表 3-5　$CuSO_4 \cdot 5H_2O(s)$溶解度表

温度/℃	0	10	20	30	……	100
溶解度/$g \cdot (100g 水)^{-1}$	23.1	27.5	32.0	37.8	……	114

【仪器和药品】

电子天平（0.1g），滤纸（11cm，7cm），烧杯（100mL），蒸发皿，量筒（50mL，10mL），玻璃棒，循环水真空泵，抽滤瓶，布氏漏斗，玻璃漏斗，漏斗架。

工业硫酸铜，NaOH（$2mol \cdot L^{-1}$），H_2O_2（质量分数3%），H_2SO_4（$3mol \cdot L^{-1}$），乙醇（质量分数95%），HCl（$2mol \cdot L^{-1}$），$NH_3 \cdot H_2O$（$6mol \cdot L^{-1}$，$2mol \cdot L^{-1}$），KSCN（$0.1mol \cdot L^{-1}$），pH精密试纸，pH广泛试纸。

【实验内容】

(1) 初步提纯

① 不溶性杂质和 Fe^{3+} 的除去

a. 称取5.0g工业硫酸铜于烧杯中，加入30mL蒸馏水，加热搅拌至完全溶解，减压过滤以除去不溶物。

b. 向滤液中滴加入1mL 3% H_2O_2 溶液，加热至近沸（给液面位置做一记号）。继续向其滴加 $0.2mol \cdot L^{-1}$ NaOH 溶液（将3滴 $2mol \cdot L^{-1}$ NaOH 溶液用蒸馏水稀释至3mL），使溶液pH为3.5～4.0，溶液中析出沉淀。保持溶液近沸腾状态5min（注意补水，保持液面位置），趁热常压过滤，滤液用蒸发皿盛接。

② 结晶　向滤液中加入1～2滴 $3mol \cdot L^{-1}$ H_2SO_4 溶液使滤液pH为1～2。加热至近沸，改为水浴加热，蒸发浓缩至液面有部分晶膜为止。自然冷却到到室温，减压过滤，抽干，称重。

(2) 重结晶提纯

上述产品放于蒸发皿中，按每克粗产品加1.2mL蒸馏水的比例加入蒸馏水。水浴加热，使产品全部溶解。然后蒸发浓缩至液面形成一层晶膜时，取下自然冷却至室温，减压过滤，抽干，用少量95%乙醇洗涤晶体1～2次。取出晶体，称重，计算收率。

(3) 纯产品中 Fe^{3+} 含量定性的检验

① 用5mL水溶解0.5g纯产品，加3滴 $3mol \cdot L^{-1}$ H_2SO_4 溶液和5滴3% H_2O_2 溶液煮沸。取下冷却至室温。

② 向冷却后的溶液中滴加 $6mol \cdot L^{-1}$ $NH_3 \cdot H_2O$ 至开始生成的浅蓝色沉淀

消失，溶液为深蓝为止。

③ 将上述溶液普通过滤。先用 1mL 2mol·L^{-1} NH$_3$·H$_2$O 洗涤后再用蒸馏水洗涤沉淀至滤液无色为止。[说明：如滤纸中无棕黄沉淀，接下的（4）、（5）步实验则不必进行。]

④ 用 1mL 热的 2mol·L^{-1} HCl 溶液反复洗涤滤纸中的棕黄沉淀，直至沉淀完全消失。

⑤ 往盐酸洗液中加 2 滴 0.1mol·L^{-1} KSCN 溶液，溶液呈血红色，产品 Fe^{3+} 的含量不合格。

【数据记录与处理】

将数据填入表 3-6，并将数据进行处理。

表 3-6　收率的计算及产品检验

工业硫酸铜晶体质量/g	粗产品/g	纯产品/g	纯产品收率/%	纯产品中 Fe^{3+} 含量是否合格

【思考题】

（1）如果用烧杯代替水浴锅进行水浴加热，怎样选用合适的烧杯？

（2）在减压过滤操作中，如果打开水泵之前先把沉淀转入布氏漏斗或结束时先关上水泵开关，各会产生何种影响？

（3）在初步提纯中为什么要先加双氧水将 Fe^{2+} 氧化成 Fe^{3+}？

（4）在除硫酸铜溶液中的 Fe^{3+} 时，pH 为什么控制在 4.0 左右？加热溶液的目的是什么？

实验 3.6　四氧化三铅的组成和含量测定

【实验目的】

（1）测定 Pb$_3$O$_4$ 的组成；

（2）学习碘量法操作；

（3）学习用 EDTA 法测定溶液中的金属离子。

【实验预习】

（1）铅化合物的性质；

（2）碘量法的基本操作

【实验原理】

Pb$_3$O$_4$ 为红色粉末状固体，其化学式可写为 2PbO·PbO$_2$。利用 HNO$_3$ 将 Pb$_3$O$_4$ 分解成 Pb^{2+} 和 PbO$_2$。PbO$_2$ 是强氧化剂，能定量氧化溶液中的 I$^-$，生成的 I$_2$ 可用已知浓度的 Na$_2$S$_2$O$_3$ 标准溶液进行滴定，从而测定 PbO$_2$ 的含量；Pb^{2+} 可用已知浓度的 EDTA 标准溶液进行滴定，滴定前用六亚甲基四胺控制溶液的 pH 为 5～6，以二甲酚橙为指示剂，从而测定出 PbO 的含量。求出二价铅与四价铅的物质的量比，进而确定 Pb_3O_4 的组成和含量。有关反应式如下：

$$Pb_3O_4 + 4HNO_3 =\!=\!= PbO_2 + 2Pb(NO_3)_2 + 2H_2O$$

$$Pb^{2+} + H_2Y^{2-} =\!=\!= PbY^{2-} + 2H^+ (H_2Y^{2-} \text{ 代表 EDTA})$$

$$PbO_2 + 4I^- + 4HAc =\!=\!= PbI_2 + I_2 + 2H_2O + 4Ac^-$$

$$2Na_2S_2O_3 + I_2 =\!=\!= 2NaI + Na_2S_4O_6$$

【仪器和药品】

电子天平（0.01g），量筒，烧杯，锥形瓶，循环水真空泵，抽滤瓶，布氏漏斗，酸式滴定管，碱式滴定管，滤纸。

$Pb_3O_4(s)$，HNO_3（6mol·L^{-1}），NH_3·H_2O（1:1），EDTA 二钠盐标准液（0.0500mol·L^{-1}），HAc-NaAc(1:1) 混合液，KI(s)，$Na_2S_2O_3$ 标准溶液（0.0500mol·L^{-1}），六亚甲基四胺（20%），淀粉溶液（2%），二甲酚橙指示剂，pH 试纸。

【实验内容】

（1）Pb_3O_4 的分解

准确称取 0.15g 干燥的 Pb_3O_4，置于 50mL 的小烧杯中，同时加入 1mL 6mol·L^{-1} HNO_3，用玻璃棒搅拌，使之充分反应，红色的 Pb_3O_4 很快变为棕黑色的 PbO_2。抽滤，将反应产物进行固液分离，用少量蒸馏水洗涤固体 3～4 次，保留滤液及固体。

（2）PbO 含量的测定

把上述滤液全部转入锥形瓶中，往其中加入 2 滴二甲酚橙指示剂，并逐滴加入 1:1 的 NH_3·H_2O，至溶液由黄色变为橙色，再加入 20% 的六亚甲基四胺至溶液呈稳定紫红色，再过量 2mL，此时溶液的 pH 为 5～6，然后用 0.0500mol·L^{-1} EDTA 二钠盐标准溶液滴定溶液由紫红色变为亮黄色时，即为终点。记下消耗的 EDTA 二钠盐溶液体积。

（3）PbO_2 含量的测定

将上述固体 PbO_2 连同滤纸一并置于另一锥形瓶中，往其中加入 10mL HAc-NaAc 混合液，再向其中加入 0.4g 固体 KI，摇动锥形瓶，使 PbO_2 全部反应而溶解，此时溶液呈透明棕色。以 0.0500mol·L^{-1} 的 $Na_2S_2O_3$ 标准溶液滴定至溶液呈浅黄色时，加入 5 滴 2% 淀粉溶液，继续滴定至溶液蓝色刚好褪去为止，记下所用去的 $Na_2S_2O_3$ 溶液的体积。

【数据记录与处理】

将数据填入表 3-7。

表 3-7　Pb₃O₄ 的组成和含量测定

PbO 的物质的量	PbO₂ 的物质的量	Pb(Ⅱ)与 Pb(Ⅳ)物质的量比	Pb₃O₄ 在试样中的质量分数

【思考题】

（1）能否加其它酸如 H_2SO_4 或 HCl 溶液使 Pb_3O_4 分解？为什么？

（2）PbO_2 与 KI 的反应需在酸性介质中进行，能否用 HNO_3 或 HCl 溶液代替 HAc？为什么？

（3）淀粉溶液为何要在最后才加入？

第四部分 基本常数测定

本部分为几种基本常数和参数的测定实验，旨在训练学生对一些基本仪器如酸度计、分光光度计等使用技能以及数据记录与处理、结果分析与讨论的能力。同时，有助于学生巩固对基本理论和知识的理解和掌握。

实验 4.1 pH 法测定醋酸电离常数

【实验目的】
　　(1) 复习酸或碱溶液的酸度和电离度的计算；
　　(2) 复习吸量管、移液管、容量瓶及酸碱滴定等有关操作；
　　(3) 学习并掌握用 pHS-3C 酸度计准确测定溶液的 pH。

【实验预习】
　　(1) pHS-3C 酸度计的构造、原理及操作步骤；
　　(2) 弱酸或弱碱电离常数

【实验原理】
　　醋酸（以 HAc 表示）是弱电解质，在水溶液中存在以下主要电离平衡：

$$HAc \rightleftharpoons H^+ + Ac^-$$

起始浓度/mol·L^{-1}　　　　c　　　0　　　0

平衡浓度/mol·L^{-1}　　[HAc]　[H$^+$] [Ac$^-$]

$$K_a = \frac{[H^+][Ac^-]}{[HAc]} = \frac{[H^+]^2}{c - [Ac^-]}$$

K_a 为醋酸电离常数，在 HAc 溶液中：$[H^+] \approx [Ac^-]$，$[HAc] = c - [Ac^-]$

电离度 α 计算如下：

$$\alpha = \frac{[H^+]}{c} \times 100\% = \sqrt{\frac{K_a}{c}}$$

$$[H^+] = c\alpha$$

当 $c/K_a > 500$ 时，即 $\alpha < 5\%$，$1 - \alpha \approx 1$ 时 $K_a = \frac{[H^+]^2}{c}$

而 $pH = -lg[H^+]$

测定出已知的准确浓度的 HAc 溶液的 pH，便可计算该溶液的 α 和醋酸的电离常数。

【仪器和药品】
　　pHS-3C 酸度计，复合电极，吸量管，移液管（25mL），3 个容量瓶

（50mL），碱式滴定管，锥形瓶（250mL），烧杯（250mL），4 个干燥洁净小烧杯（50mL），2 个塑料小烧杯（贴标签），烘箱。

HAc($2mol \cdot L^{-1}$)，pH＝4.00 缓冲溶液，pH＝6.86 缓冲溶液，酚酞溶液。

【实验内容】

（1）HAc 溶液的配制及标定

① 配制 $0.1mol \cdot L^{-1}$ HAc 溶液 取 12.5mL $2mol \cdot L^{-1}$ HAc 溶液于 100mL 蒸馏水中，加蒸馏水稀释至 250mL，搅匀，配制成 $0.1mol \cdot L^{-1}$ HAc 溶液。

② 标定 取 3 个锥形瓶各加入上述 $0.1mol \cdot L^{-1}$ HAc 溶液 25.00mL（用移液管移取）和 2 滴酚酞溶液，并用洗瓶冲洗锥形瓶内壁。然后用已知准确浓度的 NaOH 溶液滴定至上述 HAc 溶液显微红色且半分钟内不褪色，即滴定终点。将数据填入表 4-1。计算 $0.1mol \cdot L^{-1}$ HAc 溶液的准确浓度（注意每次滴定都从 0.00mL 开始）。

（2）配制不同浓度的醋酸溶液

用吸量管和移液管移取 5.00、10.00、25.00mL 的上述标定过的 HAc 溶液，分别加入到 1 号、2 号、3 号 3 个 50mL 容量瓶中，再用蒸馏水稀释到刻度，摇匀。计算各容量瓶中的 HAc 溶液的准确浓度。

（3）测定 HAc 溶液的 pH

把上步配制的 3 份 HAc 溶液和【实验内容】(1) 中标定的 HAc 溶液共 4 种不同浓度的溶液，分别放入 4 个干燥的 50mL 烧杯中，按由稀到浓的次序用 pHS-3C 酸度计分别测定它们的 pH，将数据填入表 4-2 并记录室温。计算电离度和电离常数。

【数据记录及处理】

表 4-1 HAc 溶液浓度的标定

编 号	1	2	3
HAc 用量/mL	25.00	25.00	25.00
NaOH 液面起始读数/mL			
NaOH 液面终止读数/mL			
V_{NaOH}/mL			
c_{HAc}/mol·L^{-1}			
$\bar{c}_{HAc}$/mol·L^{-1}			

表 4-2 pH 值测定及电离度和电离常数计算 室温＿＿＿℃

编 号	1	2	3	4
原 HAc 体积/mL	5.00	10.00	25.00	原液（不稀释）
稀释后 HAc 溶液体积/mL				

续表

编　号	1	2	3	4
稀释后 HAc 浓度/mol·L^{-1}				
pH				
c_{H^+}/mol·L^{-1}				
α				
K_a				
$\overline{K_a}$				

【思考题】

(1) 不同浓度的 HAc 溶液的电离度和电离常数是否相同？

(2) 实验时为什么要记录温度？

(3) 在 HAc 溶液平衡体系中，未电离的 HAc 分子，Ac$^-$ 和 H$^+$ 的浓度是如何获得的？

(4) 在测定同一种电解质溶液的 pH 时，测定的顺序为什么要从稀到浓？

(5) 对于缓冲体系 HAc-NaAc，若改变其缓冲比，对 HAc 的 K_a 是否有影响？对其 pH 是否有影响？

(6) 测 pH 时盛放溶液的烧杯必须是干燥的吗？为什么？

(7) 如果把醋酸溶液的浓度提高，是否可以得到和本实验一致的结论？

(8) 在标定 0.1mol·L^{-1} HAc 溶液时，使用滴定管是否每次都要从 0.00 开始滴定？

实验 4.2　$I_3^- \rightleftharpoons I_2 + I^-$ 体系平衡常数的测定

【实验目的】

(1) 测定 $I_3^- \rightleftharpoons I_2 + I^-$ 体系的平衡常数；

(2) 加强对化学平衡及平衡常数的理解；

(3) 掌握用 $Na_2S_2O_3$ 标准溶液测定碘的操作技术。

【实验预习】

预习化学平衡的有关内容及测定平衡常数的方法。

【基本原理】

I_2 溶解于 KI 溶液，生成 I_3^-。在一定温度下，它们在水溶液中存在如下平衡：

$$I_3^- \rightleftharpoons I_2 + I^-$$

其平衡常数为：

$$K = \frac{\alpha_{I^-} \alpha_{I_2}}{\alpha_{I_3^-}} = \frac{\gamma_{I^-} \gamma_{I_2}}{\gamma_{I_3^-}} \times \frac{[I^-][I_2]}{[I_3^-]} \qquad (1)$$

式中，α 为活度；γ 为活度系数；$[I^-]$、$[I_2]$、$[I_3^-]$ 为平衡时的浓度。K 越大，表示 I_3^- 越不稳定，故 K 又称为 I_3^- 的不稳定常数。

在离子强度不大的溶液中：

$$\frac{\gamma_{I^-} \gamma_{I_2}}{\gamma_{I_3^-}} \approx 1$$

$$K \approx \frac{[I^-][I_2]}{[I_3^-]} \tag{2}$$

为了测定上述平衡体系中各组分的浓度，可将过量的固体碘与已知浓度为 c 的 KI 溶液一起摇荡。达到平衡后，取上层清液，用 $Na_2S_2O_3$ 标准溶液滴定，便得到进入 KI 溶液中的碘的总浓度 c'（即 $[I_3^-]+[I_2]_平$）。其中的 $[I_2]$ 可通过在相同温度条件下，测定过量固体碘与水处于平衡时，纯水中碘的饱和浓度来代替。实践证明，这样做对实验的结果影响不大。滴定反应式如下：

$$2NaS_2O_3 + I_2 \Longrightarrow 2NaI + Na_2S_4O_6$$

为此，用过量碘与蒸馏水一起摇荡，平衡后用标准 $Na_2S_2O_3$ 溶液滴定，就可以确定 I_2 的平衡浓度 $[I_2]_平$，同时也确定了 $[I_3^-]_平$。

$$[I_3^-]_平 = c' - [I_2]_平$$

由于形成一个 I_3^- 必定消耗一个 I^-，所以平衡时的浓度为：

$$[I^-]_平 = c - [I_3^-]_平$$

将 $[I_2]_平$，$[I_3^-]_平$，$[I^-]_平$ 代入式(2)，便可计算出平衡常数 K。

用 $Na_2S_2O_3$ 标准溶液滴定 I_2（或 $[I_3^-]$ 时，根据 $Na_2S_2O_3$ 的物质的量浓度和滴定时消耗的体积数 V_1，以及所取的被滴定液的体积 V_2，便可求出 c 或 $[I_2]$。

【仪器和药品】

电子天平（0.1g），碘量瓶（500mL，100mL 3 只），量筒（100mL、10mL），吸量管（10mL），移液管（50mL），碱式滴定管（50mL），锥形瓶（250mL），洗耳球，振荡器。

I_2（s），$Na_2S_2O_3$ 标准溶液（0.0050mol·L^{-1}），KI（0.0100mol·L^{-1}，0.0200mol·L^{-1}，0.0300mol·L^{-1}），淀粉溶液（0.2%）。

【实验内容】

取 3 个洗净并已干燥的 100mL 碘量瓶和一个 500mL 碘量瓶，分别贴上 1、2、3、4 标号。用移液管仔细移取已知准确浓度的 0.0100mol·L^{-1}、0.0200mol·L^{-1}、0.0300mol·L^{-1} KI 溶液各 50.00mL，分别放入 1 号、2 号、3 号碘量瓶中；另外移取蒸馏水 250mL 于 4 号瓶中，按表 4-3 所列的量分别往各碘量瓶内加入碘，室温下剧烈振荡 25min。静置，待过量固体碘沉于瓶底后，用吸量管吸取 1 号瓶内上面的清液 10.00mL 于 250mL 锥形瓶中，加入约 30mL 蒸馏水，用 $Na_2S_2O_3$ 标准溶液滴定至淡黄色，然后加入 2mL 0.2% 淀粉溶液，继续滴定至蓝色刚好消失，记下 $Na_2S_2O_3$ 消耗的体积数，再吸取 1 号瓶内上面的清液 10.00mL，用同样的步骤重复操作，直到两次实验所用的 $Na_2S_2O_3$ 的体积相差不超过 0.05mL 为止。然后分别用吸量管量取 2 号瓶和 3 号瓶内上面的清液 10.00mL，用量筒量取 4 号瓶内上面的清液 10.00mL，分别按上述方法进行滴定，并作记录。

由于碘容易挥发，吸取清液后应尽快滴定，不要放置太久，另外，在滴定时不宜过于剧烈地摇动溶液。

【数据记录及处理】

将实验数据填入表 4-3。

表 4-3 平衡常数的测定

编 号		1	2	3	4
KI 浓度（mol·L^{-1}）		0.0100	0.0200	0.0300	—
固体 I_2 用量/g		0.5	0.5	0.5	0.5
KI 用量/mL		50.0	50.0	50.0	0
蒸馏水用量/mL		0	0	0	250
清液体积 /mL		10.00	10.00	10.00	10.00
$Na_2S_2O_3$ 标准溶液的用量/mL	I				
	II				
总碘量 c'					
$[I_2]_{\Psi}$/mol·L^{-1}					
$[I_3^-]$/mol·L^{-1}					
$[I^-]$/mol·L^{-1}					
K_c					
$\overline{K_c}$					

【思考题】

1. 实验中加入固体碘的量是否要像加入 KI 溶液一样准确？

2. 在固体碘与 KI 溶液反应时如果碘的量不够，将有何影响？碘的用量是否一定要准确称量？

3. 饱和的碘水放置很久才进行滴定，对结果会有何影响？

4. 用 $Na_2S_2O_3$ 标准溶液滴定碘时，能否在滴定前加入淀粉指示剂？

实验 4.3 化学反应速率、反应级数和活化能的测定

【实验目的】

(1) 了解浓度、温度和催化剂对化学反应速率的影响；

（2）学习测定过二硫酸铵与碘化钾反应的平均反应速率的方法；

（3）利用实验数据计算反应级数，反应速率常数和反应的活化能。

【实验预习】

（1）了解化学反应速率的表示方法；

（2）预习浓度、温度和催化剂对化学反应速率的影响的基础理论；

（3）理解反应速率常数的意义、活化能的意义、速率常数与活化能的关系；

（4）预习如何使用作图法求反应的速率常数，反应级数和反应的活化能；

（5）计时秒表的使用；

（6）恒温水浴槽的使用。

【实验原理】

在水溶液中，过二硫酸铵与碘化钾发生如下反应：

$$S_2O_8^{2-}+2I^-\Longrightarrow 2SO_4^{2-}+I_2 \tag{1}$$

该反应的速率方程式为：

$$v=\frac{d[S_2O_8^{2-}]}{dt}=k[S_2O_8^{2-}]^x[I^-]^y \tag{①}$$

式中　$d[S_2O_8^{2-}]$——$S_2O_8^{2-}$ 在 dt 时间内浓度的改变量；

$[S_2O_8^{2-}]$——$S_2O_8^{2-}$ 的起始浓度；

$[I^-]$——I^- 的起始浓度。

由于无法测得极短时间 dt 内 $S_2O_8^{2-}$ 的微量变化 $d[S_2O_8^{2-}]$，故在本实验中以宏观时间变量 Δt 代替 dt，以宏观变量 $\Delta[S_2O_8^{2-}]$ 代替微观变量 $d[S_2O_8^{2-}]$，而以平均速率 $\frac{\Delta[S_2O_8^{2-}]}{\Delta t}$ 代替瞬时速率 $\frac{d[S_2O_8^{2-}]}{dt}$，这样，式①则可改写为：

$$v=-\frac{\Delta[S_2O_8^{2-}]}{\Delta t}=k[S_2O_8^{2-}]^x[I^-]^y \tag{②}$$

为了能测出反应在 Δt 时间内 $S_2O_8^{2-}$ 浓度的改变量 $\Delta[S_2O_8^{2-}]$，需要在混合 $(NH_4)_2S_2O_8$ 和 KI 溶液的同时，加入一定体积和一定浓度的 $Na_2S_2O_3$ 溶液和淀粉溶液（指示剂），这样在反应（1）进行的同时还进行着另一反应：

$$2S_2O_3^{2-}+I_2\Longrightarrow S_4O_6^{2-}+2I^- \tag{2}$$

反应（2）几乎瞬间完成，而反应（1）比反应（2）慢得多。因此，从反应开始到 $Na_2S_2O_3$ 耗尽的 Δt 时间内：反应（1）生成的 I_2 立即与 $S_2O_3^{2-}$ 反应，生成无色 $S_4O_6^{2-}$ 和 I^-，观察不到碘与淀粉呈现的特征蓝色；一旦 $S_2O_3^{2-}$ 消耗尽，反应（2）终止，反应（1）生成的微量 I_2 就与淀粉作用，溶液立刻显示出特有的蓝色。即蓝色的出现标志着 $Na_2S_2O_3$ 耗尽。Δt 时间内，$Na_2S_2O_3$ 浓度的改变量 $\Delta[S_2O_3^{2-}]$ 就是混合后的初始浓度。

从反应（1）和（2）的关系可见，从反应开始到溶液出现蓝色这一段时间 Δt 里，$S_2O_8^{2-}$ 浓度减少的量等于 $S_2O_3^{2-}$ 浓度减少量的一半。

$$-\Delta[\mathrm{S_2O_8^{2-}}] = -\frac{1}{2}[\mathrm{S_2O_3^{2-}}] \qquad ③$$

本实验中，每个反应体系中 $\mathrm{S_2O_3^{2-}}$ 的起始浓度都是相同的，因而，$\Delta[\mathrm{S_2O_3^{2-}}]$ 也是不变的，均为 $0.0015\,\mathrm{mol \cdot L^{-1}}$，这样，只要记录从反应开始到溶液蓝色出现的时间 Δt 就可计算一定温度下，$\mathrm{S_2O_8^{2-}}$ 在各种不同浓度下，反应 (1) 的平均反应速率的反应速率，并确定出速率方程和反应级数，进而求出反应速率常数。

$$v = -\frac{\Delta[\mathrm{S_2O_8^{2-}}]}{\Delta t} = -\frac{1}{2}\frac{\Delta[\mathrm{S_2O_3^{2-}}]}{\Delta t} = \frac{0.0015\,\mathrm{mol \cdot L^{-1}}}{2\Delta t} = \frac{0.00075\,\mathrm{mol \cdot L^{-1}}}{\Delta t} \qquad ④$$

根据阿仑尼乌斯公式，反应速率常数与反应温度 T 有如下的关系：

$$\lg k = A - \frac{E_a}{2.303RT}$$

式中，E_a 为反应活化能；$R = 8.314\,\mathrm{J \cdot mol^{-1} \cdot K^{-1}}$；$T$ 为热力学温度；A 是常数。

将不同温度下对应的 k 值，以 $\lg k$ 对 $1/T$ 作图，可得一条直线。由该直线的斜率即可求得反应的活化能 E_a。

$$斜率 = -\frac{E_a}{2.30R}$$

【仪器和药品】

烧杯 (250mL)，吸量管，试管，秒表，温度计，洗耳球。

KI ($0.20\,\mathrm{mol \cdot L^{-1}}$)，$\mathrm{Na_2S_2O_3}$ ($0.010\,\mathrm{mol \cdot L^{-1}}$)，$(\mathrm{NH_4})_2\mathrm{S_2O_8}$ ($0.20\,\mathrm{mol \cdot L^{-1}}$)，$\mathrm{KNO_3}$ ($0.20\,\mathrm{mol \cdot L^{-1}}$)，$\mathrm{Cu(NO_3)_2}$ ($0.001\,\mathrm{mol \cdot L^{-1}}$)，$(\mathrm{NH_4})_2\mathrm{SO_4}$ ($0.20\,\mathrm{mol \cdot L^{-1}}$)，淀粉溶液 (0.2%)，冰。

（注：KI 溶液应为无色透明溶液；$(\mathrm{NH_4})_2\mathrm{S_2O_8}$ 溶液现配现用，如所配制的 $(\mathrm{NH_4})_2\mathrm{S_2O_8}$ 溶液的 pH<3，表明 $(\mathrm{NH_4})_2\mathrm{S_2O_8}$ 晶体已变质，不适宜本实验使用）

【实验内容】

（1）浓度对化学反应速率的影响

室温下，用吸量管分别量取 1.00mL $0.20\,\mathrm{mol \cdot L^{-1}}$ KI 溶液、0.40mL $0.01\,\mathrm{mol \cdot L^{-1}}$ $\mathrm{Na_2S_2O_3}$ 溶液和 0.20mL 0.2% 淀粉溶液于同一 10mL 试管中，混合均匀。再量取 1.00mL $0.20\,\mathrm{mol \cdot L^{-1}}$ $(\mathrm{NH_4})_2\mathrm{S_2O_8}$ 溶液，迅速加到试管中，同时按动秒表计时，并立刻振荡试管。随后将试管放入自来水浴中，观察溶液颜色变化，当刚一出现蓝色时，立即按停秒表停止计时，将反应时间记入表 4-4 中。

用同样方法，按表 4-4 的用量依次进行编号 2～5 的实验。

表 4-4　浓度对化学反应速率的影响　　　　室温：_____℃

	实　验　编　号	1	2	3	4	5
试剂用量	$0.20mol \cdot L^{-1}(NH_4)_2S_2O_8$/mL	1.00	0.50	0.25	1.00	1.00
	$0.20mol \cdot L^{-1}KI$/mL	1.00	1.00	1.00	0.50	0.25
	$0.010mol \cdot L^{-1}Na_2S_2O_3$/mL	0.40	0.40	0.40	0.40	0.40
	0.2%淀粉溶液/mL	0.20	0.20	0.20	0.20	0.20
	$0.20mol \cdot L^{-1}KNO_3$/mL	0	0	0	0	0.75
	$0.20mol \cdot L^{-1}(NH_4)_2SO_4$/mL	0.0	0.50	0.75	0.0	0.0
各反应物的起始浓度	$(NH_4)_2S_2O_8$/mol $\cdot$ L^{-1}					
	KI /mol $\cdot$ L^{-1}					
	$Na_2S_2O_3$/mol $\cdot$ L^{-1}					
反应时间 Δt/s						
$\Delta[S_2O_8^{2-}]$/mol $\cdot$ L^{-1}						
反应速率 v/mol $\cdot$ $L^{-1} \cdot$ s^{-1}						

（2）温度对化学反应速率的影响

按表 4-4 实验编号 4 中的药品用量，把 $0.20mol \cdot L^{-1}$ KI、$0.010mol \cdot L^{-1}$ $Na_2S_2O_3$、$0.20mol \cdot L^{-1}$ KNO_3 和淀粉溶液放入试管中，再把 $0.20mol \cdot L^{-1}$ $(NH_4)_2S_2O_8$ 溶液放入另一支试管中，然后将两支试管同时放入温水中加热至溶液温度高于室温 10℃时，把 KI 等混合溶液快速倒入 $(NH_4)_2S_2O_8$ 溶液中，同时按下秒表计时。当溶液一显蓝色时，立刻按停秒表，将反应时间 Δt 和温度记录在表 4-5 中（编号 6）。

在反应温度高于室温 20℃的条件下，重复上述实验。将数据记录在表 4-5 中（编号 7）。

表 4-5　温度对反应速率的影响

实　验　编　号	4	6	7
反应温度 T/℃			
反应时间 Δt/s			
反应速率 v/mol $\cdot$ $L^{-1} \cdot$ s^{-1}			
反应速率常数 k			

注：1. 若室温高于 15℃，可将温度条件改为低于室温 10℃、室温和高于室温 10℃三种温度下进行。

（3）催化剂对化学反应速率的影响

按表 4-4 中实验编号 4 的药品用量，把 $0.20mol \cdot L^{-1}$ KI、$0.010mol \cdot L^{-1}$ $Na_2S_2O_3$、$0.20mol \cdot L^{-1}$ KNO_3 和淀粉溶液放入试管中，再滴入 1 滴 $0.001mol \cdot L^{-1}$ $Cu(NO_3)_2$ 溶液，混匀后，迅速加入 $(NH_4)_2S_2O_8$ 溶液并按下秒表计时。

当溶液一显蓝色时，立刻按停秒表，记录反应时间于表 4-6。将此实验的反应速率与表 4-4 中实验编号 4 的反应速率比较，可得出什么结论？

表 4-6　催化剂对化学反应速率的影响

反应时间 $\Delta t/s$	反应速率 $v/\mathrm{mol \cdot L^{-1} \cdot s^{-1}}$	反应速率常数 k

总结上述三部分实验结果，说明浓度、温度、催化剂对化学反应速率的影响。

【数据记录与处理】

(1) 反应级数和反应速率常数的计算

① 反应级数　将表 4-4 实验编号 1、实验编号 2 和实验编号 3 的数据分别代入 $v=k[\mathrm{S_2O_8^{2-}}]^x[\mathrm{I^-}]^y$ 求得 x 值；将表 4-4 实验编号 1、实验编号 4 和实验编号 5 的数据分别代入 $v=k[\mathrm{S_2O_8^{2-}}]^x[\mathrm{I^-}]^y$ 求得 y 值。

反应级数 $m=x+y$

② 反应速率常数 k　将表 4-4 中实验编号 1～5 各自的 $\mathrm{S_2O_8^{2-}}$、$\mathrm{I^-}$ 浓度和反应速率代入已知 x 和 y 的反应速率方程 $v=k[\mathrm{S_2O_8^{2-}}]^x[\mathrm{I^-}]^y$ 中，求得 k 值，取平均值。将数据填入表 4-7。

表 4-7　反应速率常数

实验编号	1	2	3	4	5
$\lg v$					
$\lg[\mathrm{S_2O_8^{2-}}]$					
$\lg[\mathrm{I^-}]$					
反应速率常数 k					
平均速率常数 $\bar{k}$					
x					
y					

(2) 反应活化能的计算

利用表 4-5 数据，作 $\lg k \sim 1/T$ 图，计算活化能 E_a 值，将数据填入表 4-8 中。

表 4-8　反应活化能

实验编号	4	6	7
反应速率常数 k			
$\lg k$			
$1/T /\mathrm{K^{-1}}$			
反应活化能 E_a			

【注意事项】

(1) KI溶液应为无色透明溶液，不宜使用有碘析出的浅黄色溶液。

(2) $(NH_4)_2S_2O_8$ 溶液要新配制，因为时间长了 $(NH_4)_2S_2O_8$ 易分解。如所配制过 $(NH_4)_2S_2O_8$ 溶液的pH小于3，则该试剂已有分解，不适合本实验使用。所用试剂中如混有少量 Cu^{2+}、Fe^{3+} 等杂质，对反应会有催化作用，可滴入几滴 $0.10mol \cdot L^{-1}$ EDTA溶液。

(3) 为使实验测得的数值更准确，$(NH_4)_2S_2O_8$ 必须最后加入，且要一次性快速加入。

【思考题】

(1) 有些反应混合液中为什么加入 KNO_3、$(NH_4)_2SO_4$？

(2) 取 $(NH_4)_2S_2O_8$ 试剂的吸量管没有专用，对实验有何影响？

(3) 在向KI、淀粉和 $Na_2S_2O_3$ 混合溶液中加入 $(NH_4)_2S_2O_8$ 时，为什么必须越快越好？如果缓慢加入对实验有何影响？

(4) 催化剂 $Cu(NO_3)_2$ 为何能够加快该化学反应的速率？

(5) 在加入 $(NH_4)_2S_2O_8$ 时，先计时后搅拌或先搅拌后计时，对实验结果有何影响？

实验 4.4　碘酸铜溶度积的测定

【实验目的】

1. 了解分光光度法测定 $Cu(IO_3)_2$ 溶度积的原理和方法；

2. 练习722E型分光光度计的使用。

【实验预习】

1. 难溶强电解质沉淀-溶解平衡，溶度积原理；

2. 了解分光光度法原理和722E型分光光度计的使用方法。

【实验原理】

一束单色光通过有色溶液时，溶液吸收了一部分光，吸收程度越大，透过溶液的光越少。实验证明，当入射光波长、溶剂、溶质、溶液的温度及厚度一定时，溶液的吸光度为：

$$A = \lg \frac{I_0}{I}$$

A 只与浓度 c 成正比，符合Lambert-Beer定律：

$$A = \lg \frac{I_0}{I} = \varepsilon bc$$

式中，I_0 为入射光强，I 为透射光强，ε 为摩尔吸光系数，b 为液层厚度，c 为被检测物质的浓度。一般，$\dfrac{I}{I_0}$ 表示透射率 T，$\lg \dfrac{I_0}{I}$ 表示吸光度 A。

Cu^{2+} 与 NH$_3$ 生成深蓝色 [Cu(NH$_3$)$_4$]$^{2+}$ 溶液，这种配离子对波长 600 nm 的光具有强吸收，其稀溶液对该波长光的吸光度 A 与溶液浓度成正比。利用这一原理绘制标准曲线：用一系列已知浓度的 Cu^{2+} 溶液，加入过量 NH$_3$·H$_2$O，使 Cu^{2+} 生成蓝色 [Cu(NH$_3$)$_4$]$^{2+}$，在分光光度计上测定有色液在 600nm 波长下的吸光度 A，以 A 为纵坐标，[Cu^{2+}] 为横坐标，绘出 A～[Cu^{2+}] 关系曲线（即为标准曲线）。

碘酸铜是难溶强电解质，在其饱和溶液中，Cu(IO$_3$)$_2$ 的溶解与 Cu^{2+}、IO$_3^-$ 的沉淀是平衡的。溶液中存在下述动态平衡：

$$Cu(IO_3)_2(s) \rightleftharpoons Cu^{2+}(aq) + 2IO_3^-(aq)$$

$$K_{sp,Cu(IO_3)_2}^{\ominus} = \{[Cu^{2+}]/c^{\ominus}\} \times \{[IO_3^-]/c^{\ominus}\}^2$$

在一定温度下，其溶度积 K_{sp} 是常数。在 Cu(IO$_3$)$_2$ 饱和溶液中加入过量 NH$_3$·H$_2$O，NH$_3$ 与 Cu^{2+} 生成深蓝色 [Cu(NH$_3$)$_4$]$^{2+}$ 溶液，在波长 600nm 处测定所得蓝色溶液的吸光度 A'，利用标准曲线，在标准曲线上找出与 A' 相对应的 [Cu^{2+}]，即可得到 Cu(IO$_3$)$_2$ 饱和溶液中的 [Cu^{2+}]，并通过计算就可以确定 Cu(IO$_3$)$_2$ 溶度积。

【仪器和药品】

电子天平（0.1g），722E 型分光光度计，6 只/组容量瓶（50mL），吸量管（2mL），移液管（25mL），烧杯（250mL，50mL），玻璃漏斗，量筒，滤纸，直角坐标纸，漏斗架，烘箱。

CuSO$_4$·5H$_2$O(s)，KIO$_3$(s)，CuSO$_4$(0.100mol·L^{-1})，NH$_3$·H$_2$O(1：1)，BaCl$_2$(1mol·L^{-1})。

【实验内容】

(1) Cu(IO$_3$)$_2$ 固体的制备

① 用 250mL 烧杯称取 0.8g KIO$_3$ 晶体，加入 30mL 热蒸馏水，搅拌溶解，保持近沸状态。

② 用小烧杯称 0.5g CuSO$_4$·5H$_2$O 晶体，加 10mL 热蒸馏水，搅拌溶解。

③ 边搅拌，边将 CuSO$_4$ 溶液缓慢倒入 KIO$_3$ 溶液中，得绿色 Cu(IO$_3$)$_2$ 沉淀，近沸状态下搅拌 5min。取下烧杯静置，待沉淀完全沉降在杯底时，倾去上层清液。向沉淀中加入 30～40mL 蒸馏水，充分搅拌后静置，直至沉淀完全沉降后，倾去上层清液。按上述操作重复两次后，将第三次洗涤后的上层清液取 1mL，加 2 滴 1mol·L^{-1} BaCl$_2$ 溶液，检查 SO$_4^{2-}$ 是否除去。

(2) Cu(IO$_3$)$_2$ 饱和溶液的制备

往洗涤好的 Cu(IO$_3$)$_2$ 沉淀中，加入近沸的蒸馏水 100mL，保温搅拌 10 min 后取下。让溶液自然冷却至室温。用干燥的漏斗和双层滤纸在常压下过滤上层清夜，滤液用干燥小烧杯盛接。过滤时，不能将 Cu(IO$_3$)$_2$ 沉淀转入漏斗中。

(3) 标准曲线制作

① 分别用吸量管取 0.40mL、0.80mL、1.20mL、1.60mL、2.00mL 0.100mol·$L^{-1}CuSO_4$ 溶液于 5 只 50mL 容量瓶中（按顺序标记为 1~5 号），各加 4mL $NH_3·H_2O$（1:1）溶液，加水稀释至刻度，摇匀。计算各个容量瓶中 Cu^{2+} 的准确浓度。

② 以蒸馏水作参比液，用 1cm 比色皿，在波长为 600nm 处，测定上述各溶液的吸光度 A 值。以 A 值为纵坐标，$[Cu^{2+}]$ 为横坐标，绘制标准曲线。

（4）测定 $Cu(IO_3)_2$ 饱和溶液中的 $[Cu^{2+}]$

用移液管移取 25.00mL $Cu(IO_3)_2$ 饱和溶液于 50mL 容量瓶（标记为 6 号）中，加入 4mL $NH_3·H_2O$（1:1），加水至刻度摇匀，按【实验内容】（3）中②的条件，测试其吸光度 A 值。

【实验数据记录与处理】

（1）标准曲线的绘制

将数据填入表 4-9。

表 4-9　标准曲线绘制

序　号	1	2	3	4	5	6
0.100mol·L^{-1} $CuSO_4$/mL	0.40	0.80	1.20	1.60	2.00	25.00mL $Cu(IO_3)_2$ 饱和溶液
取 $NH_3·H_2O$ 体积/mL	4	4	4	4	4	4
定容/mL	50.00	50.00	50.00	50.00	50.00	50.00
$[Cu^{2+}]$/mol·L^{-1}	$8.0×10^{-4}$	$1.6×10^{-3}$	$2.4×10^{-3}$	$3.2×10^{-3}$	$4.0×10^{-3}$	
吸光度 A						

以 A 值为纵坐标，$[Cu^{2+}]$ 为横坐标，绘制标准曲线（手工绘图或电脑绘图均可），根据上述实验（4）中测定的吸光度，在标准曲线上找出相应的 $[Cu^{2+}]$。

（2）计算 $Cu(IO_3)_2$ 的溶度积 K_{sp}

① 6 号容量瓶中溶液的吸光度 $A=?$，通过标准曲线求得该溶液中 $[Cu^{2+}]$ 为 c，则 $Cu(IO_3)_2$ 饱和溶液中的 $[Cu^{2+}]$、$[IO_3^-]$ 分别为 2c 和 4c。

② 计算 K_{sp}

$$Cu(IO_3)_2(s) \Longrightarrow Cu^{2+}(aq) + 2IO_3^-(aq)$$

$$K_{sp}=[Cu^{2+}][IO_3^-]^2=2c×(4c)^2=32c^3$$

文献值　　　　　　　$K_{sp}=1.7×10^{-7}~6.4×10^{-8}$

【思考题】

（1）本实验中配制 $[Cu(NH_3)_4]^{2+}$ 溶液时，加入 1:1 的 $NH_3·H_2O$ 量是否要准确？能否用量筒量取？

（2）吸取 $Cu(IO_3)_2$ 饱和溶液时，若吸取少量固体，对测定结果有无影响？

(3) 常用的固液分离方法有哪几种？

(4) 如何制备 $Cu(IO_3)_2$ 饱和溶液？

(5) 不饱和的 $Cu(IO_3)_2$ 溶液，会对测定结果产生何种影响？

(6) 在过滤 $Cu(IO_3)_2$ 饱和溶液时有 $Cu(IO_3)_2$ 固体穿透滤纸，将对实验结果产生什么影响？

(7) 为保证 $Cu(IO_3)_2$ 饱和溶液不被稀释，在过滤时应采取哪些措施？

(8) 分光光度计测定样品的基本原理是什么？

(9) 使用分光光度计时，每次测量前都必须进行吸光度校准吗？

(10) 使用分光光度计时，可否打开仪器前盖进行测量，为什么？

实验 4.5　分光光度法测定铬（Ⅲ）配合物的分裂能

【实验目的】

(1) 了解不同配体对分裂能的影响，确定铬（Ⅲ）配合物某些配体的光谱化学顺序；

(2) 了解用分光光度法测定配合物分裂能的原理和方法；

(3) 复习分光光度计的使用方法。

【实验预习】

(1) 预习晶体场理论；

(2) 熟悉分光光度计的操作方法。

【实验原理】

过渡金属离子形成配合物时，其 5 个简并的 d 轨道在晶体场的作用下发生能级分裂，其分裂情况与配位体的空间分布及 d 轨道中的电子数有关。例如，对于 $Ti(H_2O)_6^{3+}$ 配离子，中心离子的 d 轨道只有 1 个电子，在八面体场的影响下，Ti^{3+} 的 5 个简并 d 轨道分裂为两组：二重简并的 $d_\gamma(e_g)$ 轨道和三重简并的 $d_\varepsilon(t_{2g})$ 轨道（见图 4-1）。$d_\gamma(e_g)$ 轨道和 $d_\varepsilon(t_{2g})$ 轨道的能量差为分裂能 Δ_o。（等于 10Dq）。电子在分裂后的 d 轨道之间的跃迁叫 d-d 跃迁，这种 d-d 跃迁的能量一般在可见光区的能量范围，这也是过渡元素离子的配合物显颜色的原因之一。d-d 跃迁的能量差可以通过实验测定。根据：

$$E_光 = E_{d_\gamma} - E_{d_\varepsilon} = \Delta_o \tag{1}$$

$$E_光 = h\nu = \frac{hc}{\lambda} \tag{2}$$

$$\Delta_o = E_光 = h\frac{c}{\lambda} = \frac{6.626 \times 10^{-34} \times 2.9989 \times 10^8}{\lambda}$$

$$= \frac{1}{\lambda} \times 1.986 \times 10^{-25} J \cdot m = 1.986 \times 10^{-23} \times 10^7 J \cdot nm \tag{3}$$

式中　h——普朗克常数，$6.626 \times 10^{-34} J \cdot s$；

c——光速，$2.9989 \times 10^8 \mathrm{m \cdot s^{-1}}$；

$E_光$——可见光光能，J；

ν——频率，$\mathrm{s^{-1}}$；

λ——波长，nm。

Δ_o 常用波数（$1/\lambda$）的单位 $\mathrm{cm^{-1}}$ 表示。由式(3) 知，$1\mathrm{cm^{-1}}$ 相当于 $1.986 \times 10^{-23}\mathrm{J}$，$\Delta_o$ 用 $\mathrm{cm^{-1}}$ 表示，λ 单位为 nm 时，则有：

$$\Delta_o = \frac{1}{\lambda} \times 10^7 \qquad\qquad (4)$$

λ 是配离子吸收峰对应的波长，单位是 nm。

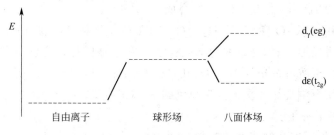

图 4-1　d 轨道能级示意图

Δ 值大小受配体等因素的影响，相同的中心离子，不同的配体，Δ 值随配体的不同而不同，其大小顺序为：

$\mathrm{I^- < Br^- < Cl^- < SCN^- < F^- \sim OH^- \sim ONO^- \sim HCOO^- < C_2O_4^{2-} < H_2O}$
$\mathrm{< NCS^- < NH_2CH_2COO^- < EDTA^{4-} < Py \sim NH_3 < en < SO_3^{2-} < {-}NO_2^- < CN^-}$

上述次序称为光谱化学顺序。但要注意上述次序仅是一个近似次序，在某些金属配合物中，该序列中相邻配体的次序可能会发生变化。

对于有多个 d 电子的离子，d 轨道的能级分裂除受配体形成的晶体场强度影响之外，电子与电子之间还有相互作用，5 个 d 轨道的能级分裂变得复杂。如八面体的 $\mathrm{[Cr(H_2O)_6]^{3+}}$ 和 $\mathrm{[Cr\text{-}EDTA]^-}$ 配离子，中心离子 $\mathrm{Cr^{3+}}$ 的 d 轨道上有 3 个电子，能级受八面体场的影响和电子之间的相互作用使 d 轨道分裂成 4 组（详细内容将在后续的物质结构课程教学内容中学到或参考有关的专著）。结果使 $\mathrm{Cr^{3+}}$ 的配离子吸收可见光后在可见光区有二个跃迁吸收峰（见图 4-2）。其中曲线上能量最低的吸收峰所对应的能量为分裂能 Δ_o 值。

由实验测定 $\mathrm{[Cr(C_2O_4)_3]^{3-}}$，$\mathrm{[Cr(H_2O)_6]^{3+}}$ 和 $\mathrm{[Cr\text{-}EDTA]^-}$ 三种配离子在可见光区的相应吸光

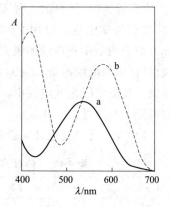

a—$\mathrm{[Cr\text{-}EDTA]^-}$；b—$\mathrm{[Cr(H_2O)_6]^{3+}}$

图 4-2　$\mathrm{Cr^{3+}}$ 配合物的吸收曲线

度值 A，并以 A 为纵坐标，λ 为横坐标，分别作 $A\sim\lambda$ 吸收曲线，再由曲线上能量最低的吸收峰所对应的波长 λ（即最大吸收峰位置的波长），根据式（4）求出配离子的分裂能 Δ_o 值。由 Δ_o 值的相对大小，排出这些配体的光谱化学顺序。

【仪器和药品】

电子天平（0.01g），722E 型分光光度计，循环水真空泵，抽滤瓶，布氏漏斗，量筒，烧杯 250mL，50mL，烘箱。

$CrCl_3 \cdot 6H_2O(s)$，EDTA 二钠盐（s），丙酮，$K_2C_2O_4(s)$，$H_2C_2O_4 \cdot 2H_2O$，$K_2Cr_2O_7(s)$，冰。

【实验内容】

（1）$K_3[Cr(C_2O_4)_3] \cdot 3H_2O$ 的合成

称取 3.0g $K_2C_2O_4$ 和 7.0g $H_2C_2O_4 \cdot 2H_2O$ 于烧杯中，加 50mL 水，加热搅拌溶解，再慢慢加入 2.5g 研细的 $K_2Cr_2O_7$，并不停搅拌，待反应完毕后，小火加热蒸发浓缩至溶液体积约 10~15mL，停止加热。以冰水冷却析出晶体，减压过滤，晶体用丙酮洗涤 3 次，得暗绿色的 $K_3[Cr(C_2O_4)_3] \cdot 3H_2O$ 晶体，在烘箱中于 110℃烘干备用。

（2）Cr(Ⅲ) 配合物溶液的配制

① $[Cr(H_2O)_6]^{3+}$ 溶液的配制　0.25g $CrCl_3 \cdot 6H_2O$ 溶解于 50mL 蒸馏水中。

② $[Cr\text{-}EDTA]^-$ 溶液的配制　称取 0.25g EDTA 二钠盐于烧杯中，用 250mL 蒸馏水，加热溶解后，加入 0.25g $CrCl_3 \cdot 6H_2O$，稍加热得紫色的 (Cr-EDTA)$^-$ 溶液。

③ $[Cr(C_2O_4)_3]^{3-}$ 溶液的配制　0.25g $K_3[Cr(C_2O_4)_3] \cdot 3H_2O$ 晶体溶于 125mL 蒸馏水中。

（3）配合物吸光度 A 的测定

将实验（2）所得的三种 Cr(Ⅲ) 配合物溶液各用一只 1cm 的比色皿盛置，以蒸馏水为参比液，使用 722E 型分光光度计，在波长 360~600nm 内，每隔 10nm 波长测定上述溶液的吸光度。在第一轮测量后，对每一个配合物在其最大吸收峰接近峰值的附近，每间隔 5nm 再测一次数据，以补充吸光度 A 的数据。（注意：在测定吸光度过程中，每改变一次波长，都要重新校正。）

【数据记录与处理】

（1）以表格形式记录实验有关数据（见表 4-10，以 $[Cr(H_2O)_6]^{3+}$ 为例）。

表 4-10　$[Cr(H_2O)_6]^{3+}$ 溶液吸光度 A 与吸收波长的关系

λ/nm	360	370	380	390	400	········
A						

（2）由实验测得的波长 λ 和相应的吸光度 A 绘制 $[Cr(H_2O)_6]^{3+}$、

$[Cr(C_2O_4)_3]^{3-}$ 和 $[Cr\text{-}EDTA]^-$ 的吸收曲线（$A\sim\lambda$ 吸收曲线可由 Origin 软件绘出）；

（3）由吸收光谱确定最大吸收峰处对应的波长，分别计算出上述配离子的 Δ_o 值，数据填入表 4-11。由 Δ_o 值大小排列出上述配体的光谱化学顺序。

表 4-11　不同配离子的 Δ_o 值

配 离 子	$[Cr(H_2O)_6]^{3+}$	$[Cr(C_2O_4)_3]^{3-}$	$[Cr\text{-}EDTA]^-$
λ_{max}/nm			
Δ_o/cm^{-1}			

【注意事项】

（1）所有盛过铬盐溶液的容器，实验后应洗净，避免染色；

（2）在使用分光光度计的时候，注意一起的预热，调零，调满偏，并且选用去离子水作为参比液；

（3）选用合适的比色皿，注意不要用手拿比色皿的光面，使用完毕马上清洗赶紧，放回比色皿盒。

【思考题】

（1）配合物的分裂能 Δ_o 受哪些因素的影响？

（2）本实验中，溶液的浓度对测定分裂能 Δ_o 值是否有影响？

（3）在合成 $K_3[Cr(C_2O_4)_3]\cdot 3H_2O$ 时，为什么在加入 $K_2C_2O_4$ 的同时还要加入 $H_2C_2O_4$？

实验 4.6　磺基水杨酸铜配合物组成和稳定常数测定

【实验目的】

（1）掌握分光光度计的使用；

（2）掌握 pH 计的使用；

（3）学习电磁搅拌器的使用；

（4）了解连续摩尔分数变化法测定溶液中配合物的组成和稳定常数的原理。

【实验预习】

（1）预习吸光光度法工作原理；

（2）预习分光光度计和 pH 计的操作方法。

【实验原理】

配合物 ML_n（省去电荷）的组成和稳定常数可利用吸光光度法测定工作曲线来确定，该法也称为连续摩尔分数变化法。最简单的一种情况是中心离子 M 与配体 L 的溶液在实验波长下没有吸收，同时没有逐级配合物生成。具体操作如下：在一定体积的溶液中，维持 M 和 L 的总的物质的量不变，但两者的摩尔分数连续变化。测定这一系列溶液的吸光度，并作吸光度-配体摩尔分数图（$A-x_L$ 图）。由该图可求得配合物的组成 n 值及配位常数 K 值。

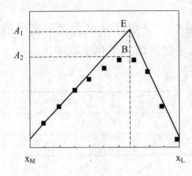

图 4-3 $n=2$ 时的工作曲线

如图 4-3 所示，假如吸光度极大值对应的横坐标值为 x_{max}，则

$$n=x_{max}/(1-x_{max})$$

配合物稳定常数的计算。由图 4-3 可见，当 M 浓度较低，L 浓度较高，或 M 浓度较高，L 浓度较低时，吸光度 A 与配合物浓度接近线性关系，当 M 和 L 浓度之比接近配合物组成时，吸光度 A 与配合物浓度之间的关系出现了近于平坦状态（为什么？）。从理论上讲，根据 Beer 定律应该得到以 E 为交点的二条线，但实验上在顶端出现了弯曲部分，这是由于部分配合物解离所致。将实验图形上两边的直线部分加以延长，相交即找到了 E 点，显然与 E 点（其吸光度值为 A_1）相对应的溶液的组成（即金属离子配位体溶液体积比或物质的量之比）即为该配合物的组成。E 点相当于假定配合物在溶液中完全不电离时的吸光度的极大值（A_1），因为只有在组成与配离子组成一致的溶液中形成配合物的浓度最大，因而对光的吸收也最大。比如 A 对应的组成比（$V_M:V_L$）为 1:1，则配合物为 ML，若组成比为 1:2，则配合物为 ML_2。图中 B 点则为实验测得的吸光度极大值（A_2）。显然配合物的稳定常数 K 越小，则 A_1 与 A_2 的差值就越大，所以对于配位平衡：

$$M+nL=ML_n$$

其电离度 α 为：

$$\alpha=(A_1-A_2)/A_1\times100\%$$

其稳定常数 K 为：

$$K=[ML_n]/[M][L]^n$$
$$[ML_n]=c(1-\alpha)，[M]=c\alpha，[L]=nc\alpha$$

所以

$$K=[ML_n]/[M][L]^n=(1-\alpha)/n^nc^n\alpha^{n+1}$$

式中，c 为与 E 点相对应的溶液中 M 离子的总浓度。

Cu^{2+} 与磺基水杨酸（简记为 H_3L，其结构见图 4-4）在 pH 5.0 左右形成 1:1 的亮绿色配离子，在 pH 8.5 以上形成 1:2 的深绿色配离子。本实验在 pH 4.5~4.8 的溶液中选用波长为 440 nm 的光测定 Cu^{2+} 与磺基水杨酸所形成配合物的组成和配位常数。在该条件下，Cu^{2+} 和 H_3L 对光没有吸收，而配合物有强吸收，所以可用上述方法测定。

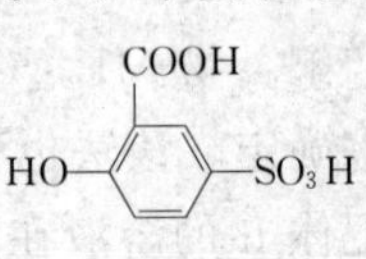

图 4-4 磺基水杨酸

【仪器和药品】

722E 型分光光度计，pH 计，电磁搅拌器，13 个烧杯（50mL），容量瓶（50mL），酸式滴定管（50mL）。

$Cu(NO_3)_2$（0.05mol·L^{-1}），磺基水杨酸（0.05mol·L^{-1}），NaOH（1.0mol·L^{-1}，0.05mol·L^{-1}），HNO_3（0.01mol·L^{-1}），KNO_3（0.10mol·L^{-1}）。

【实验内容】

（1）通过滴定管往 13 个编号的 50mL 烧杯中分别加入相应量的 0.05mol·$L^{-1}Cu(NO_3)_2$ 和 0.050mol·L^{-1} 磺基水杨酸溶液，配制系列混合溶液（见表 4-12）。

（2）依次在每号混合液中插入电极与 pH 计连接。在电磁搅拌器搅拌下，慢慢滴加 1mol·L^{-1} NaOH 溶液，并用 pH 计调节 pH 为 4 左右，然后改用 0.050mol·L^{-1} NaOH 溶液调节 pH 在 4.5～4.8 之间（此时溶液的颜色为黄绿色，不应有沉淀产生，若有沉淀产生，说明 pH 过高，Cu^{2+} 已水解）。若 pH 超过 5，则可用 0.01mol·L^{-1} 硝酸溶液调回，每一份溶液的 pH 均应在 4.5～4.8 之间。

（3）将调好 pH 的上述溶液分别转移到 50.00mL 的容量瓶中，用 pH 4.5～4.8 的 0.10mol·L^{-1} 的 KNO_3 溶液定容。

（4）用分光光度计在波长为 440nm 的条件下，使用 1cm 的比色皿分别测定每份溶液的吸光度。

【数据记录与处理】

以吸光度 A 为纵坐标，磺基水杨酸摩尔分数 x_L 为横坐标，作吸 A-x_L 图，求出配合物 CuL_n 的组成 n 和表观稳定常数 $K_稳$。数据填入表 4-12。

表 4-12　不同浓度磺基水杨酸铜配合物吸光度　　室温＿＿＿℃

溶 液 编 号	1	2	3	4	5	6	7	8	9	10	11	12	13
V_{H_3L}/mL	0.0	2.0	4.0	6.0	8.0	10	12	14	16	18	20	22	24
$V_{Cu(NO_3)_2}$/mL	24	22	20	18	16	14	12	10	8.0	6.0	4.0	2.0	0.0
$x_L=V_L/(V_L+V_M)$													
吸光度 A													

【思考题】

（1）如果溶液中同时有几种不同组成的有色配合物存在，能否用本实验方法测定它们的组成和稳定常数？为什么？

（2）本实验测定的每份溶液 pH 是否需要一致？如不一致对结果有何影响？

（3）实验记录中为何要记录室温？

第五部分 化合物的制备

本部分结合学生已学习的无机化学基本理论、已掌握的基本实验操作技术，使学生学习较为复杂的无机化合物的制备方法，进一步提高学生的实验技能。

实验 5.1 硫酸亚铁铵的制备

【实验目的】

(1) 了解复盐的一般特征和制备方法；

(2) 熟练过滤、水浴加热、浓缩结晶、减压过滤等基本操作；

(3) 练习根据化学反应及有关数据设计实验方案。

【实验预习】

(1) 预习有关水浴加热、蒸发浓缩、结晶和固液分离等基本操作技术；

(2) 练习设计实验流程。

【实验原理】

硫酸亚铁铵，分子式为 $(NH_4)_2Fe(SO_4)_2 \cdot 6H_2O$，又称摩尔盐，是浅蓝绿色单斜晶体。易溶于水，但不溶于乙醇。它在空气中比一般的亚铁盐稳定，不易被氧化。在定量分析中常用来配制 Fe^{2+} 的标准溶液。

铁粉与稀硫酸反应生成淡蓝绿色 $FeSO_4$ 溶液。$FeSO_4$ 与等物质的量的 $(NH_4)_2SO_4$ 在水溶液中混合，即可生成溶解度较小的硫酸亚铁铵复盐晶体

$$Fe + H_2SO_4 == FeSO_4 + H_2 \uparrow$$

$$FeSO_4 + (NH_4)_2SO_4 + 6H_2O == (NH_4)_2Fe(SO_4)_2 \cdot 6H_2O$$

【仪器和药品】

电子天平 (0.1g)，恒温水浴锅，烧杯 (100mL)，循环水真空泵，抽滤瓶，布氏漏斗，蒸发皿，表面皿，滤纸。

铁粉，乙醇 (95%)，$(NH_4)_2SO_4(s)$，H_2SO_4 (3mol·L^{-1})，KSCN (0.1mol·L^{-1})，pH试纸。

【实验内容】

(1) $FeSO_4$ 溶液的制备

在100mL烧杯中加入2.0g铁粉、15mL 3mol·L^{-1} H_2SO_4 溶液和15mL蒸馏水，置于水浴锅上加热（在通风橱中进行，记下溶液液面位置，并适当补充水分，保持液面不变），盖上合适的表面皿，直至不再有氢气气泡冒出，杯底几乎没有铁粉。趁热减压过滤，将滤液转移到蒸发皿内。$FeSO_4$ 溶液的pH约为1，

颜色为淡绿色。

（2）$(NH_4)_2Fe(SO_4)_2 \cdot 6H_2O$ 的制备

称取与 $FeSO_4$ 等物质的量的 $(NH_4)_2SO_4$ 晶体 4.8g，加入到盛有 $FeSO_4$ 溶液的蒸发皿中。加热，搅拌至 $(NH_4)_2SO_4$ 完全溶解后，再用水浴加热蒸发浓缩至液面的 1/3 被晶膜覆盖为止。静置，空气冷却至室温，抽滤，晶体用 95% 乙醇洗涤三次。取出晶体放在表面皿上，观察产品的颜色和晶形。称重，计算产率。

（3）产品 $(NH_4)_2Fe(SO_4)_2 \cdot 6H_2O$ 中 Fe^{3+} 含量的定性检验

取 0.1g 产品，用约 1mL 蒸馏水溶解，加 1 滴 $3mol \cdot L^{-1}$ H_2SO_4 溶液和 1 滴 $0.1mol \cdot L^{-1}$ KSCN 溶液，观察现象，溶液呈无色为合格。

【数据记录与处理】

将数据填入表 5-1。

表 5-1　硫酸亚铁铵的制备及检验

铁粉质量 /g	$(NH_4)_2SO_4$ 质量 /g	$(NH_4)_2Fe(SO_4)_2 \cdot 6H_2O$ 晶体质量/g	纯产品产率 /%	纯产品中 Fe^{3+} 含量是否合格

【思考题】

（1）怎样除去铁屑表面的油污？

（2）为什么要保持 $FeSO_4$ 和 $(NH_4)_2Fe(SO_4)_2$ 溶液有较强的酸性？

（3）如何计算 $(NH_4)_2Fe(SO_4)_2 \cdot 6H_2O$ 的理论产量和反应所需的 $(NH_4)_2SO_4$ 的质量？

（4）怎样证明产品中含有 NH_4^+、Fe^{2+} 和 SO_4^{2-}？怎样分析产品中 Fe^{3+} 含量？

（5）在 $(NH_4)_2Fe(SO_4)_2 \cdot 6H_2O$ 的制备过程中为什么要控制溶液 pH 为1～2？

（6）本实验中前后两次水浴加热的目的有何不同？

实验 5.2　硝酸钾的制备及提纯

【实验目的】

（1）观察验证盐类溶解度和温度的关系；

（2）利用物质溶解度随温度变化的差别，学习用转化法制备硝酸钾；

（3）熟悉溶解、减压抽滤操作、练习用重结晶法提纯物质。

【实验预习】

（1）预习重结晶及减压抽滤操作；

（2）了解本实验中各种盐的溶解度和温度的关系曲线。

【实验原理】

本实验是采用转化法由 $NaNO_3$ 和 KCl 来制备 KNO_3，反应式如下：

$$NaNO_3 + KCl \rightleftharpoons NaCl + KNO_3$$

该反应是可逆的，因此可以改变反应条件使反应向右进行。

在 $NaNO_3$ 和 KCl 的混合溶液中，同时存在 Na^+、K^+、Cl^- 和 NO_3^- 4 种离子。由它们组成的 4 种盐在不同温度下的溶解度 $[g \cdot (100g 水)^{-1}]$ 如表 5-2 所示。

表 5-2　4 种盐在不同温度下的溶解度

盐＼温度/℃	0	10	20	30	40	60	80	100
KNO_3	13.3	20.9	31.6	45.8	63.9	110.0	169	246
KCl	27.6	31.0	34.0	37.0	40.0	45.5	51.1	56.7
$NaNO_3$	73	80	88	96	104	124	148	180
NaCl	35.7	35.8	36.0	36.3	36.6	37.3	38.4	39.8

由表 5-2 数据可看出，在 20℃时，除 $NaNO_3$ 以外，其它三种盐的溶解度都差不多，因此不能使 KNO_3 晶体析出。但是随着温度的升高，NaCl 的溶解度几乎没有多大改变，而 KNO_3 的溶解度却增大得很快。因此只要把 $NaNO_3$ 和 KCl 的混合溶液加热，由于 NaCl 的溶解度增加很少，随着浓缩，溶剂水减少，NaCl 晶体首先析出，趁热把它滤去，然后冷却滤液，则 KNO_3 因溶解度急剧下降而析出。过滤后可得含少量 NaCl 等可溶性杂质的 KNO_3 晶体。再经过重结晶提纯，可得 KNO_3 纯品。

【仪器和药品】

烧杯（100mL），电炉，烘箱，温度计，试管，循环水真空泵，抽滤瓶，布氏漏斗，电子天平，量筒（20mL，10mL），滤纸。

KCl(s)，$NaNO_3$(s)，$AgNO_3$（$0.1mol \cdot L^{-1}$），KNO_3（饱和），HNO_3（$2mol \cdot L^{-1}$）。

【实验内容】

(1) KNO_3 的制备

在 100mL 烧杯中加入 8.5g $NaNO_3$ 和 7.5g KCl，再加入 20mL 蒸馏水。将烧杯放在封闭式电炉上，用小火加热，搅拌，使其溶解，记下烧杯中液面的位置。当溶液沸腾时，用温度计测溶液此时的温度。继续加热蒸发至原体积的 2/3，这时烧杯内开始有较多晶体析出。趁热快速减压抽滤（布氏漏斗在沸水中或烘箱中预热），滤液中很快出现晶体。

将滤液转移至烧杯中，并用 8mL 热蒸馏水分数次洗涤抽滤瓶，洗液转入盛滤液的烧杯中，记下此时烧杯中液面的位置。缓缓加热，蒸发至原有体积的 3/4，静置，冷却（可用冷水浴冷却），待结晶重新析出，再进行减压过滤。将晶体抽干，称量，计算产率。

将粗产品保留少许（约 0.1g）供纯度检验用，其余的产品进行下面的重结晶。

（2）KNO_3 的提纯

按 KNO_3：$H_2O=2$：1（质量比）的比例，在烧杯中将粗产品溶于蒸馏水，加热并搅拌，使溶液刚刚沸腾即停止加热（此时，若晶体尚未溶解完，可加适量蒸馏水使其刚好溶解完）。冷却到室温后，抽滤，并用滴管逐滴加入饱和 KNO_3 溶液 4～6mL 于晶体的各部位洗涤，抽干，称量。

（3）产品纯度的检验

取粗产品和重结晶后所得 KNO_3 晶体各 0.1g 分别置于两支试管，然后各用 3mL 蒸馏水配成溶液，随后再分别各自滴加 2 滴 $2mol \cdot L^{-1}$ HNO_3 溶液、2 滴 $0.1mol \cdot L^{-1}$ $AgNO_3$ 溶液。混匀后观察现象，进行对比，并作出结论。合格的产品溶液应为澄清。若重结晶后的产品中仍然检验出含氯离子，则应再次重结晶。

【数据记录与处理】

数据填入表 5-3。

表 5-3　硝酸钾的制备及提纯

	质量/g	产率/%	加 $AgNO_3$ 现象	备　注
粗产品				
纯产品				

【注意事项】

KNO_3 的制备中反应混合物一定要趁热快速减压抽滤，这就要求布氏漏斗在沸水中或烘箱中预热。

【思考题】

（1）何谓重结晶？本实验涉及哪些基本操作？应注意什么？

（2）溶液沸腾后为什么温度高达 100 ℃以上？

（3）能否将除去 NaCl 后的滤液直接冷却制取 KNO_3？

实验 5.3　硫代硫酸钠的制备和性质

【实验目的】

（1）学习亚硫酸钠制备硫代硫酸钠的原理和方法；

（2）复习硫代硫酸钠的性质；

（3）再一次练习过滤、蒸发、浓缩结晶、干燥等基本实验操作。

【实验预习】

(1) 硫代硫酸钠制备原理；

(2) 浓缩结晶、减压过滤等操作。

【实验原理】

硫代硫酸钠，俗称"海波"，又名"大苏打"。易溶于水，不溶于乙醇，具有较强的还原性和配位性能。$Na_2S_2O_3 \cdot 5H_2O$ 的制备方法有多种。亚硫酸钠法制备反应式如下：

$$Na_2SO_3 + S + 5H_2O \Longrightarrow Na_2S_2O_3 \cdot 5H_2O$$

反应液经脱色、过滤、浓缩结晶、过滤、干燥等工艺得产品 $Na_2S_2O_3 \cdot 5H_2O$，为无色单斜晶体，熔点 $40 \sim 45℃$，$48℃$ 转变成 $Na_2S_2O_3 \cdot H_2O$，$100℃$ 失去所有结晶水。因此，在浓缩时要注意不能过度蒸发。

【仪器和药品】

电子天平，循环水真空泵，抽滤瓶，布氏漏斗，离心机，离心试管，点滴板，蒸发皿，量筒。

乙醇（95%），$AgNO_3$（$0.1mol \cdot L^{-1}$），KBr（$0.1mol \cdot L^{-1}$），HCl（$2mol \cdot L^{-1}$），Na_2SO_3（s），碘水，硫黄粉，活性炭。

【实验内容】

(1) 制备

① $5.0g$ Na_2SO_3 晶体加水 $50mL$ 搅拌溶解。另取 $1.5g$ 硫黄粉加 $3mL$ 95%乙醇充分搅拌均匀后加入到 Na_2SO_3 溶液中，小火煮沸，不断搅拌至硫黄粉几乎全部溶掉时，停止加热，稍为冷却后加 $1g$ 活性炭，小火煮沸 2 min。

② 趁热抽滤，滤液转入蒸发皿。小火加热蒸发浓缩至溶液呈微黄浑浊，冷却结晶。减压抽滤，晶体用乙醇洗涤 $2 \sim 3$ 次，抽干，称重，计算产率。

(2) 性质

取黄豆粒大小的产品（晶体）溶于 $2mL$ 水中配制成硫代硫酸钠溶液。

① 遇酸分解　在 3 滴 $Na_2S_2O_3$ 溶液中加入 1 滴 $2mol \cdot L^{-1}$ HCl 溶液，混匀后静置片刻，观察溶液颜色变化。

$$S_2O_3^{2-} + 2H^+ \Longrightarrow S\downarrow + SO_2\uparrow + H_2O$$

② 还原性　往 2 滴碘水中加入 2 滴 $Na_2S_2O_3$ 溶液，观察溶液颜色变化。

$$2S_2O_3^{2-} + I_2 \Longrightarrow S_4O_6^{2-} + 2I^-$$

③ 配位反应　3 滴 $0.1mol \cdot L^{-1}$ $AgNO_3$ 溶液与 3 滴 $0.1mol \cdot L^{-1}$ KBr 溶液混合得 AgBr 沉淀，加 $1mL$ 水后，离心，弃去清液。往 AgBr 沉淀中逐滴滴加 $Na_2S_2O_3$ 溶液，边滴加边迅速振荡，观察沉淀的变化。

$$2Ag^+ + S_2O_3^{2-} \Longrightarrow Ag_2S_2O_3\downarrow（注意：一出现沉淀就要迅速振荡）$$

$$AgBr + 2S_2O_3^{2-} \Longrightarrow [Ag(S_2O_3)_2]^{3-} + Br^-$$

④ $Na_2S_2O_3$ 的特征反应　点滴板一凹中加 1 滴 $Na_2S_2O_3$ 溶液，再滴加

0.1mol·L^{-1} AgNO$_3$ 溶液至白色沉淀出现后静置，记录沉淀颜色变化。

$$2Ag^+ + S_2O_3^{2-} \rightleftharpoons Ag_2S_2O_3 \downarrow$$

$$Ag_2S_2O_3 + H_2O \rightleftharpoons Ag_2S \downarrow + H_2SO_4$$

【思考题】

（1）制备硫代硫酸钠时硫黄粉稍有过量，为什么？

（2）制备硫代硫酸钠时加入乙醇和活性炭的目的是什么？

（3）蒸发浓缩时，为什么不能将溶液蒸干？

（4）减压过滤时，为什么用乙醇来洗涤？

实验 5.4　四碘化锡的制备

【实验目的】

（1）学习在非水溶剂中制备无水四碘化锡的原理和方法。

（2）学习加热、回流等基本操作

（3）学习非水溶剂的重结晶方法

【实验预习】

预习无水金属卤化物的性质及一些易水解金属卤化物的制备原理和操作方法。

【实验原理】

某些高纯度的无水金属卤化物可以用来制备配合物，或作为有机合成的催化剂。由于某些金属卤化物极容易发生水解，所以必须采用干法（无水）制备。主要方法有如下。

（1）直接合成法

将金属与卤素在无水条件下直接加热合成，例如：

$$Sn + 2Cl_2 \rightleftharpoons SnCl_2$$

（2）金属氧化物的卤化

例如：

$$TiO_2 + 2C + 2Cl_2 \rightleftharpoons TiCl_4 + 2CO$$

（3）含水金属卤化物的脱水

用亲水性更强的物质（脱水剂）HCl、NH$_4$Cl、SOCl$_2$ 等与含水金属卤化物反应，例如：

$$FeCl_3 \cdot 6H_2O + 6SOCl_2 \rightleftharpoons FeCl_3 + 6SO_2 \uparrow + 12HCl$$

（4）热分解高卤化物

例如：

$$2MoI_3 \rightleftharpoons 2MoI_2 + I_2$$

无水 SnI$_4$ 是橙红色的晶体，为共价型化合物，相对密度 4.50 (299K)，熔点 416.5K，沸点 621K，受潮易水解，在空气中也会缓慢水解。易溶于二硫化碳、三氯甲烷、四氯化碳、苯等有机溶剂中，在冰醋酸中溶解度较小。根据 SnI_2 的特性，它的制备一般在非水溶剂中进行，目前较多选择冰醋酸作为合成溶剂。

本实验采用直接法制备无水 SnI_4。金属锡和碘在非水溶剂冰醋酸和醋酸酐体系中直接合成：

$$Sn + 2I_2 \xrightarrow[\text{醋酸酐}]{\text{冰醋酸}} SnI_4$$

用冰醋酸和醋酸酐作溶剂比用二硫化碳、四氯化碳、氯仿、苯等非水溶剂的毒性要小，产物不会水解，可以得到较纯的晶状产品。

【仪器和药品】

电子天平，圆底烧瓶（100mL），球形冷凝管，干燥管，循环水真空泵，抽滤瓶，布氏漏斗，石棉网，烧杯，试管，铁架台，电加热套，旋转蒸发仪。

I_2(s)，锡箔，KI（饱和），冰醋酸，醋酸酐，氯仿，丙酮，$CaCl_2$（s，无水），$AgNO_3$ 溶液（0.10mol·L^{-1}），$Pb(NO_3)_2$ 溶液（0.10mol·L^{-1}），H_2SO_4（2mol·L^{-1}），NaOH（2mol·L^{-1}），沸石。

【实验内容】

（1）四碘化锡的制备

在 100mL 干燥的圆底烧瓶中，加入 0.5g 的碎锡箔和 2.2g I_2，再加入 25mL 冰醋酸和 25mL 醋酸酐，加入少量沸石。如图 5-1 所示，装好球形冷凝管，通冷凝水，用酒精灯或电加热套加热回流约 1～1.5h。直至紫红色的碘蒸气消失，溶液颜色由紫红色变成橙红色时停止加热。冷至室温即有橙红色的 SnI_4 晶体析出，抽滤。将所得晶体转移到一个干净的圆底烧瓶中，加入 20～30mL 氯仿，水浴加热回流溶解后，趁热抽滤（保留滤纸上的固体。为何物质？）将滤液用旋转蒸发仪蒸干后，可得橙红色晶体，称量，计算产率。

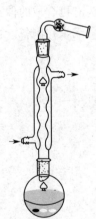

图 5-1　实验装置

（2）SnI_4 性质

① 取自制的 SnI_4 少量溶于 5mL 丙酮中，分成两份，一份加几滴水，另一份加同样量的饱和 KI 溶液，解释所观察到的实验现象。

② 取少量 SnI_4 于两支离心试管中，加入少量蒸馏水，观察现象。离心，清液分装两支试管，一只滴加 0.10mol·L^{-1} $AgNO_3$ 溶液，另一只滴加 0.10mol·L^{-1} $Pb(NO_3)_2$ 溶液。观察现象，写出反应式。

③ 取②中沉淀，分别滴加 2mol·L^{-1} H_2SO_4 溶液、2mol·L^{-1} NaOH 溶液。观察现象，写出反应式。

【思考题】

(1) 在制备无水 SnI_4 的过程中,所用的仪器都必须干燥,为什么?

(2) 本实验中使用冰醋酸和醋酸酐有什么作用? 使用过程中应注意什么问题?

(3) 在 SnI_4 合成中,以何种原料过量为好,为什么?

(4) 如果制备反应完毕,锡已经完全反应,但体系还含有少量碘,用什么方法除去?

实验 5.5　由钛铁矿制备二氧化钛

【实验目的】

(1) 了解硫酸法溶钛铁矿制备二氧化钛的原理和方法;

(2) 掌握无机制备中的沙浴、溶矿浸取、高温煅烧等操作;

(3) 了解钛盐的性质。

【实验预习】

(1) 预习了解沙浴及高温煅烧等操作;

(2) 预习钛盐的性质。

【实验原理】

钛铁矿的主要成分为 $FeTiO_3$,杂质主要为镁、锰、钒、铬、铝等。在160～200℃时,过量的浓硫酸与钛铁矿发生下列反应:

$$FeTiO_3 + 2H_2SO_4 \xrightarrow{\Delta} TiOSO_4 + FeSO_4 + 2H_2O$$

$$FeTiO_3 + 3H_2SO_4 \xrightarrow{\Delta} Ti(SO_4)_2 + FeSO_4 + 3H_2O$$

它们都是放热反应,反应一开始便进行得很激烈。

用水浸取分解产物,这时钛和铁等以 $TiOSO_4$ 和 $FeSO_4$ 的形式进入溶液。此外,部分 $Fe_2(SO_4)_3$ 也进入溶液,因此需在浸出液中加入金属铁粉,把 Fe^{3+} 完全还原为 Fe^{2+},铁粉可稍微过量一点,可以把少量的 TiO^{2+} 还原为 Ti^{3+},以保护 Fe^{2+} 不被氧化。有关的标准电极电势如下:

$$Fe^{2+} + 2e \longrightarrow Fe \qquad \varphi^{\ominus} = -0.45V$$

$$Fe^{3+} + e \longrightarrow Fe^{2+} \qquad \varphi^{\ominus} = +0.77V$$

$$TiO^{2+} + 2H^+ + e \longrightarrow Ti^{3+} + H_2O \qquad \varphi^{\ominus} = +0.10V$$

将溶液冷却至0℃以下,便有大量的 $FeSO_4 \cdot 7H_2O$ 晶体析出。剩下的 Fe^{2+} 可以在水洗偏钛酸时除去。

为了使 $TiOSO_4$ 在高酸度下水解,可先取一部分上述 $TiOSO_4$ 溶液,使其水解并分散为偏钛酸溶胶,以此作为沉淀的凝聚中心与其余的 $TiOSO_4$ 溶液一起,加热至沸腾使其水解,即得偏钛酸沉淀:

$$TiOSO_4 + 2H_2O \stackrel{\triangle}{=\!=\!=} H_2TiO_3 \downarrow + H_2SO_4$$

将偏钛酸在 800～1000℃ 灼烧，即得 TiO₂：

$$H_2TiO_3 \stackrel{800～1000℃}{=\!=\!=\!=\!=} TiO_2 + H_2O$$

【仪器和药品】

电子天平（0.01g），循环水真空泵，电炉，马弗炉，砂芯漏斗（配过滤套），抽滤瓶，有柄蒸发皿，温度计（300℃），量筒（100、10mL），瓷坩埚，试管，烧杯（100mL）。

钛铁矿粉（300 目，s），浓硫酸，沙子，铁粉，BaCl₂ 溶液（0.5mol·L⁻¹），H₂O₂ 溶液（3%），邻菲罗啉溶液（0.25%），硫酸（2.0mol·L⁻¹），食盐，碎冰。

【实验内容】

(1) 钛铁矿的分解

称取 15g 钛铁矿粉（300 目，含 TiO₂ 约 50%），放入有柄蒸发皿中，加入 13mL 浓硫酸，搅拌均匀后放在沙浴中加热，并不停地搅动，观察反应物的变化。用温度计测量反应物的温度。当温度升至 110～120℃ 时，搅拌要用力，注意反应物的变化（开始有白烟冒出，反应物变为蓝黑色，黏度增大）。当温度上升到 150℃ 时，反应激烈进行，反应物迅速变稠变硬，这一过程几分钟内即可结束，故这段时间要大力搅拌，避免反应物凝固在蒸发皿上。激烈反应后，把温度计插入沙浴中，在 200℃ 左右保持温度约 30min，不时搅动以防结成大块，最后移出沙浴，冷却至室温。

(2) 硫酸溶矿的浸取

将产物转入烧杯中，加入 40mL 约 50℃ 的温水，此时溶液温度有所升高，搅拌至产物全部分散为止。在整个浸取过程中，保持体系温度不超过 70℃。浸取时间为 60min，然后抽滤，滤渣用 10mL 水洗涤一次，溶液体积维持在 40mL，观察滤液的颜色。

取数滴上述溶液，滴加 3% H₂O₂，溶液显黄色，证实浸液中有 Ti(Ⅳ) 化合物存在。

(3) 浸取液的精制

往浸取液中慢慢加入约 0.5g 铁粉，并不断搅拌至溶液变为紫黑色（Ti³⁺ 为紫色）为止，立即抽滤，滤液用冰盐浴冷却至 0℃ 以下，观察 FeSO₄·7H₂O 结晶析出，再冷却一段时间后，进行抽滤，回收 FeSO₄·7H₂O。

(4) 钛盐水解

取出上述浸取滤液约 1/5 体积，在不停地搅拌下逐滴加入到约 250mL 的沸水中，继续煮沸约 10～15min 后，再慢慢加入其余全部浸取液，继续煮沸约 30min（应适当补充水，保持总体积不变）。静置沉降，先用倾析法除去上层水，再用热的稀硫酸（2.0mol·L⁻¹）洗两次，并用热水冲洗沉淀，直至检查不出

Fe^{2+} 或硫酸根为止（在 pH4～5 下，用 0.25% 邻菲罗啉溶液检验 Fe^{2+}，用 0.5mol·L^{-1} $BaCl_2$ 溶液检验 SO_4^{2-}）。抽滤，得偏钛酸。

（5）煅烧

把偏钛酸放在瓷坩埚中，先小火烘干，然后大火烧至不再冒白烟为止（亦可在马弗炉内 850 ℃ 灼烧）。冷却，即得白色二氧化钛粉末，称重，计算产率。

【思考题】

（1）温度对浸取产物有何影响？为什么温度要控制在 70℃ 以下？

（2）实验中能否用其它金属来还原 $Fe(Ⅲ)$？

（3）浸取硫酸溶矿时，加水的多少对实验有何影响？

（4）钛盐水解时为什么要不断搅拌？

实验 5.6　三氯化六氨合钴（Ⅲ）的合成

【实验目的】

（1）了解三氯化六氨合钴（Ⅲ）的制备原理；

（2）加深理解配合物的形成对三价钴稳定性的影响；

（3）进一步熟练重结晶、抽滤等操作。

【实验预习】

预习钴氨配合物的性质。

【实验原理】

根据标准电极电势，在酸性介质中二价钴盐比三价钴盐稳定，而在它们的配合物中，大多数的三价钴配合物比二价钴配合物稳定，所以常采用空气或过氧化氢氧化 $Co(Ⅱ)$ 配合物来制备 $Co(Ⅲ)$ 配合物。

氯化钴（Ⅲ）的氨合物有多种异构体，其中主要有三氯化六氨合钴（Ⅲ）{ $[Co(NH_3)_6]Cl_3$，橙黄色晶体}、三氯化一水五氨合钴（Ⅲ）{$[Co(NH_3)_5H_2O]Cl_3$，砖红色晶体}、二氯化一氯五氨合钴（Ⅲ）{$[Co(NH_3)_5Cl]Cl_2$，紫红色晶体} 等。其制备条件各不相同，例如，在没有活性炭存在时，由氯化亚钴与过量氨、氯化铵反应的主要产物是二氯化一氯五氨合钴（Ⅲ），有活性炭存在时制得的主要产物是三氯化六氨合钴（Ⅲ）。

本实验用活性炭作催化剂，用过氧化氢作氧化剂，以氯化亚钴溶液与过量氨和氯化铵作用制备三氯化六氨合钴（Ⅲ）。其总反应式如下：

$$2Co^{2+} + 6Cl^- + 2NH_4^+ + 10NH_3 + H_2O_2 \Longrightarrow 2[Co(NH_3)_6]Cl_3 + 2H_2O$$

三氯化六氨合钴（Ⅲ）溶解于酸性溶液中，通过过滤可以将混在产品中的大量活性炭除去，然后在高浓度盐酸中使三氯化六氨合钴结晶。

三氯化六氨合钴（Ⅲ）为橙黄色单斜晶体。固态的 $[Co(NH_3)_6]Cl_3$ 在 488K 转变为 $[Co(NH_3)_5Cl]Cl_2$，高于 523K 则被还原为 $CoCl_2$。

[Co(NH$_3$)$_6$]Cl$_3$ 可溶于水不溶于乙醇。在强碱作用下（冷时）或强酸的作用下基本不被分解，只有在煮沸条件下才被强碱分解：

$$2[Co(NH_3)_6]^{3+}+6OH^- \xrightarrow{\triangle} 2Co(OH)_3+12NH_3$$

【仪器和药品】

电子天平，锥形瓶（100mL），烧杯，循环水真空泵，抽滤瓶，布氏漏斗，温度计，恒温水浴锅，烘箱。

活性炭，CoCl$_2$·6H$_2$O(s)，氯化铵（s），浓氨水，过氧化氢（6%），浓盐酸，乙醇（95%），冰水。

【实验内容】

（1）三氯化六氨合钴（Ⅲ）制备

在 100mL 锥形瓶中加入 6.0g CoCl$_2$·6H$_2$O、4.0g 氯化铵和 7mL 蒸馏水。加热溶解后，加入 0.3g 活性炭。冷却后加入 14mL 浓氨水，冷却至 283K 以下，缓慢加入 14mL 6%的过氧化氢，水浴加热至 333K 左右并恒温 20min（不时摇动）。取出后先用自来水冷却，再用冰水充分冷却。抽滤，收集沉淀，称重，计算粗产率。

（2）重结晶

将上述产品溶解于含有 2.0mL 浓盐酸的 50mL 沸水中，趁热抽滤。往滤液中慢慢加入 7.0mL 浓盐酸，摇匀后冰水冷却。抽滤，收集所得固体，并用少量 95%乙醇洗涤，抽干后在 378K 下烘干，称重，计算产率。

【思考题】

（1）制备过程中水浴加热 333K 并恒温 20min 的目的是什么？能否加热至沸？

（2）制备三氯化六氨合钴过程中加 H$_2$O$_2$ 和浓盐酸各起什么作用？要注意什么问题？

实验 5.7 　二草酸根合铜（Ⅱ）酸钾的制备

【实验目的】

（1）了解草酸根类配合物的制备原理；

（2）进一步熟练浓缩结晶方法及抽滤操作。

【实验预习】

预习铜化合物及其配合物的性质。

【实验原理】

本实验首先通过 CuSO$_4$ 和 KOH 制备蓝色 Cu(OH)$_2$ 沉淀，该沉淀在加热条件下会失水转变为黑色的 CuO：

$$Cu^{2+}+2OH^- \Longrightarrow Cu(OH)_2\downarrow$$

$$Cu(OH)_2 \xrightarrow{\triangle} CuO+H_2O$$

碱性的 CuO 作为配离子 $[Cu(C_2O_4)_2]^{2-}$ 的中心金属源，而配体源则为弱酸性的草酸氢根 $HC_2O_4^-$，其来自于草酸 $H_2C_2O_4$ 和适量碳酸钾 K_2CO_3 的作用，其中过量的 K_2CO_3 会进一步使 $HC_2O_4^-$ 形成草酸根 $C_2O_4^{2-}$：

$$2H_2C_2O_4 + CO_3^{2-} = 2HC_2O_4^- + CO_2 + H_2O$$

$$2HC_2O_4^- + CO_3^{2-} = 2C_2O_4^{2-} + CO_2 + H_2O$$

通过 CuO 和 $HC_2O_4^-$ 的中和反应及配位反应形成配离子 $[Cu(C_2O_4)_2]^{2-}$，其钾盐 $K_2[Cu(C_2O_4)_2]$ 为蓝色针状晶体。

$$CuO + 2HC_2O_4^- = [Cu(C_2O_4)_2]^{2-} + H_2O$$

$$2K^+ + CuO + 2HC_2O_4^- = K_2[Cu(C_2O_4)_2] + H_2O$$

【仪器和药品】

电子天平，烧杯（250mL，100mL），量筒，蒸发皿，抽滤瓶，布氏漏斗，循环水真空泵，温度计，恒温水浴锅。

$CuSO_4 \cdot 5H_2O(s)$，$H_2C_2O_4 \cdot 2H_2O(s)$，$NaOH(2mol \cdot L^{-1})$，K_2CO_3（无水，s）。

【实验内容】

（1）氧化铜的制备

将 2.0g $CuSO_4 \cdot 5H_2O$ 置于 100mL 烧杯中，加约 40mL 水溶解，在搅拌下加入 10mL $2mol \cdot L^{-1}$ NaOH 溶液，小火加热至沉淀变黑（生成 CuO），煮沸约 20min。稍冷后以双层滤纸抽滤，用去离子水少量多次洗干净沉淀。

（2）草酸氢钾的制备

将 3.0g $H_2C_2O_4 \cdot 2H_2O$ 置于 250mL 烧杯中，加入 40mL 去离子水，微热（温度不能超过 85℃）溶解。稍冷后，分数次加入 2.2g 无水 K_2CO_3，溶解后生成 KHC_2O_4 和 $K_2C_2O_4$ 混合溶液。

（3）二草酸根合铜（Ⅱ）酸钾的制备

将含 KHC_2O_4 和 $K_2C_2O_4$ 的混合溶液水浴加热，再将 CuO 连同滤纸一起加入到该溶液中。水浴加热，充分反应约 30min。趁热抽滤（若穿透滤纸，应重新抽滤），用少量沸水洗涤二次，将滤液转入蒸发皿中。水浴加热将滤液浓缩到约原体积的 1/2。放置约 10min 后，用自来水彻底冷却。待大量晶体析出后，抽滤，晶体用滤纸吸干，称重。记录晶体外观和产品的质量。

【思考题】

（1）在制备 CuO 的实验中，如何判断沉淀洗涤是否完全？

（2）为何要将 $Cu(OH)_2$ 转变为 CuO，可以不转变直接使用吗？

（3）如果用 $CuSO_4 \cdot 5H_2O$ 和 $K_2C_2O_4$ 直接制备该配合物，与本实验方法比，可能有何优点或缺点？

（4）估算或计算第二步 KHC_2O_4 和 $K_2C_2O_4$ 混合溶液的 pH。

实验 5.8　三草酸合铁酸钾的制备及其组成测定

【实验目的】

(1) 掌握合成 $K_3Fe[(C_2O_4)_3]\cdot 3H_2O$ 的基本原理和操作技术；

(2) 加深对铁（Ⅲ）和铁（Ⅱ）化合物性质的了解；

(3) 掌握容量分析等基本操作。

【实验预习】

预习铁化合物及其配合物的性质。

【实验原理】

以硫酸亚铁铵为原料，与草酸在酸性溶液中先制得草酸亚铁沉淀，然后再用草酸亚铁在草酸钾和草酸的存在下，以过氧化氢为氧化剂，得到铁（Ⅲ）草酸配合物。改变溶剂极性并加少量盐析剂，可析出绿色单斜晶体纯的三草酸合铁（Ⅲ）酸钾。用 $KMnO_4$ 标准溶液在酸性介质中滴定测得草酸根的含量，可以确定配离子的组成。先用过量锌粉将 Fe^{3+} 还原为 Fe^{2+}，然后再用 $KMnO_4$ 标准溶液滴定。反应式为：

$$5C_2O_4^{2-}+2MnO_4^-+16H^+ \Longrightarrow 10CO_2\uparrow+2Mn^{2+}+8H_2O$$

$$5Fe^{2+}+MnO_4^-+8H^+ \Longrightarrow 5Fe^{3+}+Mn^{2+}+4H_2O$$

$$(NH_4)_2Fe(SO_4)_2+H_2C_2O_4+2H_2O \Longrightarrow$$

$$FeC_2O_4\cdot 2H_2O\downarrow+(NH_4)_2SO_4+H_2SO_4$$

$$2FeC_2O_4\cdot 2H_2O+H_2O_2+3K_2C_2O_4+H_2C_2O_4 \Longrightarrow$$

$$2K_3[Fe(C_2O_4)_3]\cdot 3H_2O$$

【仪器和药品】

电子天平（0.1g，0.0001g），循环水真空泵，抽滤瓶，布氏漏斗，称量瓶，烧杯（100mL），电炉，表面皿，3 个锥形瓶（250mL），量筒（100mL，50mL），酸式滴定管（50mL），恒温水浴锅，温度计，烘箱，干燥器。

$(NH_4)_2Fe(SO_4)_2\cdot 6H_2O$（s），$H_2SO_4$（3mol $\cdot$ L^{-1}，1mol $\cdot$ L^{-1}），$H_2C_2O_4$（饱和），$K_2C_2O_4$（饱和），KCl（A.R.），KNO_3（饱和），乙醇（95%），乙醇-丙酮混合液（1:1），$K_3[Fe(CN)_6]$（0.1mol $\cdot$ L^{-1}），H_2O_2（3%），$BaCl_2$ 溶液（1mol $\cdot$ L^{-1}），$KMnO_4$（0.02mol $\cdot$ L^{-1}，待标定），$Na_2C_2O_4$ 基准试剂（105℃干燥 2h 后备用），锌粉。

【实验内容】

(1) 三草酸合铁（Ⅲ）酸钾的制备

① 草酸亚铁的制备　称取 5g 硫酸亚铁铵固体放在 100mL 烧杯中，然后加 15mL 蒸馏水和 5～6 滴 1mol $\cdot$ L^{-1} H_2SO_4，加热溶解后，再加入 25mL 饱和草酸溶液，加热搅拌至沸，然后迅速搅拌片刻，防止暴沸。停止加热，静置。待黄色晶体 $FeC_2O_4\cdot 2H_2O$ 沉淀后，倾析弃去上层清液，加入 20mL 蒸馏水洗涤晶

体，搅拌并温热，静置，弃去上层清液，再加入 20mL 蒸馏水，反复洗涤，直至洗净为止（如何检验洗净与否?），即得黄色晶体草酸亚铁。

② 三草酸合铁（Ⅲ）酸钾的制备　往草酸亚铁沉淀中，加入饱和 $K_2C_2O_4$ 溶液 10mL，313K 下水浴加热，恒温下边搅拌边缓慢滴加 20mL 3% H_2O_2 溶液，沉淀转为深棕色。边加边搅拌，加完后，检验 Fe（Ⅱ）是否完全转化为 Fe（Ⅲ），若氧化不完全，可补加适量 3% H_2O_2 溶液，直至氧化完全。将溶液加热至沸，然后加入 20mL 饱和草酸溶液，沉淀立即溶解，溶液转为绿色。趁热抽滤，滤液转入 100mL 烧杯中，加入 95% 乙醇 25mL，混匀后冷却，可以看到烧杯底部有晶体析出。为了加快结晶速度，可往其中滴加饱和 KNO_3 溶液。晶体完全析出后，抽滤，用乙醇-丙酮的混合液 10mL 淋洒滤饼，抽干。固体产品置于一表面皿上，置暗处晾干。称重，计算产率。

(2) 三草酸合铁酸钾组成的测定

① $KMnO_4$ 溶液的标定　准确称取 0.13~0.17g $Na_2C_2O_4$ 3 份，分别置于 250mL 锥形瓶中，加水 50mL 使其溶解，加入 10mL 3mol·L^{-1} H_2SO_4 溶液，在水浴上加热到 75~85℃，趁热用待标定的 $KMnO_4$ 溶液滴定，开始时滴定速度应慢，待溶液中产生了 Mn^{2+} 后，滴定速度可适当加快，但仍须逐滴加入，滴定至溶液呈现微红色并持续 30s 内不褪色即为终点。根据每份滴定中 $Na_2C_2O_4$ 的质量和消耗的 $KMnO_4$ 溶液体积，计算出 $KMnO_4$ 溶液的浓度。

② 草酸根含量的测定　把制得的 $K_3Fe[(C_2O_4)_3]·3H_2O$ 在 50~60℃于恒温干燥箱中干燥 1h，在干燥器中冷却至室温，精确称取样品约 0.2000~0.3000g，放入 250mL 锥形瓶中，加入 25mL 水和 5mL 1mol·L^{-1} H_2SO_4，用 0.02mol·L^{-1} $KMnO_4$ 标准溶液滴定。滴定时先滴入 8mL 左右的 $KMnO_4$ 标准溶液，然后加热到 343~358K（不高于 358K）直至紫红色消失。再用 $KMnO_4$ 滴定热溶液，直至微红色在 30s 内不消失。记下消耗 $KMnO_4$ 标准溶液的总体积，计算 $K_3Fe[(C_2O_4)_3]·3H_2O$ 中草酸根的质量分数，并换算成物质的量。滴定后的溶液保留待用。

③ 铁含量测定　在上述滴定过草酸根的保留液中加锌粉还原，至黄色消失。加热 3min，使 Fe^{3+} 完全转变为 Fe^{2+}，抽滤，用温水洗涤沉淀。滤液转入 250mL 锥形瓶中，再利用 $KMnO_4$ 溶液滴定至微红色，计算 $K_3Fe[(C_2O_4)_3]$ 中铁的质量分数，并换算成物质的量。

【注意事项】

(1) 40℃水浴下加热，慢慢滴加 H_2O_2，以防止 H_2O_2 分解。

(2) 减压过滤要规范。尤其注意在抽滤过程中，勿用水冲洗黏附在烧杯和布氏漏斗上的少量绿色产品，否则，将大大影响产量。

【思考题】

(1) 在制备 $K_3Fe[(C_2O_4)_3]·3H_2O$ 的过程中，使用的氧化剂是什么？有什么好处？使用时应注意什么？如何保证 Fe（Ⅱ）转化完全？

（2）滴定过程中需注意什么？

（3）如何测定 $K_3Fe[(C_2O_4)_3]$ 中铁的含量？

实验5.9　柠檬酸铁铵的合成及其组成测定

【实验目的】

（1）了解柠檬酸铁铵的性状。

（2）学习制备柠檬酸铁铵的原理和方法。

（3）熟悉测定柠檬酸铁铵中的铁含量的方法。

【实验预习】

预习柠檬酸铁铵的制备原理。

【实验原理】

柠檬酸铁铵又名枸橼酸铁铵，分子式为 $(NH_4)_3Fe(C_6H_5O_7)_2$，是柠檬酸铁和柠檬酸铵的复盐。它有棕色和绿色两种性质不同的晶体。棕色晶体为薄片状（或红棕色、绛红色晶体或棕黄色粉末），有咸味及铁腥味。极易潮解，遇光可还原成亚铁盐。溶于水，不溶于乙醇、乙醚等有机溶剂，水溶液显中性。绿色晶体为鳞片状，极易吸湿及潮解，较棕色晶体更不稳定，遇光更易被还原。

常用绿矾先制备 $Fe(OH)_3$，然后将 $Fe(OH)_3$ 溶解于柠檬酸中，用氨中和，反应后干燥得到产品 $(NH_4)_3Fe(C_6H_5O_7)_2$。反应式为：

$$6FeSO_4 + NaClO_3 + 3H_2SO_4 = 3Fe_2(SO_4)_3 + NaCl + 3H_2O$$

$$Fe_2(SO_4)_3 + 6NaOH = 2Fe(OH)_3 \downarrow + 3Na_2SO_4$$

$$Fe(OH)_3 + C_6H_5O_7H_3 = Fe(C_6H_5O_7) + 3H_2O$$

$$3NH_3 \cdot H_2O + C_6H_5O_7H_3 = (NH_4)_3C_6H_5O_7 + 3H_2O$$

$$Fe(C_6H_5O_7) + (NH_4)_3C_6H_5O_7 = (NH_4)_3Fe(C_6H_5O_7)_2$$

【仪器和药品】

电子天平（0.1g）三口烧瓶（100mL），磁力加热搅拌器，量筒（100mL，10mL），温度计，烧杯（250mL，100mL），移液管（25mL），蒸发皿，酸式滴定管，锥形瓶（250mL），恒温水浴锅，电炉，烘箱。

$FeSO_4 \cdot 7H_2O(s)$，$NaClO_3(s)$，H_2SO_4（$2mol \cdot L^{-1}$），$NaOH(s)$，柠檬酸（s），氨水（浓），KF（10%），$K_3[Fe(CN)_6]$（$0.1mol \cdot L^{-1}$），$SnCl_2$ 溶液（$0.1mol \cdot L^{-1}$），$HgCl_2$ 溶液（$0.1mol \cdot L^{-1}$），$K_2Cr_2O_7$ 标准溶液（$0.1000mol \cdot L^{-1}$），$BaCl_2$ 溶液（$1mol \cdot L^{-1}$），$AgNO_3$ 溶液（$0.1mol \cdot L^{-1}$），HCl（浓），二苯胺磺酸钠指示剂（0.5%）。

【实验内容】

（1）氢氧化铁的制备

在装有搅拌器的三口烧瓶中加入 4.2g $FeSO_4 \cdot 7H_2O$ 和 10mL 蒸馏水。在搅拌下徐徐加入 1mL 2mol·L^{-1} H$_2$SO$_4$，再加入 2.5g NaClO$_3$，剧烈搅拌。水浴加热，温度升至 80℃ 以上，再加入 0.25g NaClO$_3$，搅拌直至反应终止，用 0.1mol·L^{-1} K$_3$[Fe(CN)$_6$] 检验不呈亚铁反应（取少量反应液加入 K$_3$[Fe(CN)$_6$] 稀溶液不呈蓝色），得到 Fe$_2$(SO$_4$)$_3$ 溶液。向溶液中加入 NaOH 2.5g（溶于一定量蒸馏水中配成溶液），剧烈搅拌，温度控制在 80～90℃。当溶液变得澄清时，抽滤，用蒸馏水洗涤至 SO$_4^{2-}$ 和 Cl$^-$ 符合要求（取少量溶液分别滴加酸化的 BaCl$_2$、AgNO$_3$ 溶液，均无白色沉淀产生为止），沥干得 Fe(OH)$_3$ 沉淀。

（2）柠檬酸铁铵的制备

将 6g 柠檬酸、上述 Fe(OH)$_3$ 沉淀和 50mL 蒸馏水加入到 250mL 烧杯中，搅拌，温度控制在 95℃ 以上保温 1h，然后冷至 50℃，搅拌下加入浓氨水 10mL。静置后取上层清液过滤，将滤液在蒸发皿中水浴加热浓缩成膏状，于 80℃ 以下干燥得到产品 (NH$_4$)$_3$Fe(C$_6$H$_5$O$_7$)$_2$。

（3）铁含量的测定

① 称取 0.4g 柠檬酸铁铵产品在空气中焙烧，剩余粉末置于 250mL 锥形瓶中，加 5mL 10% KF 溶液，再加 15mL 浓盐酸，于低温电热盘上加热溶解。

② 趁热滴加 0.1mol·L^{-1} SnCl$_2$ 溶液，小心摇动，至溶液由黄色变为浅黄色，再过 1 滴，溶液变为无色，再多加 2 滴，以水稀释至 100～120mL。冷至室温，加 5mL 0.1mol·L^{-1} HgCl$_2$ 溶液。

③ 将所得溶液用 K$_2$Cr$_2$O$_7$ 标准溶液滴定，用二苯胺磺酸钠做指示剂，计算消耗的 K$_2$Cr$_2$O$_7$ 标准溶液的体积。

④ 计算铁含量，求出柠檬酸铁铵的分子式。

【思考题】

（1）本实验中将 Fe(Ⅱ) 氧化成 Fe(Ⅲ) 使用的氧化剂是什么？如何判断 Fe(Ⅱ) 均转化为 Fe(Ⅲ)？

（2）制备得到 Fe(OH)$_3$ 沉淀，为什么要水洗涤数次？

（3）采用滴定法分析铁含量时，采用的方法是什么？应注意什么？

第六部分 元素性质实验

本部分主要包括重要元素及其化合物的性质实验,旨在通过感性认识加强理性认识,使学生在掌握无机化学基本原理的基础上,进一步熟悉元素及其化合物化合物的性质,了解反应现象,掌握研究元素及其化合物性质的基本方法。

实验 6.1　p 区元素 (一)

【实验目的】

(1) 掌握卤素单质的氧化性和卤离子的还原性变化规律;

(2) 掌握卤素含氧酸盐的氧化性;

(3) 掌握过氧化氢的氧化还原性、不稳定性等重要化学性质;

(4) 掌握某些硫的含氧酸盐的主要性质。

【实验预习】

(1) 卤素单质、卤素含氧酸盐的性质;

(2) 氧化氢及硫的含氧酸盐的性质。

【仪器和药品】

试管,离心试管,离心机,试管夹,点滴板,烧杯,量筒。

CCl_4,碘水,溴水,氯水,硫代乙酰胺 (1%),KCl(s),KBr(0.1mol·L^{-1},s),KI(0.1mol·L^{-1},s),$KClO_3$(s,饱和),Na_2SO_3(s),MnO_2(s),$K_2S_2O_8$(s),H_2SO_4(6mol·L^{-1},3mol·L^{-1},浓),$KBrO_3$(0.1mol·L^{-1}),NaClO(0.1mol·L^{-1}),KIO_3(0.1mol·L^{-1}),NaOH(2mol·L^{-1}),$AgNO_3$(0.1mol·L^{-1}),$Na_2S_2O_3$(0.1mol·L^{-1}),$NaHCO_3$(0.5mol·L^{-1}),淀粉溶液(0.2%),$MnSO_4$(0.1mol·L^{-1},0.01mol·L^{-1}),$Pb(NO_3)_2$(0.1mol·L^{-1}),H_2O_2 [3% (新制)],HCl(2mol·L^{-1},浓),$KMnO_4$(0.01mol·L^{-1}),品红(0.1%),pH 试纸,$Pb(Ac)_2$ 试纸,KI-淀粉试纸。

自配 Na_2SO_3 溶液:向试管中加入豆粒大的 Na_2SO_3 晶体和 2~3mL 水,立即振荡使晶体全部溶解。

【实验内容】

Ⅰ. 卤素

(1) 卤素单质的氧化性比较

取 0.5mL CCl_4、4 滴 0.1mol·L^{-1} KBr 和 1 滴 0.1mol·L^{-1} KI 溶液加入小试管中,混匀后逐滴滴加氯水。边加边振荡,仔细观察 CCl_4 层颜色的变化。

写出反应式并通过上述实验总结卤素单质的氧化性质次序。

$$2I^- + Cl_2 = 2Cl^- + I_2$$
$$I_2 + 5Cl_2 + 6H_2O = 2HIO_3 + 10HCl$$
$$2Br^- + Cl_2 = 2Cl^- + Br_2$$

（2）KX 与浓硫酸的反应（卤素负离子还原性比较）

① 在干燥点滴板上一凹中加入米粒大小的 KCl 固体和 3 滴浓硫酸，观察反应现象；并将反应生成的气体用湿的广泛 pH 试纸（事先用玻璃棒的一端粘一小块湿润的试纸）检验，观察试纸颜色的变化。

$$KCl + H_2SO_4(浓) = KHSO_4 + HCl\uparrow$$

② 在干燥点滴板一凹中加米粒大小的 KBr 固体和 3 滴浓硫酸，观察反应的现象，并将反应生成的气体用湿的 KI-淀粉试纸检验，观察试纸颜色的变化，写出反应式。

$$2KBr + 3H_2SO_4(浓) = 2KHSO_4 + SO_2\uparrow + Br_2\uparrow + 2H_2O$$
$$2I^- + Br_2 = 2Br^- + I_2$$

③ 在干燥试管中加米粒大小的 KI 固体和 0.5mL 浓硫酸，观察反应的现象；并将反应生成的气体用润湿的 Pb(Ac)$_2$ 试纸检验，观察试纸颜色的变化，写出反应式。

$$8KI + 9H_2SO_4(浓) = 8KHSO_4 + H_2S\uparrow + 4I_2 + 4H_2O$$
$$Pb(Ac)_2 + H_2S = PbS\downarrow + 2HAc$$

根据上述实验分析卤素离子还原性顺序。

（3）卤素含氧酸盐的氧化性

① NaClO 的氧化性

a. 制备　向 1mL 氯水中滴加 2mol·L^{-1} NaOH 溶液至溶液变为无色，pH=8~9 为止。

b. 性质

（ⅰ）在点滴板的一凹中加 2 滴 0.1mol·L^{-1} NaClO 溶液，再加入 2 滴浓 HCl 溶液，观察现象；并用湿的 KI-淀粉试纸检验生成的气体（在通风橱中操作），写出反应式。

$$ClO^- + Cl^- + 2H^+ = Cl_2 + H_2O$$

（ⅱ）将 4 滴 0.1mol·L^{-1} NaClO 溶液与 2 滴 0.1mol·L^{-1} MnSO$_4$ 溶液混合。观察现象，写出反应式。

$$Mn^{2+} + ClO^- + 2OH^- = MnO_2\downarrow + Cl^- + H_2O$$

（ⅲ）2 滴 0.1mol·L^{-1} KI 溶液，3 滴 3mol·L^{-1} H$_2$SO$_4$ 溶液和 1 滴淀粉溶液混匀后，滴加 0.1mol·L^{-1} NaClO 溶液。观察现象，写出反应式。

$$2I^- + ClO^- + 2H^+ = I_2 + Cl^- + H_2O$$

当 ClO$^-$ 过量时：$I_2 + 5ClO^- + H_2O = 2IO_3^- + 5Cl^- + 2H^+$

$$Cl^- + ClO^- + 2H^+ \Longrightarrow Cl_2 + H_2O$$

② KClO₃ 的氧化性

a. 3 滴饱和 KClO₃ 溶液中，滴加浓盐酸至溶液变为黄绿色为止，写出反应式。

$$KClO_3 + 6HCl（浓）\Longrightarrow 3Cl_2 \uparrow + KCl + 3H_2O$$

b. 试管中加入少量的 KClO₃ 固体后，再加入 1 滴 0.1mol·L⁻¹ KI 溶液，然后再逐滴加入 6mol·L⁻¹ H₂SO₄ 溶液。观察现象，写出反应式。

$$6I^- + ClO_3^- + 6H^+ \Longrightarrow 3I_2 + Cl^- + 3H_2O$$

$$3I_2 + 5ClO_3^- + 3H_2O \Longrightarrow 5Cl^- + 6HIO_3$$

$$5Cl^- + ClO_3^- + 6H^+ \Longrightarrow 3Cl_2 + 3H_2O$$

③ KBrO₃ 的氧化性　将 1 滴 0.1mol·L⁻¹ KI 溶液，3 滴 3mol·L⁻¹ H₂SO₄ 溶液和 0.5mL CCl₄ 混匀后，向溶液中滴加 0.1mol·L⁻¹ KBrO₃ 溶液。观察下层 CCl₄ 层的颜色变化，写出反应式。　$[\varphi^\ominus(BrO_3^-/Br_2) = 1.52V,$ $\varphi^\ominus(IO_3^-/I_2) = 1.19V]$。

$$BrO_3^- + 6I^- + 6H^+ \Longrightarrow Br^- + 3I_2 + 3H_2O$$

$$3I_2 + 5BrO_3^- + 3H_2O \Longrightarrow 6IO_3^- + 5Br^- + 6H^+$$

$$5Br^- + BrO_3^- + 6H^+ \Longrightarrow 3Br_2 + 3H_2O$$

④ KIO₃ 的氧化性　1 滴自配的 Na₂SO₃ 溶液，3 滴 3mol·L⁻¹ H₂SO₄ 溶液，1 滴淀粉溶液混匀后滴加 0.1mol·L⁻¹ KIO₃ 溶液。观察现象。写出反应式。

开始时 SO_3^{2-} 过量：$IO_3^- + 3SO_3^{2-} \Longrightarrow 3SO_4^{2-} + I^-$

当 IO_3^- 过量：　$IO_3^- + 5I^- + 6H^+ \Longrightarrow 3I_2 + 3H_2O$

Ⅱ. 过氧化氢的性质

(1) 过氧化氢的氧化性

① 酸性介质中与 KI 的反应　1 滴 0.1mol·L⁻¹ KI 溶液和 1 滴 3mol·L⁻¹ H₂SO₄ 溶液，摇匀后，加 1 滴 3‰ H₂O₂ 溶液，观察现象。写出反应式。

$$2I^- + H_2O_2 + 2H^+ \Longrightarrow I_2 + 2H_2O$$

$$I^- + I_2 \Longrightarrow I_3^-$$

② 与 PbS 作用　在一支离心试管中加入 4 滴 0.1mol·L⁻¹ Pb(NO₃)₂ 溶液，4 滴 1‰ 硫代乙酰胺溶液，混匀后水浴加热得到黑色沉淀，离心分离后，倾去上清液，再将沉淀用水洗涤 3 次，加入 2 滴 3‰ H₂O₂ 溶液。观察沉淀颜色变化，写出反应式。

$$Pb^{2+} + H_2S \Longrightarrow PbS \downarrow + 2H^+$$

$$PbS + 4H_2O_2 \Longrightarrow PbSO_4 \downarrow + 4H_2O$$

(2) 过氧化氢的还原性

酸性介质中与 KMnO₄ 溶液作用：1 滴 0.01mol·L⁻¹ KMnO₄ 溶液和 1 滴

$3mol \cdot L^{-1} H_2SO_4$ 溶液，混匀后，再滴加 3% H_2O_2 溶液。观察现象，写出反应式。

$$2MnO_4^- + 6H^+ + 5H_2O_2 == 2Mn^{2+} + 5O_2\uparrow + 8H_2O$$

（3）过氧化氢的不稳定性

将 $0.5mL\ 3\%\ H_2O_2$ 溶液置于热水中加热，观察现象。冷却后，再向试管中加入米粒大小量的 MnO_2。观察反应情况，写出反应式。

$$2H_2O_2 \xrightarrow{\triangle} O_2\uparrow + 2H_2O$$

$$2H_2O_2 \xrightarrow{MnO_2} O_2\uparrow + 2H_2O$$

Ⅲ. 硫的含氧酸盐的性质

（1）Na_2SO_3 的性质

① 还原性　2 滴碘水中，滴加自配的 Na_2SO_3 溶液。混匀后观察碘水是否褪色，写出反应式。

$$I_2 + SO_3^{2-} + H_2O == 2I^- + SO_4^{2-} + 2H^+$$

② 氧化性　2 滴自配的 Na_2SO_3 溶液，加 2 滴硫代乙酰胺水溶液，再加 2 滴 $3mol \cdot L^{-1} H_2SO_4$ 溶液，混匀后水浴加热。观察现象，写出反应式。

$$SO_3^{2-} + 2H_2S + 2H^+ == 3S\downarrow + 3H_2O$$

③ 褪色作用　在自配的 Na_2SO_3 溶液中滴加 3 滴品红，至溶液变为无色。

（2）$Na_2S_2O_3$ 的性质

① 遇酸分解　在 3 滴 $0.1mol \cdot L^{-1} Na_2S_2O_3$ 溶液中加入 1 滴 $2mol \cdot L^{-1}$ HCl 溶液，混匀后放置一会儿或加热溶液。观察现象，写出反应式。

$$S_2O_3^{2-} + 2H^+ \xrightarrow{\triangle} S\downarrow + SO_2\uparrow + H_2O$$

② 还原性（通过下述实验也可分析卤素单质的氧化性差异）

a. 将 2 滴氯水与 2 滴 $0.5mol \cdot L^{-1}$ NaHCO$_3$ 溶液，3 滴 $0.1mol \cdot L^{-1}$ $Na_2S_2O_3$ 溶液混合放置。观察现象，写出反应式。

b. 将 6 滴溴水与 5 滴 $0.5mol \cdot L^{-1}$ NaHCO$_3$ 溶液，3 滴 $0.1mol \cdot L^{-1}$ $Na_2S_2O_3$ 溶液混合放置，观察现象，写出反应式。

$$S_2O_3^{2-} + Br_2 + H_2O == SO_4^{2-} + 2H^+ + 2Br^- + S\downarrow$$

$$S_2O_3^{2-} + 4Br_2 + 5H_2O == 2SO_4^{2-} + 10H^+ + 8Br^- \quad (Br_2\ 过量时)$$

c. 向 2 滴碘水中滴加 $0.1mol \cdot L^{-1} Na_2S_2O_3$ 溶液至碘水褪色。写出反应式。

$$2S_2O_3^{2-} + I_2 == S_4O_6^{2-} + 2I^-$$

③ 配位反应　向盛有 3 滴 $0.1mol \cdot L^{-1} Na_2S_2O_3$ 溶液的试管中加入 1 滴 $0.1mol \cdot L^{-1} AgNO_3$ 的溶液后析出少量白色固体，立即振荡。观察反应现象，写出反应式。

$$2Ag^+ + S_2O_3^{2-} == Ag_2S_2O_3\downarrow \quad (注意：一出现沉淀就要迅速振荡)$$

$$Ag_2S_2O_3 + 3S_2O_3^{2-} = 2[Ag(S_2O_3)_2]^{3-}$$

④ $Na_2S_2O_3$ 的特征反应 向 1 滴 $0.1mol \cdot L^{-1}$ $Na_2S_2O_3$ 溶液中滴加 $0.1mol \cdot L^{-1}$ $AgNO_3$ 溶液至白色沉淀出现后放置。观察实验现象，记录沉淀颜色变化，写出反应式。

$$2Ag^+ + S_2O_3^{2-} = Ag_2S_2O_3 \downarrow$$

$$Ag_2S_2O_3 + H_2O = Ag_2S \downarrow + H_2SO_4$$

(3) $K_2S_2O_8$ 的氧化性

① 2 滴 $0.01mol \cdot L^{-1}$ $MnSO_4$ 溶液、$0.5mL$ 水、2 滴 $3mol \cdot L^{-1}$ H_2SO_4 溶液和 1 滴 $0.1mol \cdot L^{-1}$ $AgNO_3$ 溶液混合均匀后，再加入豆粒大小量的 $K_2S_2O_8$ 固体于试管中，水浴加热。观察现象，写出反应式。

$$2Mn^{2+} + 5S_2O_8^{2-} + 8H_2O \xrightarrow{Ag^+} 2MnO_4^- + 10SO_4^{2-} + 16H^+$$

② 3 滴 $0.1mol \cdot L^{-1}$ KI 溶液中加入米粒大小量的 $K_2S_2O_8$ 固体，振荡。观察溶液颜色的变化，写出反应式。

$$S_2O_8^{2-} + 2I^- = 2SO_4^{2-} + I_2$$

Ⅳ. H_2S 的还原性质

说明：硫代乙酰胺溶液加热水解的产物中有 H_2S，在无机实验中常把此溶液当作饱和的 H_2S 溶液。

(1) 与 Na_2SO_3 的反应

在 2 滴 Na_2SO_3 溶液中，加 2 滴 1%硫代乙酰胺溶液，再加 2 滴 $3mol \cdot L^{-1}$ H_2SO_4 溶液，混匀后水浴加热。观察现象，写出反应式。

$$SO_3^{2-} + 2H_2S + 2H^+ = 3S \downarrow + 3H_2O$$

(2) H_2S 溶液与卤水的反应（通过下述实验也可分析卤素单质的氧化性差异）

向 3 支小试管中分别加入 2 滴氯水、2 滴溴水、2 滴碘水，然后再各加入 2 滴 1%硫代乙酰胺溶液，振荡，加热。观察实验现象，写出相关反应式。

$$H_2S + X_2(少量) = 2X^- + 2H^+ + S \downarrow \quad (X=Cl,Br,I)$$

$$H_2S + 4X_2(过量) + 4H_2O = 8X^- + 10H^+ + SO_4^{2-} \quad (X=Cl,Br)$$

$$I_2 + H_2S = S \downarrow + 2HI$$

(3) 与 $KMnO_4$ 的反应

在试管中加入 2 滴 $3mol \cdot L^{-1}$ H_2SO_4 溶液，3 滴 1%硫代乙酰胺溶液和 1 滴 $0.01mol \cdot L^{-1}$ $KMnO_4$ 溶液，充分振荡。混匀后，观察现象，写出反应式。

$$2MnO_4^- + 5H_2S + 6H^+ = 2Mn^{2+} + 5S \downarrow + 8H_2O$$

【注意事项】

(1) 凡是溴水、氯水或有溴、氯生成的实验，操作需在通风橱中进行；不能与皮肤接触。

(2) 注意试管振荡以及试剂的加入、滴加等操作。

(3) 铬盐、钡盐、汞及汞盐、砷的化合物、铅盐等有毒试剂不能接触伤口，更加不能入口。

（4）每次实验结束后，应将双手用自来水冲洗干净后才能离开实验室。

【思考题】

（1）氯能从含碘离子的溶液中取代碘，碘又能从氯酸钾溶液中取代氯，这两个反应有无矛盾？为什么？

（2）在酸性介质中，次氯酸钠能否将 Mn^{2+} 氧化为 MnO_2？

（3）为什么 H_2O_2 既可以作为氧化剂又可以作为还原剂？什么条件下 H_2O_2 可将 Mn^{2+} 氧化为 MnO_2，什么条件下 MnO_2 又可将 H_2O_2 氧化为 O_2？它们互相矛盾吗？为什么？

（4）在 H_2O_2 的溶液中加入 $MnSO_4$ 为什么有大量气体产生？

（5）如何证实亚硫酸盐中含有 SO_4^{2-}？为什么亚硫酸盐中常常含有硫酸盐，而硫酸盐中却很少有亚硫酸盐？如何检验 SO_4^{2-} 盐中的 SO_3^{2-}？

（6）比较 $S_2O_8^{2-}$ 与 MnO_4^- 氧化性的强弱，$S_2O_3^{2-}$ 与 I^- 还原性的强弱。为什么 $K_2S_2O_8$ 与 Mn^{2+} 的反应要在酸性介质中进行？$Na_2S_2O_3$ 与 I_2 的反应能否在酸性介质中进行？为什么？

实验 6.2　p 区元素（二）

【实验目的】

（1）掌握不同氧化态氮的化合物的主要性质（酸的不稳定性及其盐的氧化还原性）；

（2）掌握磷酸盐的酸碱性和溶解性；

（3）掌握砷含氧化合物的酸碱性、砷的氧化还原性；

（4）掌握二价锡和铅的氢氧化物的两性和某些难溶性铅盐的重要性质；

（5）掌握锡（Ⅱ）的还原性和铅（Ⅳ）的氧化性。

【实验预习】

（1）氮族元素化合物的性质；

（2）碳族元素化合物的性质。

【仪器和药品】

试管，烧杯，离心机，离心试管，酒精灯。

$As_4O_6(s)$，$NaBiO_3(s)$，$PbO_2(s)$，$Fe(NH_4)_2(SO_4)_2$（$0.5mol \cdot L^{-1}$），H_2SO_4（$3mol \cdot L^{-1}$，浓），HNO_3（$6mol \cdot L^{-1}$，$2mol \cdot L^{-1}$，浓），HCl（$6mol \cdot L^{-1}$，$2mol \cdot L^{-1}$，浓），HAc（$6mol \cdot L^{-1}$），NaOH（$6mol \cdot L^{-1}$，$2mol \cdot L^{-1}$），$NaNO_2$（$0.1mol \cdot L^{-1}$，$2 \times 10^{-6} mol \cdot L^{-1}$，饱和），$NaNO_3$（$0.5mol \cdot L^{-1}$），$AgNO_3$（$0.1mol \cdot L^{-1}$），KI［$2mol \cdot L^{-1}$，$0.1mol \cdot L^{-1}$（新制）］，$KMnO_4$（$0.01mol \cdot L^{-1}$），$K_2Cr_2O_7$（$0.1mol \cdot L^{-1}$），$Na_3PO_4$

$(0.1 \text{mol} \cdot \text{L}^{-1})$，$\text{Na}_2\text{HPO}_4$ $(0.1 \text{mol} \cdot \text{L}^{-1})$，$\text{NaH}_2\text{PO}_4$ $(0.1 \text{mol} \cdot \text{L}^{-1})$，$\text{Na}_3\text{AsO}_4$ $(0.1 \text{mol} \cdot \text{L}^{-1})$，$\text{Bi(NO}_3)_3$ $(0.1 \text{mol} \cdot \text{L}^{-1})$，$(\text{NH}_4)_2\text{MoO}_4$ $(0.1 \text{mol} \cdot \text{L}^{-1})$，铝片，对氨基苯磺酸 [10% (质量分数)]，$\alpha$-萘胺 [(1% (质量分数)]，锡粒，$\text{Pb(NO}_3)_2$ $(0.1 \text{mol} \cdot \text{L}^{-1})$，$\text{FeCl}_3$ $(0.1 \text{mol} \cdot \text{L}^{-1})$，$\text{HgCl}_2$ $(0.1 \text{mol} \cdot \text{L}^{-1})$，$\text{Na}_2\text{CO}_3$ $(0.1 \text{mol} \cdot \text{L}^{-1})$，$\text{K}_2\text{CrO}_4$ $(0.1 \text{mol} \cdot \text{L}^{-1})$，$\text{Na}_2\text{SiO}_3$ [20% (质量分数)]，SnCl_2 $(0.1 \text{mol} \cdot \text{L}^{-1})$，$\text{SnCl}_4$ $(0.1 \text{mol} \cdot \text{L}^{-1})$，$\text{MnSO}_4$ $(0.1 \text{mol} \cdot \text{L}^{-1})$，$\text{NaHCO}_3$ $(0.1 \text{mol} \cdot \text{L}^{-1}$，饱和$)$，$\text{CuSO}_4$ $(0.1 \text{mol} \cdot \text{L}^{-1})$，$\text{BaCl}_2$ $(0.1 \text{mol} \cdot \text{L}^{-1})$，$\text{NH}_3 \cdot \text{H}_2\text{O}$ $(1 \text{mol} \cdot \text{L}^{-1})$，$\text{SbCl}_3$ $(0.1 \text{mol} \cdot \text{L}^{-1})$，$\text{NH}_4\text{Cl}$ (饱和)，NH_4Ac (饱和)，Na_2SO_4 $(1 \text{mol} \cdot \text{L}^{-1})$，pH 试纸。

【实验内容】

Ⅰ. 氮的含氧酸及其盐

(1) 亚硝酸及其盐的性质

① 常温下亚硝酸的不稳定性　往盛有 2 滴饱和 NaNO_2 溶液的试管中加入 2 滴 $3 \text{mol} \cdot \text{L}^{-1}$ H_2SO_4 溶液，混合均匀，溶液由无色变为浅蓝色，并有红棕色气体放出。反应在通风橱中进行。观察现象，写出反应式。

$$H^+ + NO_2^- \Longrightarrow HNO_2$$
$$2HNO_2 (浓) \Longrightarrow H_2O + N_2O_3$$
$$N_2O_3 \Longrightarrow NO\uparrow + NO_2\uparrow$$
$$3HNO_2 (稀) \Longrightarrow HNO_3 + 2NO\uparrow + H_2O$$

② 氧化性　取 1 滴 $0.1 \text{mol} \cdot \text{L}^{-1}$ KI 溶液于小试管中，加入 2 滴 $0.1 \text{mol} \cdot \text{L}^{-1}$ NaNO_2 溶液，观察是否反应。然后再加入 1 滴 $3 \text{mol} \cdot \text{L}^{-1}$ H_2SO_4 溶液。观察 I_2 的生成，写出反应式。

$$2NO_2^- + 2I^- + 4H^+ \Longrightarrow 2NO\uparrow + I_2\downarrow + 2H_2O$$
$$2NO + O_2 \Longrightarrow 2NO_2$$

③ 还原性

a. 取 1 滴 $0.01 \text{mol} \cdot \text{L}^{-1}$ KMnO_4 溶液于小试管中，加入 2 滴 $0.1 \text{mol} \cdot \text{L}^{-1}$ NaNO_2 溶液，振荡混合后观察现象。再加入 1 滴 $3 \text{mol} \cdot \text{L}^{-1}$ H_2SO_4 溶液。混合后观察现象，写出反应式。

$$2MnO_4^- + 5NO_2^- + 6H^+ \Longrightarrow 2Mn^{2+} + 5NO_3^- + 3H_2O$$

b. 在小试管中依次加入 1 滴 $0.1 \text{mol} \cdot \text{L}^{-1}$ $\text{K}_2\text{Cr}_2\text{O}_7$ 溶液，1 滴 $3 \text{mol} \cdot \text{L}^{-1}$ H_2SO_4 溶液和 1 滴饱和 NaNO_2 溶液，混匀，水浴加热。观察现象，写出反应式。

$$Cr_2O_7^{2-} + 3NO_2^- + 8H^+ \overset{\triangle}{=\!=\!=} 2Cr^{3+} + 3NO_3^- + 4H_2O$$

④ NO_2^- 的鉴定　取 5 滴 $2 \times 10^{-6} \text{mol} \cdot \text{L}^{-1}$ NaNO_2 溶液，2 滴 $6 \text{mol} \cdot \text{L}^{-1}$ HAc 溶液酸化，1 滴 10% 对氨基苯磺酸和 1 滴 1% α-萘胺溶液，混合均匀，放置片刻。观察溶液的颜色，写出反应式。

$$H_2N-\bigcirc\hspace{-0.5em}\bigcirc + H_2N-\bigcirc-SO_3H + NO_2^- + H^+ = H_2N-\bigcirc\hspace{-0.5em}\bigcirc-N\!\!=\!\!N-\bigcirc-SO_3H + 2H_2O$$

α-萘胺偶氮对苯磺酸

（2）硝酸盐的氧化性

向试管中依次加入 5 小片 Al 片，5 滴 $0.5mol \cdot L^{-1}$ $NaNO_3$ 溶液和 1mL $6mol \cdot L^{-1}$ NaOH 溶液，混匀后用酒精灯加热至产生大量气体为止，并用湿的 pH 试纸检验生成气体的酸碱性。

$$8Al + 3NO_3^- + 5OH^- + 18H_2O \xrightarrow{\triangle} 8[Al(OH)_4]^- + 3NH_3 \uparrow$$

（3）硝酸根的检验

试管中加入 1 滴 $0.5mol \cdot L^{-1}$ $NaNO_3$ 溶液，5 滴 $0.5mol \cdot L^{-1}$ $Fe(NH_4)_2(SO_4)_2$ 溶液和 1mL 水，混匀后，斜持试管，沿试管壁小心地缓慢加入 1mL 浓 H_2SO_4。静置片刻（注意：不要摇动！），在两液面交界处出现一棕色环，写出反应式。

$$3Fe^{2+} + NO_3^- + 4H^+ = 3Fe^{3+} + NO + 2H_2O$$

$$Fe^{2+} + NO + SO_4^{2-} = Fe(NO)SO_4$$

Ⅱ. 磷酸盐的性质

（1）磷的含氧酸盐溶液的酸碱性

① 用广泛 pH 试纸测试下列溶液的 pH：$0.1mol \cdot L^{-1}$ Na_3PO_4、$0.1mol \cdot L^{-1}$ Na_2HPO_4 和 $0.1mol \cdot L^{-1}$ NaH_2PO_4 溶液的 pH。

② 分别取 2 滴 $0.1mol \cdot L^{-1}$ Na_3PO_4、$0.1mol \cdot L^{-1}$ Na_2HPO_4 和 $0.1mol \cdot L^{-1}$ NaH_2PO_4 溶液于 3 支离心试管中，各加入 7 滴 $0.1mol \cdot L^{-1}$ $AgNO_3$ 溶液，观察黄色 Ag_3PO_4 沉淀的生成。离心后，再分别用 pH 试纸检测上层清液的酸碱性，前后对比有何变化？试加以解释，写出反应式。

$$3Ag^+ + PO_4^{3-} = Ag_3PO_4 \downarrow$$

$$3Ag^+ + HPO_4^{2-} = Ag_3PO_4 \downarrow + H^+$$

$$3Ag^+ + H_2PO_4^- = Ag_3PO_4 \downarrow + 2H^+$$

Ag^+ 与 PO_4^{3-} 生成难溶 Ag_3PO_4，减少了 Na_3PO_4 的水解，降低了 OH^- 浓度，增加酸式盐溶液中的 H^+ 浓度，引起溶液 pH 下降。

（2）PO_4^{3-} 的鉴定

向装有 1 滴 $0.1mol \cdot L^{-1}$ NaH_2PO_4 溶液中加入 4 滴 $6mol \cdot L^{-1}$ HNO_3 溶液，然后滴加 $0.1mol \cdot L^{-1}$ $(NH_4)_2MoO_4$ 溶液，至产生大量黄色沉淀。写出反应式。

$$PO_4^{3-} + 3NH_4^+ + 12MoO_4^{2-} + 24H^+ = (NH_4)_3PO_4 \cdot 12MoO_3 \cdot 6H_2O \downarrow + 6H_2O$$

Ⅲ. 砷化合物的性质

（1）As_4O_6 的酸碱性

① 试管中加入米粒大小量的 As_4O_6 粉末，再滴加 $2mol \cdot L^{-1}$ NaOH 溶液。

观察现象，写出反应式。

$$As_4O_6 + 12NaOH == 4Na_3AsO_3 + 6H_2O$$

② 米粒大小量的 As_4O_6 粉末，加 0.5mL 浓 HCl 溶液，充分振荡。观察 As_4O_6 溶解情况，再加热。观察现象，写出反应式。

$$As_4O_6 + 12HCl == 4AsCl_3 + 6H_2O$$

(2) As(Ⅲ) 的还原性和 As(Ⅴ) 的氧化性

① 在试管中加入 1 滴 $0.1mol \cdot L^{-1}$ Na_3AsO_4 溶液，再加入 2 滴 $0.1mol \cdot L^{-1}$ KI 溶液和混合，观察是否反应。如无现象，滴加 $6mol \cdot L^{-1}$ HCl 溶液至溶液由无色变为黄色为止。然后向上述溶液中滴加饱和 $NaHCO_3$ 溶液至溶液由黄色褪为无色（或无气泡）为止，写出相关反应式。

$$AsO_4^{3-} + 2I^- + 2H^+ == AsO_3^{3-} + I_2 + H_2O$$
$$AsO_3^{3-} + I_2 + 2OH^- == AsO_4^{3-} + 2I^- + H_2O$$

② 向一支试管中加少许 As_4O_6 后，再加入 $2mol \cdot L^{-1}$ NaOH 溶液至固体粉末消失。取另一支试管，加入 4 滴 $0.1mol \cdot L^{-1}$ $AgNO_3$ 溶液，滴加 $1mol \cdot L^{-1}$ 氨水至生成的沉淀消失为止。将上述两种溶液混合均匀，观察现象（若无明显现象，可稍微加热），写出反应式。

$$AsO_3^{3-} + 2[Ag(NH_3)_2]^+ + 2OH^- == AsO_4^{3-} + 2Ag\downarrow + 4NH_3 + H_2O$$

Ⅳ. 锑(Ⅲ) 的还原性

向 2 滴 $0.1mol \cdot L^{-1}$ $SbCl_3$ 溶液中滴加 $2mol \cdot L^{-1}$ NaOH 溶液至开始生成的沉淀消失。另一支试管中加入 4 滴 $0.1mol \cdot L^{-1}$ $AgNO_3$ 溶液，滴加 $1mol \cdot L^{-1}$ 氨水至生成的沉淀消失为止。将上述两种溶液混合均匀，观察现象（若无明显现象，可稍微加热），写出反应式。

$$Sb^{3+} + 3OH^- == Sb(OH)_3\downarrow$$
$$Sb(OH)_3 + OH^- == [Sb(OH)_4]^-$$
$$[Sb(OH)_4]^- + 2[Ag(NH_3)_2]^+ + 2OH^- == AsO_4^{3-} + 2Ag\downarrow + 4NH_3$$

Ⅴ. 碳、硅

(1) 碳酸盐及其性质

① 水溶液的酸碱性　使用广泛 pH 试纸检测 $0.1mol \cdot L^{-1}$ Na_2CO_3 溶液及 $0.1mol \cdot L^{-1}$ $NaHCO_3$ 溶液的 pH，并解释原因。

② 金属离子与 Na_2CO_3 溶液的反应物　向分别盛有 2 滴 $0.1mol \cdot L^{-1}$ $BaCl_2$ 溶液，2 滴 $0.1mol \cdot L^{-1}$ $CuSO_4$ 溶液，2 滴 $0.1mol \cdot L^{-1}$ $FeCl_3$ 溶液的 3 支离心试管中分别滴加 $0.1mol \cdot L^{-1}$ Na_2CO_3 溶液至大量沉淀析出。观察沉淀颜色，并分别写出反应式。

$$Ba^{2+} + CO_3^{2-} == BaCO_3\downarrow$$
$$2Cu^{2+} + 2CO_3^{2-} + H_2O == Cu_2(OH)_2CO_3\downarrow + CO_2\uparrow$$
$$2Fe^{3+} + 3CO_3^{2-} + 3H_2O == 2Fe(OH)_3\downarrow + 3CO_2\uparrow$$

（2）Na_2SiO_3 的性质

① 检验 20% Na_2SiO_3 溶液溶液的 pH。

② 将 2mL 20% Na_2SiO_3 溶液加热至近沸时，滴加 6mol·L^{-1} HCl 溶液，观察现象，写出反应式。

$$Na_2SiO_3 + 2HCl \xlongequal{\quad} 2NaCl + H_2SiO_3 \downarrow$$

③ 向盛有 1mL 20% Na_2SiO_3 溶液的试管中滴加饱和 NH_4Cl 溶液。观察现象，写出反应式。

$$Na_2SiO_3 + 2NH_4Cl \xlongequal{\quad} 2NaCl + H_2SiO_3 \downarrow + 2NH_3 \uparrow$$

Ⅵ. 锡、铅、铋

（1）Sn(Ⅱ)/(Ⅳ) 和 Pb(Ⅱ) 的氢氧化物的酸碱性

① Sn(OH)$_2$ 的酸碱性　在两支离心试管中各加入 3 滴 0.1mol·L^{-1} $SnCl_2$ 溶液，再分别滴加 2mol·L^{-1} NaOH 溶液至出现白色浑浊。向一份沉淀中滴加 2mol·L^{-1} HCl 溶液至沉淀完全消失；另一份沉淀中滴加 2mol·L^{-1} NaOH 溶液至沉淀完全消失，再加 4 滴，该溶液保留用于本实验Ⅵ-(2)-①-c。写出反应式。

$$Sn^{2+} + 2OH^- \xlongequal{\quad} Sn(OH)_2 \downarrow$$

$$Sn(OH)_2 + 2H^+ \xlongequal{\quad} Sn^{2+} + 2H_2O$$

$$Sn(OH)_2 + 2OH^- \xlongequal{\quad} [Sn(OH)_4]^{2-}$$

Sn(OH)$_2$ 是白色难溶的两性氢氧化物

② Pb(OH)$_2$ 的酸碱性　在两支离心试管中各加入 2 滴 0.1mol·L^{-1} $Pb(NO_3)_2$ 溶液，再分别滴加 2mol·L^{-1} NaOH 溶液至出现白色浑浊。一份沉淀中滴加 2mol·L^{-1} HNO_3 溶液；另一份沉淀中滴加 6mol·L^{-1} NaOH 溶液。观察沉淀是否溶解，写出反应式。

$$Pb^{2+} + 2OH^- \xlongequal{\quad} Pb(OH)_2 \downarrow$$

$$Pb(OH)_2 + 2H^+ \xlongequal{\quad} Pb^{2+} + 2H_2O$$

$$Pb(OH)_2 + OH^- \xlongequal{\quad} [Pb(OH)_3]^-$$

（或写成 $[Pb(OH)_4]^{2-}$，PbO_2^{2-} 无色）

根据上面的实验，对 Sn(OH)$_2$ 和 Pb(OH)$_2$ 的酸碱性作出结论。

③ α-锡酸的制备及其酸碱性　向两支离心试管中各依次加入 2 滴 0.1mol·L^{-1} $SnCl_4$ 溶液，滴加 2mol·L^{-1} NaOH 溶液至出现大量白色沉淀。向一份沉淀中滴加 2mol·L^{-1} NaOH 溶液；另一份沉淀中滴加 2mol·L^{-1} HCl 溶液。振荡，观察反应过程中的实验现象，并写出反应式。

$$Sn^{4+} + 4OH^- \xlongequal{\quad} Sn(OH)_4 \downarrow$$

$$Sn(OH)_4 + 2H^+ \xlongequal{\quad} Sn^{4+} + 2H_2O$$

$$Sn(OH)_4 + 2OH^- \xlongequal{\quad} [Sn(OH)_6]^{2-}$$

④ β-锡酸的制备及酸碱性　在两支离心试管中各加一粒 Sn 粒和 1mL 浓硝酸混合后，水浴加热至锡粒消失，生成白色沉淀为止。然后再各加 1～2mL 水，离

心，倾去溶液，得到 β-锡酸。向一份 β-锡酸中加 6mol·L^{-1} NaOH 溶液 1mL，另一份沉淀中加 6mol·L^{-1} HCl 溶液 1mL。振荡，观察白色 β-锡酸是否溶解，并写出反应式。（白色 β-锡酸的制备在通风橱中进行）

$$Sn+4HNO_3(浓) \xrightarrow{\triangle} SnO_2 \cdot H_2O \downarrow +4NO_2 \uparrow +H_2O$$

（2）Sn(Ⅱ) 的还原性、Pb(Ⅳ) 和 Bi(Ⅴ) 的氧化性

① Sn(Ⅱ) 的还原性

a. 将 3 滴 0.1mol·L^{-1} FeCl$_3$ 溶液在沸水浴中加热 3 min 后，滴加 0.1mol·L^{-1} SnCl$_2$ 溶液。注意溶液颜色的变化，写出反应式。

$$2Fe^{3+}+Sn^{2+} === 2Fe^{2+}+Sn^{4+}$$

$$\left[\varphi^{\ominus}(Fe^{3+}/Fe^{2+})=0.77V, \varphi^{\ominus}(Sn^{4+}/Sn^{2+})=0.15V \right]$$

b. 3 滴 0.1mol·L^{-1} HgCl$_2$ 溶液和 1 滴 6mol·L^{-1} HCl，在沸水浴中加热 3min 后，滴加 0.1mol·L^{-1} SnCl$_2$ 溶液。观察现象，写出反应式。（废水回收）

$$SnCl_2+2HgCl_2 === Hg_2Cl_2 \downarrow +SnCl_4$$

$$SnCl_2+Hg_2Cl_2 === 2Hg \downarrow +SnCl_4$$

c. 在自制的 [Sn(OH)$_4$]$^{2-}$ 溶液中（即本实验 Ⅵ-(1)-① 中 Sn(OH)$_2$ 加 NaOH 溶液得到的溶液）加入 1 滴 0.1mol·L^{-1} Bi(NO$_3$)$_3$ 溶液。若无明显现象，再滴加 6mol·L^{-1} NaOH 溶液至出现大量黑色沉淀。写出反应式。

$$Sn(OH)_2+2H^+ === Sn^{2+}+2H_2O$$

$$Sn(OH)_2+2OH^- === [Sn(OH)_4]^{2-}$$

$$3[Sn(OH)_4]^{2-}+2Bi^{3+}+6OH^- === 3[Sn(OH)_6]^{2-}+2Bi \downarrow$$

此反应可用来鉴定 Sn^{2+} 和 Bi^{3+}。

② PbO$_2$ 的氧化性 取米粒大小量的 PbO$_2$ 固体，再依次加入 2mL 6mol·L^{-1} HNO$_3$ 溶液和 1 滴 0.1mol·L^{-1} MnSO$_4$ 溶液及 1 滴 0.1mol·L^{-1} AgNO$_3$ 溶液，混匀后加热保持微沸 1min，静置片刻，观察溶液的颜色变化，写出反应式。

$$5PbO_2+2Mn^{2+}+4H^+ === 5Pb^{2+}+2MnO_4^-+2H_2O$$

③ Bi(Ⅴ) 的氧化性 米粒大小的 NaBiO$_3$ 与 2mL 6mol·L^{-1} HNO$_3$ 溶液、2 滴 0.1mol·L^{-1} MnSO$_4$ 溶液混合后，稍热静置。观察上层清液的颜色，写出反应式。

$$5BiO_3^-+2Mn^{2+}+14H^+ === 5Bi^{3+}+2MnO_4^-+7H_2O$$

（3）铅的难溶盐

① PbCl$_2$

a. 向离心试管中加入 1 滴 0.1mol·L^{-1} Pb(NO$_3$)$_2$ 溶液和 1 滴 2mol·L^{-1} HCl 溶液，混合后即有白色沉淀 PbCl$_2$ 生成。将所得的白色沉淀连同溶液一起加热至沉淀溶解。把溶液冷却，析出白色沉淀。加水至 1mL，离心分离，弃去清液后，向沉淀中滴加浓 HCl 溶液至沉淀刚好消失，再滴加水至白色物质析出。解释原因，写出反应式。

$$Pb^{2+} + 2Cl^- \Longrightarrow PbCl_2 \downarrow$$

$$PbCl_2 + 2HCl（浓）\Longrightarrow H_2PbCl_4$$

b. 用上述同样方法制备得到 $PbCl_2$ 沉淀后，向沉淀中滴加饱和 NH_4Ac 溶液，观察沉淀是否溶解？

$$PbCl_2 + 3Ac^- \Longrightarrow [Pb(Ac)_3]^- + 2Cl^-$$

$$或\ PbCl_2 + 2NH_4Ac \Longrightarrow Pb(Ac)_2 + 2NH_4Cl$$

② PbI_2

a. 1 滴 $0.1mol \cdot L^{-1} Pb(NO_3)_2$ 溶液和 2 滴 $0.1mol \cdot L^{-1} KI$ 溶液混合后即有黄色沉淀 PbI_2 生成，加入蒸馏水至 1mL，加热至沉淀溶解，再用自来水把溶液冷却至又有黄色沉淀析出，离心，弃去清液。向沉淀中滴加 $2mol \cdot L^{-1} KI$ 溶液至沉淀完全溶解为止。再向溶液中滴加水至橙黄色沉淀析出，解释原因。

$$Pb^{2+} + 2I^- \Longrightarrow PbI_2 \downarrow$$

$$PbI_2 + 2I^- \Longrightarrow PbI_4^{2-}$$

b. 按上述方法制备得到 PbI_2 沉淀后，加入 $1mL\ H_2O$ 离心分离，向沉淀中滴加饱和 NH_4Ac 溶液，观察沉淀是否溶解？

$$PbI_2 + 3Ac^- \Longrightarrow [Pb(Ac)_3]^- + 2I^-$$

$$或\ PbI_2 + 2NH_4Ac \Longrightarrow Pb(Ac)_2 + 2NH_4I$$

③ $PbCrO_4$　向 4 支离心试管中各依次加入 1 滴 $0.1mol \cdot L^{-1} Pb(NO_3)_2$ 溶液，1 滴 $0.1mol \cdot L^{-1} K_2CrO_4$ 溶液和 1mL 水，混匀后反应生成 $PbCrO_4$。离心分离，弃去清液，保留沉淀并向 4 份沉淀中分别滴加 $6mol \cdot L^{-1} HNO_3$ 溶液、浓 HCl 溶液、$6mol \cdot L^{-1} NaOH$ 溶液、饱和 NH_4Ac 溶液。观察沉淀在这些溶液中的溶解情况，写出反应式。

$$Pb^{2+} + CrO_4^{2-} \Longrightarrow PbCrO_4 \downarrow$$

$$2PbCrO_4 + 2H^+ \xrightarrow{HNO_3} 2Pb^{2+} + Cr_2O_7^{2-} + H_2O$$

$$2PbCrO_4 + 2H^+ + 8Cl^- \Longrightarrow 2[PbCl_4]^{2-} + Cr_2O_7^{2-} + H_2O$$

$$PbCrO_4 + 3OH^- \Longrightarrow [Pb(OH)_3]^- + CrO_4^{2-}$$

④ $PbSO_4$　向 4 支离心试管中各依次加入 1mL 水，1 滴 $0.1mol \cdot L^{-1}$ $Pb(NO_3)_2$ 溶液，1 滴 $1mol \cdot L^{-1} Na_2SO_4$ 溶液，即得白色 $PbSO_4$ 沉淀。离心分离，弃去溶液。向 4 份沉淀中分别滴加 0.5mL 浓 HNO_3、浓 H_2SO_4、$6mol \cdot L^{-1}$ NaOH 溶液和饱和 NH_4Ac 溶液。观察实验现象，写出反应式。

$$Pb^{2+} + SO_4^{2-} \Longrightarrow PbSO_4 \downarrow$$

$$PbSO_4 + H^+（浓\ HNO_3）\Longrightarrow Pb^{2+} + HSO_4^-$$

$$PbSO_4 + H_2SO_4（浓）\xrightarrow{\triangle} Pb^{2+} + 2HSO_4^-$$

$$PbSO_4 + 3OH^- \Longrightarrow [Pb(OH)_3]^- + SO_4^{2-}$$

$$PbSO_4 + 3Ac^- \Longrightarrow [Pb(Ac)_3]^- + SO_4^{2-}$$

【思考题】

（1）使用浓硝酸和硝酸盐时应注意哪些安全问题？

（2）浓硝酸和稀硝酸与金属、非金属及一些还原性化合物反应，N（V）的主要还原产物是什么？

（3）反应体系酸化时，常用的酸有哪些？用的较多的是哪种酸？为什么？

（4）已知 H_3PO_4、NaH_2PO_4、Na_2HPO_4、Na_3PO_4 4 种溶液的浓度相同，但它们依次分别显酸性、弱酸性、弱碱性、碱性，试从平衡角度解释之。

（5）实验室中为什么可以用磨砂口玻璃器皿储存酸溶液而不能用来储存碱溶液？为什么盛过水玻璃或 Na_2SiO_3 溶液的容器在试验后必须立即洗净？

（6）如何区分 Na_2CO_3、Na_2SiO_3、$Na_2B_4O_7$？

（7）能够使用二氧化碳灭火器扑灭金属镁的火焰吗？为什么？

（8）实验室中如何配制 $SnCl_2$ 溶液？为什么？

（9）如何鉴别 $SnCl_4$ 和 $SnCl_2$？如何分离 PbS 和 SnS？

【安全环保知识】

（1）除 N_2O 外，所有氮的氧化物都有毒。其中尤以 NO_2 为甚，其允许含量为每升空气中不得超过 0.005mg。NO_2 中毒尚无特效药物治疗，一般是输入氧气以帮助呼吸和血液循环。由于 HNO_3 的分解产物或还原产物多为氮的氧化物，因此涉及 HNO_3 的反应均应在通风橱内进行；氮的氧化物实验也必须在通风橱中进行。

（2）白磷是一种有毒和易燃的物质，与皮肤接触会引起剧痛和难以恢复的灼伤。因此在使用时必须注意安全并切实遵守实验规则。白磷应保存在水中，切割时应在水面下操作，并用镊子夹取。使用过的白磷残渣切勿倒入水槽，应集聚在一起放在石棉网上烧掉。扑灭引燃的白磷火焰时，可用沙子或水扑灭。若皮肤灼伤，一般用 5% 的 $CuSO_4$ 溶液或 $KMnO_4$ 溶液清洗，然后进行包扎。

（3）可溶性汞盐有毒，不能接触口腔及伤口；汞、汞盐、锡、铅、铬、铋等化合物的废液必须倒入回收桶。

实验 6.3 s 区 元 素

【实验目的】

（1）比较碱金属、碱土金属的活泼性；

（2）比较碱土金属氢氧化物溶解度；

（3）试验锂、钠、钾的微溶盐；

（4）比较锂、镁盐的相似性；

（5）试验碱土金属难溶盐在某些试剂中的溶解性。

【实验预习】

查出本实验中有关的难溶盐及氢氧化物的溶度积常数。

【仪器和药品】

蒸发皿，烧杯，试管，离心试管，离心机，量筒，漏斗，镊子，砂纸，滤纸，酒精灯，脱脂棉。

钾，钠，钙，镁条，酒精，浓硝酸，$KMnO_4$（$0.01mol \cdot L^{-1}$），NaOH[$2mol \cdot L^{-1}$（新制）]，Na_2CO_3（$1mol \cdot L^{-1}$，$0.5mol \cdot L^{-1}$），$NaHCO_3$（$0.5mol \cdot L^{-1}$），$NH_3 \cdot H_2O$[$2mol \cdot L^{-1}$（新制）]，NH_4Cl（饱和），$K[Sb(OH)_6]$（饱和），$NaHC_4H_4O_6$（饱和），K_2CrO_4（$0.5mol \cdot L^{-1}$），$(NH_4)_2C_2O_4$（饱和），$(NH_4)_2SO_4$（饱和），HAc（$6mol \cdot L^{-1}$，$2mol \cdot L^{-1}$），H_2SO_4（$3mol \cdot L^{-1}$，$1mol \cdot L^{-1}$），HCl（$2mol \cdot L^{-1}$），Na_2HPO_4（$0.5mol \cdot L^{-1}$），Na_3PO_4（$0.5mol \cdot L^{-1}$），酚酞，pH试纸。

LiCl，NaCl，KCl，CsCl，NaF，$CaCl_2$，$SrCl_2$，$BaCl_2$，$MgCl_2$（以上溶液中，碱金属盐溶液的浓度为$1mol \cdot L^{-1}$，碱土金属盐溶液的浓度为$0.5mol \cdot L^{-1}$）。

【实验内容】

Ⅰ. 碱金属、碱土金属活泼性的比较

（1）燃烧反应

① 金属钠的燃烧　用镊子夹取一小块金属钠，用滤纸吸干表面的煤油，立即放在蒸发皿中，加热至金属钠开始燃烧时即停止加热。钠继续燃烧，观察反应所得固体的颜色，写出反应式。产物冷却至室温，加入2mL蒸馏水使其溶解，冷却，观察有无气体放出，检验溶液pH。然后以$3mol \cdot L^{-1}$ H_2SO_4溶液酸化后再加入1滴$0.01mol \cdot L^{-1}$ $KMnO_4$溶液。观察现象，写出反应式。

$$2Na + O_2 == Na_2O_2$$

$$Na_2O_2 + 2H_2O == 2NaOH + H_2O_2$$

$$5H_2O_2 + 2MnO_4^- + 6H^+ == 2Mn^{2+} + 5O_2 \uparrow + 8H_2O$$

注意：除Be外，所有s区金属都能形成过氧化物。在空气中燃烧，Li、Be、Mg、Ca、Sr生成普通的氧化物；Na和Ba生成过氧化物；K、Rb、Cs生成超氧化物。

② 镁条的燃烧　取一小段金属镁条，用酒精灯点燃镁条。观察现象，写出反应式。

$$2Mg + O_2 \xrightarrow{\text{点燃}} 2MgO$$

$$3Mg + N_2 \xrightarrow{\text{点燃}} Mg_3N_2$$

$$2Mg + CO_2 \xrightarrow{\triangle} 2MgO + C$$

（2）与水作用

① 钾、钠与水的作用　用镊子分别取一小块金属钠及金属钾，用滤纸吸干表面煤油后放入两个盛有30mL水的小烧杯中，并用合适大小的漏斗盖好。观察现象，检验反应后溶液的酸碱性，写出反应式。

$$2Na + 2H_2O \rule[0.5ex]{2em}{0.4pt} 2NaOH + H_2 \uparrow$$

$$2K + 2H_2O \rule[0.5ex]{2em}{0.4pt} 2KOH + H_2 \uparrow$$

② 钙与水的作用 取一小块金属钙置于试管中，加入 2mL 水，观察现象。检验水溶液的酸碱性，写出反应式。

$$2Ca + 2H_2O \rule[0.5ex]{2em}{0.4pt} 2Ca(OH)_2 \downarrow + H_2 \uparrow$$

③ 镁与水的作用 取一小段镁条，除去表面氧化膜后（用稀盐酸处理），投入盛有 2mL 冷水的试管中，并加入酚酞试剂，观察有无反应发生？若不反应，加热。观察反应是否进行，写出反应式。

$$2Mg + H_2O \rule[0.5ex]{2em}{0.4pt} Mg(OH)_2 \downarrow + H_2 \uparrow$$

根据以上反应，总结碱金属，碱土金属的活泼性。

Ⅱ. 碱土金属氢氧化物溶解性比较

(1) 氢氧化镁的性质

取 3 支离心试管各加 3 滴 0.5mol·L^{-1} MgCl$_2$ 溶液和 2 滴新配的 2mol·L^{-1} NH$_3$·H$_2$O 溶液，观察反应现象。

$$Mg^{2+} + 2OH^- \rule[0.5ex]{2em}{0.4pt} Mg(OH)_2 \downarrow$$

向上述 3 份混合溶液中分别滴加饱和 NH$_4$Cl 溶液，2mol·L^{-1} HCl 溶液，2mol·L^{-1} NaOH 溶液。观察沉淀是否溶解，并写出相关反应式。

$$Mg(OH)_2 + 2NH_4^+ \rule[0.5ex]{2em}{0.4pt} Mg^{2+} + 2NH_3·H_2O$$

$$Mg(OH)_2 + 2H^+ \rule[0.5ex]{2em}{0.4pt} Mg^{2+} + 2H_2O$$

(2) 碱土金属氢氧化物的溶解度比较

① 3 支离心试管中分别加入 2 滴 0.5mol·L^{-1} MgCl$_2$、0.5mol·L^{-1} CaCl$_2$、0.5mol·L^{-1} BaCl$_2$ 溶液后，各加入 5 滴新配制的 2mol·L^{-1} NaOH 溶液。观察现象，写出反应式。

② 3 支离心试管中分别加入 2 滴 0.5mol·L^{-1} MgCl$_2$、0.5mol·L^{-1} CaCl$_2$、0.5mol·L^{-1} BaCl$_2$ 溶液后，各加入 2 滴新配制的 2mol·L^{-1} NH$_3$·H$_2$O 溶液。观察现象，写出反应式。

$$Mg^{2+} + 2OH^- \rule[0.5ex]{2em}{0.4pt} Mg(OH)_2 \downarrow$$

$$Ca^{2+} + 2OH^- \rule[0.5ex]{2em}{0.4pt} Ca(OH)_2 (浑浊)$$

根据上述实验现象，比较氢氧化物溶解度的大小。

Ⅲ. 碱金属微溶盐及碱土金属的难溶盐

(1) 碱金属微溶盐

① 锂盐

a. LiF 试管中加入 4 滴 1mol·L^{-1} LiCl 溶液和 4 滴 1mol·L^{-1} NaF 溶液，混匀后微热。观察实验现象，写出反应式。

$$Li^+ + F^- \rule[0.5ex]{2em}{0.4pt} LiF \downarrow$$

b. Li$_2$CO$_3$ 试管中加入 4 滴 1mol·L^{-1} LiCl 溶液和 4 滴 1mol·L^{-1}

Na_2CO_3 溶液，混匀后微热。观察实验现象，写出反应式。

$$2Li^+ + CO_3^{2-} === Li_2CO_3 \downarrow$$

c. Li_3PO_4　试管中加入 4 滴 $1mol \cdot L^{-1}$ LiCl 溶液及 4 滴 $0.5mol \cdot L^{-1}$ Na_3PO_4 溶液，混匀后微热。观察实验现象，写出反应式。

$$3Li^+ + PO_4^{3-} === Li_3PO_4 \downarrow$$

② 钠盐 $Na[Sb(OH)_6]$　于 5 滴 $1mol \cdot L^{-1}$ NaCl 溶液中加入 5 滴饱和 $K[Sb(OH)_6]$ 溶液，放置数分钟。如无晶体析出，可用玻璃棒摩擦试管内壁。观察现象，写出反应式。

$$Na^+ + [Sb(OH)_6]^- === Na[Sb(OH)_6] \downarrow$$

③ 钾盐 $KHC_4H_4O_6$　于 5 滴 $1mol \cdot L^{-1}$ KCl 溶液中加入 5 滴饱和酒石酸氢钠（$NaHC_4H_4O_6$）溶液。振荡片刻后观察 $KHC_4H_4O_6$ 晶体的析出，写出反应式。

$$K^+ + [HC_4H_4O_6]^- === KHC_4H_4O_6 \downarrow$$

（2）碱土金属难溶盐

① 碳酸盐

a. 两支离心试管中分别加入 2 滴 $0.5mol \cdot L^{-1}$ $MgCl_2$ 溶液，2 滴 $0.5mol \cdot L^{-1}$ $NaHCO_3$ 溶液，混匀后水浴加热 2min，观察实验现象。然后分别与 $2mol \cdot L^{-1}$ HAc 溶液及 $2mol \cdot L^{-1}$ HCl 溶液作用，观察沉淀是否溶解。

$$Mg^{2+} + 2HCO_3^- === MgCO_3 \downarrow + H_2O + CO_2 \uparrow$$
$$MgCO_3 + 2H^+ === Mg^{2+} + H_2O + CO_2 \uparrow$$

b. 按上述操作和用量，以 $0.5mol \cdot L^{-1}$ Na_2CO_3 溶液代替 $0.5mol \cdot L^{-1}$ $NaHCO_3$ 溶液，分别与两份 $0.5mol \cdot L^{-1}$ $CaCl_2$、两份 $0.5mol \cdot L^{-1}$ $BaCl_2$、两份 $0.5mol \cdot L^{-1}$ $SrCl_2$ 溶液反应制备相应的沉淀，并试验它们在 $2mol \cdot L^{-1}$ HAc 溶液及 $2mol \cdot L^{-1}$ HCl 溶液中的溶解性。

c. 3 支离心试管中分别加入 2 滴 $0.5mol \cdot L^{-1}$ $MgCl_2$、$0.5mol \cdot L^{-1}$ $CaCl_2$、$0.5mol \cdot L^{-1}$ $BaCl_2$ 溶液，然后分别在每支试管中加 1 滴 $2mol \cdot L^{-1}$ $NH_3 \cdot H_2O$ 和 1 滴饱和 NH_4Cl 溶液。混匀后，再向每支试管中加入 1 滴 $0.5mol \cdot L^{-1}$ Na_2CO_3 溶液。振荡 3 支试管，对比并观察实验现象，写出相应的反应式。

在 NH_4Cl-$NH_3 \cdot H_2O$ 缓冲体系中，OH^- 浓度很低，不能生成 $M(OH)_2$ 沉淀，可生成 MCO_3（M=Ca，Ba）。过量的 CO_3^{2-} 与 $MgCO_3$ 生成 $[Mg(CO_3)_2]^{2-}$。

② 草酸盐　3 支离心试管中各加 2 滴 $0.5mol \cdot L^{-1}$ $MgCl_2$ 和 2 滴饱和 $(NH_4)_2C_2O_4$ 溶液，沸水浴加热析出沉淀后加 1mL 蒸馏水混匀后，离心。沉淀用 1mL 蒸馏水洗涤。向第 1 份沉淀中加 1mL $2mol \cdot L^{-1}$ HAc 溶液，振荡，观察沉淀是否溶解；向第 2 份沉淀中加 1mL $6mol \cdot L^{-1}$ HAc 溶液，振荡，观察沉淀是否溶解；向第 3 份沉淀中加入 0.5mL $2mol \cdot L^{-1}$ HCl 溶液，观察沉淀是否溶解。

然后分别用 $0.5mol \cdot L^{-1}$ $CaCl_2$、$0.5mol \cdot L^{-1}$ $BaCl_2$、$0.5mol \cdot L^{-1}$ $SrCl_2$ 溶液代替 $MgCl_2$ 重复上述实验，并记录实验现象。

MgC_2O_4：在热的 $2mol \cdot L^{-1}$ HCl 溶液中溶解，在 HAc 溶液中不溶。

CaC_2O_4：在 $2mol \cdot L^{-1}$ HCl 溶液中溶解，在 HAc 溶液中不溶。

SrC_2O_4：在 $2mol \cdot L^{-1}$ HCl 溶液中溶解，微溶于 $6mol \cdot L^{-1}$ HAc 溶液。

BaC_2O_4：在 $2mol \cdot L^{-1}$ HCl 溶液中溶解，在 $2mol \cdot L^{-1}$ HAc 溶液中不溶，溶于 $6mol \cdot L^{-1}$ HAc 溶液。

$$MC_2O_4 + H^+ \Longrightarrow M^{2+} + HC_2O_4^-$$

③ 铬酸盐　分别向盛有 2 滴 $0.5mol \cdot L^{-1}$ $MgCl_2$、$0.5mol \cdot L^{-1}$ $CaCl_2$、$0.5mol \cdot L^{-1}$ $SrCl_2$、$0.5mol \cdot L^{-1}$ $BaCl_2$ 溶液的试管中滴加 $0.5mol \cdot L^{-1}$ K_2CrO_4 溶液，观察是否有沉淀生成？若有沉淀生成，则再制备一份，并将两份沉淀经离心分离后分别滴加 $2mol \cdot L^{-1}$ HAc 溶液及 $2mol \cdot L^{-1}$ HCl 溶液。观察现象，写出反应式。

$MgCrO_4$：易溶。

$CaCrO_4$：在 $2mol \cdot L^{-1}$ HAc 溶液及 $2mol \cdot L^{-1}$ HCl 溶液中均溶解。

$SrCrO_4$：在 $2mol \cdot L^{-1}$ HAc 溶液及 $2mol \cdot L^{-1}$ HCl 溶液中均溶解。

$BaCrO_4$：在 $2mol \cdot L^{-1}$ HCl 溶液中溶解，在 $2mol \cdot L^{-1}$ HAc 溶液中不溶（$PbCrO_4$，Ag_2CrO_4，$HgCrO_4$ 相似）。

$$2MCrO_4 + 2H^+ \Longrightarrow 2M^{2+} + Cr_2O_7^{2-} + H_2O$$

④ 硫酸盐　分别向盛有 2 滴 $0.5mol \cdot L^{-1}$ $MgCl_2$、$0.5mol \cdot L^{-1}$ $CaCl_2$、$0.5mol \cdot L^{-1}$ $SrCl_2$、$0.5mol \cdot L^{-1}$ $BaCl_2$ 溶液的试管中滴加 2 滴 $1mol \cdot L^{-1}$ H_2SO_4 溶液，观察是否有沉淀生成？若有沉淀生成，则再制备一份。将两份沉淀经离心分离后分别滴加浓硝酸和饱和 $(NH_4)_2SO_4$ 溶液。观察沉淀溶解情况，解释原因，写出反应式并比较硫酸盐溶解度大小。

$$2CaSO_4 + 2HNO_3 (浓) \Longrightarrow Ca(HSO_4)_2 + Ca(NO_3)_2$$

$$CaSO_4 + SO_4^{2-} \Longrightarrow [Ca(SO_4)_2]^{2-}$$

⑤ 磷酸镁铵的生成　于 2 滴 $0.5mol \cdot L^{-1}$ $MgCl_2$ 溶液中依次加入 1 滴 $2mol \cdot L^{-1}$ 盐酸，1 滴 $0.5mol \cdot L^{-1}$ Na_2HPO_4 溶液后，再滴加 $2mol \cdot L^{-1}$ $NH_3 \cdot H_2O$ 溶液。振荡试管，观察现象，写出反应式。

$$Mg^{2+} + HPO_4^{2-} + NH_3 \Longrightarrow MgNH_4PO_4 \downarrow \ (K_{sp} = 2.5 \times 10^{-13})$$

Ⅳ. 锂盐、镁盐的相似性

(1) 氟化物

分别向装有 5 滴 $1mol \cdot L^{-1}$ LiCl、2 滴 $0.5mol \cdot L^{-1}$ $MgCl_2$ 溶液的试管中滴加 5 滴 $1mol \cdot L^{-1}$ NaF 溶液。观察现象，写出反应式。

(2) 碳酸盐

3 滴 $1mol \cdot L^{-1}$ LiCl 溶液与 3 滴 $0.5mol \cdot L^{-1}$ Na_2CO_3 溶液作用（必要时，需微热）及 3 滴 $0.5mol \cdot L^{-1}$ $MgCl_2$ 溶液与 3 滴 $0.5mol \cdot L^{-1}$ $NaHCO_3$ 溶液作用各有什么现象？写出反应式。

$$2Li^+ + CO_3^{2-} \Longrightarrow Li_2CO_3 \downarrow$$

$$Mg^{2+} + 2HCO_3^- + H_2O \Longrightarrow MgCO_3 + CO_2 \uparrow + H_2O$$

（3）磷酸盐

3 滴 $1mol \cdot L^{-1}$ LiCl 溶液与 2 滴 $0.5mol \cdot L^{-1}$ Na_3PO_4 溶液作用（必要时，需微热）及 3 滴 $0.5mol \cdot L^{-1}$ $MgCl_2$ 溶液与 3 滴 $0.5mol \cdot L^{-1}$ Na_2HPO_4 溶液作用各有什么现象？写出反应式。

$$3Mg^{2+} + 2HPO_4^{2-} \Longrightarrow Mg_3(PO_4)_2 \downarrow + 2H^+$$

由以上实验说明锂、镁盐的相似性并给予解释。

Ⅴ. 碱金属、碱土金属的焰色反应

（1）原理

物质加热时，原子中电子被激发，电子由较高能级降到较低能级并发射出波长一定的光。各元素原子有各自的电子结构，有自己特征的发射光。碱金属、碱土金属及其盐的发射光在可见光波长范围内，并有特定焰色。

（2）操作

一小团脱脂棉上滴加酒精润湿，再滴加 2 滴 $1mol \cdot L^{-1}$ 碱金属（或 $0.5mol \cdot L^{-1}$ 碱土金属）氯化物溶液，点燃脱脂棉，就能观察到该金属相应的特征焰色。每一种盐需另取一团脱脂棉。焰色反应呈现的颜色填入表 6-1。

表 6-1　焰色反应

金属盐溶液	LiCl	NaCl	KCl	CsCl	CaCl₂	SrCl₂	BaCl₂
焰色							

【注意事项】

金属钾、钠通常应保存在煤油中，放在阴凉处。使用时，应在煤油中切割成小块，用镊子夹取，再用滤纸吸干其表面煤油，切勿与皮肤接触。未用完的金属碎屑不能乱丢，可加少量酒精，令其缓慢分解。

【思考题】

（1）为什么在实验中比较 $Mg(OH)_2$、$Ca(OH)_2$、$Ba(OH)_2$ 的溶解度时所用的 NaOH 溶液必须是新配制的？如何配制不含 CO_3^{2-} 的 NaOH 溶液？

（2）如何分离 Ca^{2+}、Ba^{2+}？是否可选用硫酸分离 Ca^{2+}、Ba^{2+}？为什么？

（3）如何分离 Ca^{2+}、Mg^{2+}？$Mg(OH)_2$ 与 $MgCO_3$ 为什么都可以溶于饱和 NH_4Cl 溶液？

实验 6.4　ds 区元素

【实验目的】

（1）掌握铜、银、锌、镉、汞的氧化物或氢氧化物的酸碱性；

（2）掌握铜、银、锌、镉、汞的金属离子形成配合物的特征以及铜和汞的氧化态变化。

【实验预习】

（1）铜副族元素化合物的性质；

（2）锌副族元素化合物的性质。

【仪器和药品】

烧杯（250mL），离心机，离心试管，试管。

铜粉，$CuCl_2$（1.0mol·L^{-1}，s），KBr（0.1mol·L^{-1}，s），NaCl（0.1mol·L^{-1}，s），$Na_2S_2O_3$（0.1mol·L^{-1}），葡萄糖水（10%），H_2SO_4（6mol·L^{-1}，3mol·L^{-1}），HCl（6mol·L^{-1}，浓），HNO_3（2mol·L^{-1}），NH_4Cl（0.1mol·L^{-1}），$NH_3·H_2O$（6mol·L^{-1}，2mol·L^{-1}，1mol·L^{-1}，浓），NaOH〔6mol·L^{-1}，2mol·L^{-1}（新配制）〕，$CuSO_4$（0.1mol·L^{-1}），$ZnSO_4$（0.1mol·L^{-1}），$CdSO_4$（0.1mol·L^{-1}），$CoCl_2$（0.1mol·L^{-1}），$AgNO_3$（0.1mol·L^{-1}），$Hg(NO_3)_2$（0.1mol·L^{-1}），KI（0.1mol·L^{-1}），$HgCl_2$（0.1mol·L^{-1}），KSCN（0.1mol·L^{-1}），HAc（6mol·L^{-1}），$K_4[Fe(CN)_6]$（0.1mol·L^{-1}），淀粉溶液（0.2%）。

【实验内容】

Ⅰ.氢氧化物的制备和性质

（1）$Cu(OH)_2$ 的制备和性质

① $Cu(OH)_2$ 的制备　在 3 支离心试管中各加入 2 滴 0.1mol·L^{-1} $CuSO_4$ 溶液和 2 滴 2mol·L^{-1} NaOH 溶液。观察产物的颜色和状态，写出反应式。

$$2Cu^{2+}+2OH^-+SO_4^{2-} \longrightarrow Cu_2(OH)_2SO_4 \downarrow$$
$$Cu_2(OH)_2SO_4+2OH^- \longrightarrow 2Cu(OH)_2 \downarrow +SO_4^{2-}$$

② $Cu(OH)_2$ 的性质

a. $Cu(OH)_2$ 的碱性　向第 1 份沉淀中加入 2 滴 3mol·L^{-1} H_2SO_4 溶液，振荡，观察沉淀是否溶解。

b. $Cu(OH)_2$ 的弱酸性　向第 2 份沉淀中加入 4～5 滴 6mol·L^{-1} NaOH 溶液，振荡，观察沉淀是否溶解。

c. $Cu(OH)_2$ 受热分解　将第 3 份沉淀水浴加热。观察有何变化，写出反应式。

$$Cu(OH)_2+2H^+ \longrightarrow Cu^{2+}+2H_2O$$
$$Cu(OH)_2+2OH^- \longrightarrow [Cu(OH)_4]^{2-}$$
$$Cu(OH)_2 \stackrel{\triangle}{\longrightarrow} CuO+H_2O$$

（2）Ag_2O 的制备和性质

① Ag_2O 的制备　在两支离心试管中各依次加入 2 滴 0.1mol·L^{-1} $AgNO_3$ 溶液和 1 滴新配制的 2mol·L^{-1} NaOH 溶液。观察 Ag_2O 的颜色和状态，写出

反应式。

$$2Ag^+ + 2OH^- \Longrightarrow Ag_2O\downarrow + H_2O$$

② Ag_2O 的酸碱性　将上述两份沉淀中分别滴加 2 滴 $2mol \cdot L^{-1}$ HNO_3 和 5 滴 $6mol \cdot L^{-1}$ NaOH 溶液。观察其溶解情况，写出反应式。

$$Ag_2O + 2HNO_3 \Longrightarrow 2Ag^+ + 2NO_3^- + H_2O$$

(3) $Zn(OH)_2$ 的制备和性质

① $Zn(OH)_2$ 的制备　在两支离心试管中分别加入 0.5mL $0.1mol \cdot L^{-1}$ $ZnSO_4$ 溶液后，各加入 1 滴 $2mol \cdot L^{-1}$ NaOH 溶液，有白色沉淀生成。写出反应式。

$$Zn^{2+} + 2OH^- \Longrightarrow Zn(OH)_2\downarrow$$

② $Zn(OH)_2$ 的酸碱性　向上述两份沉淀中分别滴加 $3mol \cdot L^{-1}$ H_2SO_4 和 $2mol \cdot L^{-1}$ NaOH 溶液。观察沉淀是否溶解，写出反应式。

$$Zn(OH)_2 + 2H^+ \Longrightarrow Zn^{2+} + 2H_2O$$

$$Zn(OH)_2 + 2OH^- \Longrightarrow [Zn(OH)_4]^{2-}$$

(4) $Cd(OH)_2$ 的制备和性质

① $Cd(OH)_2$ 的制备　在两支小试管中分别加入 1 滴 $0.1mol \cdot L^{-1}$ $CdSO_4$ 溶液和 1 滴 $2mol \cdot L^{-1}$ NaOH 溶液。观察 $Cd(OH)_2$ 沉淀的生成，写出反应式。

$$Cd^{2+} + 2OH^- \Longrightarrow Cd(OH)_2\downarrow$$

② $Cd(OH)_2$ 的酸碱性　向上述两份沉淀中分别滴加 3 滴 $3mol \cdot L^{-1}$ H_2SO_4 和 5 滴 $6mol \cdot L^{-1}$ NaOH 溶液。观察沉淀是否溶解，写出反应式。

$$Cd(OH)_2 + 2H^+ \Longrightarrow Cd^{2+} + 2H_2O$$

(5) HgO 的制备和性质

① HgO 的制备　向盛有 1 滴 $0.1mol \cdot L^{-1}$ $Hg(NO_3)_2$ 溶液的两支离心试管中加入 1 滴新配制的 $2mol \cdot L^{-1}$ NaOH 溶液。观察氧化汞的颜色和状态，写出反应式。

$$Hg^{2+} + 2OH^- \Longrightarrow HgO\downarrow + H_2O$$

② HgO 的碱性　向上述两份沉淀中，分别滴加 $2mol \cdot L^{-1}$ HNO_3 和 5 滴 $6mol \cdot L^{-1}$ NaOH 溶液。观察沉淀是否溶解，写出反应式。

$$HgO + 2H^+ \Longrightarrow Hg^{2+} + H_2O$$

Ⅱ. 配合物的制备和性质

(1) 氨配合物（铜、银、锌、镉、汞盐的水溶液与氨水的反应）

① 向 1 滴 $2mol \cdot L^{-1}$ $NH_3 \cdot H_2O$ 溶液中滴加 $0.1mol \cdot L^{-1}$ $CuSO_4$ 溶液至大量淡蓝色沉淀生成为止，然后再向沉淀中滴加 $2mol \cdot L^{-1}$ $NH_3 \cdot H_2O$ 溶液至沉淀消失并得到深蓝色溶液。写出反应式。

$$2Cu^{2+} + SO_4^{2-} + 2NH_3 \cdot H_2O \Longrightarrow Cu_2(OH)_2SO_4\downarrow + 2NH_4^+$$

$$Cu_2(OH)_2SO_4 + 2NH_4^+ + 6NH_3 \cdot H_2O \Longrightarrow 2[Cu(NH_3)_4]^{2+} + SO_4^{2-} + 8H_2O$$

② 向 1 滴 2mol·L^{-1} NH$_3$·H$_2$O 溶液中滴加 0.1mol·L^{-1} AgNO$_3$ 溶液至大量棕色沉淀生成为止，然后再向沉淀中滴加 2mol·L^{-1} NH$_3$·H$_2$O 溶液至沉淀消失并得到无色溶液。写出反应式。

$$2Ag^+ + 2NH_3·H_2O == Ag_2O\downarrow + 2NH_4^+ + H_2O$$
$$Ag_2O + 4NH_3·H_2O == 2[Ag(NH_3)_2]^+ + 2OH^- + 3H_2O$$

③ 向 3 滴 0.1mol·L^{-1} ZnSO$_4$ 溶液中，滴加 2mol·L^{-1} NH$_3$·H$_2$O 溶液。观察沉淀的生成与溶解，写出反应式。

④ 向 2 滴 0.1mol·L^{-1} CdSO$_4$ 溶液中，滴加 2mol·L^{-1} NH$_3$·H$_2$O 溶液。观察沉淀的生成与溶解，写出反应式。

$$M^{2+} + 2NH_3·H_2O == M(OH)_2\downarrow + 2NH_4^+ \quad (M=Zn、Cd)$$
$$M(OH)_2 + 4NH_3·H_2O == [M(NH_3)_4]^{2+} + 2OH^- + 4H_2O \quad (M=Zn、Cd)$$

⑤ 向 1 滴 0.1mol·L^{-1} HgCl$_2$ 溶液中，滴加 2mol·L^{-1} NH$_3$·H$_2$O 溶液。观察生成沉淀的颜色，沉淀是否溶解，写出反应式。

$$HgCl_2 + 2NH_3·H_2O == HgNH_2Cl\downarrow + NH_4Cl + 2H_2O$$

(2) 其它配合物

① 银的配合物

a. 银的配合物与卤化银沉淀的关系　取 2 滴 0.1mol·L^{-1} AgNO$_3$ 溶液与 2 滴 0.1mol·L^{-1} NaCl 溶液混合，得白色沉淀。向沉淀中滴加 2mol·L^{-1} NH$_3$·H$_2$O 溶液至沉淀刚好完全溶解。再向该溶液中加入 2 滴 0.1mol·L^{-1} KBr 溶液，观察又有何变化。离心分离，向沉淀中滴加 0.1mol·L^{-1} Na$_2$S$_2$O$_3$ 溶液。观察沉淀是否溶解。最后再向溶液中加 2 滴 0.1mol·L^{-1} KI 溶液，又有何变化?

通过以上实验，比较 AgCl、AgBr、AgI 三者溶解度的大小和配合物 [Ag(NH$_3$)$_2$]$^+$、[Ag(S$_2$O$_3$)$_2$]$^{3-}$ 的稳定性的大小，并写出有关反应式。

$$Ag^+ + Cl^- == AgCl\downarrow$$
$$AgCl + 2NH_3 == [Ag(NH_3)_2]^+ + Cl^-$$
$$[Ag(NH_3)_2]^+ + Br^- == AgBr\downarrow + 2NH_3$$
$$AgBr + 2S_2O_3^{2-} == [Ag(S_2O_3)_2]^{3-} + Br^-$$
$$[Ag(S_2O_3)_2]^{3-} + I^- == AgI\downarrow + 2S_2O_3^{2-}$$

b. 银镜的制做　向洁净的试管中加入 1mL 0.1mol·L^{-1} AgNO$_3$ 溶液，滴加 2mol·L^{-1} NH$_3$·H$_2$O 溶液至生成的氧化银沉淀刚好溶解时再多加 2 滴 NH$_3$·H$_2$O 溶液，然后加入 3 滴 10% 葡萄糖溶液，充分混匀后，在水浴中（60～70℃）静置加热。观察试管壁上有何变化，写出反应式。

$$2Ag(NH_3)_2^+ + C_5H_{11}O_5CHO + 2OH^- \xrightarrow{\triangle}$$
$$2Ag\downarrow + C_5H_{11}O_5COO^- + NH_4^+ + 3NH_3 + H_2O$$

c. Ag⁺ 的鉴定　往 2 滴 0.1mol·L⁻¹ AgNO₃ 溶液中加入 2 滴 0.1mol·L⁻¹ NaCl 溶液生成白色沉淀；再滴加 2mol·L⁻¹ NH₃·H₂O 溶液至沉淀刚好溶解。用 2mol·L⁻¹ HNO₃ 溶液将其酸化，又生成白色沉淀。写出反应式。

$$Ag^+ + Cl^- === AgCl\downarrow$$

$$AgCl + 2NH_3 === [Ag(NH_3)_2]^+ + Cl^-$$

$$[Ag(NH_3)_2]^+ + Cl^- === AgCl\downarrow + 2NH_3$$

② 汞的配合物及应用

a. 奈斯特试剂的制备及应用　向 1 滴 0.1mol·L⁻¹ Hg(NO₃)₂ 溶液中滴加 0.1mol·L⁻¹ KI 溶液，直至生成的沉淀又溶解；然后在溶液中加入 6 滴 6mol·L⁻¹ NaOH 溶液至碱性得奈斯特试剂。

向该试剂中加入 3 滴 0.1mol·L⁻¹ NH₄Cl 溶液，观察现象（该反应常用以检查 NH₄⁺），写出反应式。

$$Hg^{2+} + 2I^- === HgI_2\downarrow$$

$$HgI_2 + 2I^- === [HgI_4]^{2-}$$

$$NH_4^+ + 2[HgI_4]^{2-} + 4OH^- === \left[O \begin{smallmatrix} Hg \\ \\ Hg \end{smallmatrix} NH_2 \right] I\downarrow + 7I^- + 3H_2O$$

b. 汞的硫氰化物

（ⅰ）向 2 滴 0.1mol·L⁻¹ Hg(NO₃)₂ 溶液中分别滴加 0.1mol·L⁻¹ KSCN 溶液至生成的沉淀刚好溶解，分成两份。

$$Hg^{2+} + 2SCN^- === Hg(SCN)_2\downarrow$$

$$Hg(SCN)_2 + 2SCN^- === [Hg(SCN)_4]^{2-}$$

（ⅱ）向上述两份溶液中分别加入 5 滴 0.1mol·L⁻¹ ZnSO₄ 和 0.1mol·L⁻¹ CoCl₂ 溶液，振荡。观察有什么现象（该反应可定性检验 Zn²⁺ 和 Co²⁺），写出反应式。

$$[Hg(SCN)_4]^{2-} + Zn^{2+} === Zn[Hg(SCN)_4]\downarrow$$

$$[Hg(SCN)_4]^{2-} + Co^{2+} === Co[Hg(SCN)_4]\downarrow$$

③ 铜（Ⅱ）的其它配合物

a. 取米粒大小的 CuCl₂ 固体放入试管中，加入 1mL 浓 HCl 溶液溶解得到黄绿色溶液；向该溶液中滴加蒸馏水，观察溶液颜色的变化，试解释原因，并写出反应式。

$$CuCl_2 + 2HCl(浓) === H_2CuCl_4$$

$$[CuCl_4]^{2-} + 4H_2O \rightleftharpoons [Cu(H_2O)_4]^{2+} + 4Cl^-$$

b. 取上述溶液 0.5mL，并向溶液中加入豆粒大小的 KBr 固体至 KBr 溶液饱和，振荡。观察溶液颜色的变化，写出反应式。

$$[Cu(H_2O)_4]^{2+} + 4Br^- \rightleftharpoons [CuBr_4]^{2-} + 4H_2O$$

c. Cu^{2+} 的鉴定：2 滴 $0.1mol \cdot L^{-1}$ $CuSO_4$ 溶液，用 $1\sim 2$ 滴 $6mol \cdot L^{-1}$ HAc 溶液酸化，再加入 2 滴 $0.1mol \cdot L^{-1}$ $K_4[Fe(CN)_6]$ 溶液生成红棕色 $Cu_2[Fe(CN)_6]$ 沉淀。在沉淀中加入 $0.5mL$ $6mol \cdot L^{-1}$ $NH_3 \cdot H_2O$ 溶液，沉淀溶解生成蓝色溶液写出反应式。

$$2Cu^{2+} + [Fe(CN)_6]^{4-} =\!\!= Cu_2[Fe(CN)_6]\downarrow$$

$$Cu_2[Fe(CN)_6] + 8NH_3 =\!\!= 2[Cu(NH_3)_4]^{2+} + [Fe(CN)_6]^{4-}$$

Ⅲ. 铜（Ⅰ）化合物

(1) CuI

向 2 滴 $0.1mol \cdot L^{-1}$ $CuSO_4$ 溶液中加入 5 滴 $0.1mol \cdot L^{-1}$ KI 溶液，混匀并观察有何变化。加 $1mL$ 水，混匀后离心。将上层清液倒入另一支试管中，加 2 滴 0.2% 淀粉溶液，检验 I_2 的存在。沉淀用水洗涤 $2\sim 3$ 次后，观察沉淀是否为白色。向沉淀中滴加 $0.1mol \cdot L^{-1}$ KI 溶液至沉淀消失。写出反应式。

$$2Cu^{2+} + 4I^- =\!\!= 2CuI\downarrow + I_2$$

$$CuI + I^- =\!\!= [CuI_2]^-$$

(2) CuCl 的生成与性质

① CuCl 的生成　用小烧杯取 $3mL$ $6mol \cdot L^{-1}$ HCl 溶液，$3mL$ $1.0mol \cdot L^{-1}$ $CuCl_2$ 溶液、$1g$ NaCl 固体，混匀后，溶液呈黄绿色。再加入约 $0.2g$ 铜粉，不停地搅拌至溶液变为无色为止。静置使多余的铜粉沉降下来，将上层清液倒入 $100mL$ 新制蒸馏水中立即得到白色 CuCl 沉淀。静置，使 CuCl 完全沉降下来。倾去上层清液。两支离心试管各加一滴 CuCl 和水的混合物。观察现象，写出反应式。

$$Cu + CuCl_2 + 6HCl =\!\!= 2H_3CuCl_4$$

$$H_3CuCl_4 \xrightarrow{H_2O} CuCl\downarrow + 3HCl$$

② CuCl 的性质　向上述一份沉淀中滴加浓 $NH_3 \cdot H_2O$ 溶液至 CuCl 晶体全部消失为止。观察溶液颜色的变化，写出反应式。

向上述另一份沉淀中滴加浓 HCl 溶液至 CuCl 晶体全部消失为止，写出反应式。

$$CuCl + 2NH_3 =\!\!= [Cu(NH_3)_2]^+ + Cl^-$$

$$4[Cu(NH_3)_2]^+ + 8NH_3 + O_2 + 2H_2O =\!\!= 4[Cu(NH_3)_4]^{2+} + 4OH^-$$

$$CuCl + 3HCl（浓）=\!\!= H_3CuCl_4$$

(3) Cu_2O 的制备和性质

① Cu_2O 的制备　在两支试管中各加 4 滴 $0.1mol \cdot L^{-1}$ $CuSO_4$ 的溶液，然后滴加 $6mol \cdot L^{-1}$ NaOH 溶液使最初生成的沉淀基本溶解；再在此溶液中加入 4 滴 10% 的葡萄糖溶液，摇匀后水浴 $60\sim 70℃$ 加热，观察现象。同时，另取第三支试管中加 10 滴 $0.1mol \cdot L^{-1}$ $CuSO_4$ 的溶液，然后滴加 $6mol \cdot L^{-1}$ NaOH 溶

液使最初生成的沉淀基本溶解，再在此溶液中加入 10 滴 10% 的葡萄糖溶液，摇匀后水浴 60～70℃ 加热。观察现象，写出反应式。

$$Cu^{2+}+2OH^- \Longrightarrow Cu(OH)_2\downarrow$$

$$Cu(OH)_2+2OH^- \Longrightarrow [Cu(OH)_4]^{2-}$$

$$2[Cu(OH)_4]^{2-}+C_6H_{12}O_6 \xrightarrow{\triangle} Cu_2O\downarrow+C_5H_{11}O_5COO^-+3OH^-+3H_2O$$

② Cu_2O 的性质　向上述 3 份沉淀各加入 1mL 水，离心，倾去上层清液；再用蒸馏水洗涤两次后，向沉淀较多的一份加入 2～3 滴 6mol·L^{-1} H_2SO_4 溶液后充分振荡至大部分沉淀溶解，观察溶液和下层不溶物的颜色；剩下的两份沉淀中，一份加入 0.5mL 浓 NH_3·H_2O 溶液，一份加入 0.5mL 浓 HCl 溶液，摇匀。观察现象，写出反应式。

$$Cu_2O+H_2SO_4 \Longrightarrow Cu_2SO_4+H_2O$$

$$Cu_2SO_4 \Longrightarrow Cu\downarrow+CuSO_4$$

$$Cu_2O+4NH_3+H_2O \Longrightarrow 2[Cu(NH_3)_2]^++2OH^-$$

$$4[Cu(NH_3)_2]^++8NH_3+O_2+2H_2O \Longrightarrow 4[Cu(NH_3)_4]^{2+}+4OH^-$$

$$Cu_2O+8HCl(浓) \Longrightarrow 2H_3CuCl_4\ (或写为 HCuCl_2)+H_2O$$

【思考题】

(1) 混合溶液中含有 Zn^{2+}、Cd^{2+}、Hg^{2+}、Ag^+，试把它们分开。

(2) 混合溶液中含有 Zn^{2+}、Cu^{2+}、Pb^{2+}、Ag^+，试把它们分开。

(3) 比较铜（Ⅰ）和铜（Ⅱ）化合物的稳定性。说明二者的相互转化关系。

(4) 用两种不同的方法区别锌盐和铜盐、锌盐和镉盐、银盐和汞盐。

(5) $Hg(NO_3)_2$，$Hg_2(NO_3)_2$ 与 KI 的作用有何不同？

(6) 为什么在 $CuSO_4$ 溶液中加入 KI 即产生 CuI 沉淀，而加 KCl 则不同，不出现 CuCl 沉淀。怎样才能得到 CuCl 沉淀？

(7) 银镜制作是利用银离子的什么性质？反应前为何要把银离子变成银氨配离子？

(8) 根据实验结果比较 ds 区与 s 区化合物的酸碱性、溶解性、价态变化和生成配合物的能力。

【安全环保知识】

(1) 汞蒸气吸入人体内，会引起慢性中毒，因此汞应保存于水中。取用汞时，要用特制的末端弯成弧状的滴管吸取，不能直接倾倒（最好用盛有水的搪瓷盘承接着）。当不慎撒落汞珠时，应尽量用滴管吸取回收，然后在可能残留汞珠的地方撒上一层硫黄粉，并摩擦之，使汞转化为难挥发的硫化汞，或洒上硫酸铁溶液，使残留汞与铁离子发生氧化还原反应。

(2) 汞、镉化合物的溶液必须倒入污水回收桶中；含银、铜的废液最好回收再生。

实验 6.5　d 区元素

【实验目的】

(1) 掌握 d 区元素氢氧化物的酸碱性；

(2) 掌握 d 区元素化合物可变价态的氧化还原性；

(3) 了解 d 区元素金属离子的配合物及形成配合物后对其性质的影响；

(4) 了解 d 区元素配合物在鉴定金属离子中的应用。

【实验预习】

(1) d 区元素化合物的性质；

(2) d 区元素配合物的生成；

(3) 铬元素各价态之间的相互转化；

(4) 锰元素各价态之间的相互转化；

【仪器和药品】

离心机，离心试管，试管。

锌粒，$(NH_4)_2S_2O_8(s)$，$(NH_4)_2C_2O_4(s)$，$Na_2SO_3(s)$，$NaBiO_3(s)$，ED-TA 二钠盐（$0.1mol \cdot L^{-1}$），HCl（$6mol \cdot L^{-1}$，浓），H_2SO_4（$3mol \cdot L^{-1}$），NaOH（$6mol \cdot L^{-1}$，$2mol \cdot L^{-1}$），$NH_3 \cdot H_2O$（$6mol \cdot L^{-1}$，$2mol \cdot L^{-1}$），NaF（$1mol \cdot L^{-1}$），$FeCl_3$（$0.1mol \cdot L^{-1}$），$TiOSO_4$（$0.1mol \cdot L^{-1}$），$(NH_4)_2Fe(SO_4)_2$（$0.1mol \cdot L^{-1}$），$Cr_2(SO_4)_3$（$0.1mol \cdot L^{-1}$），$CoCl_2$（$0.1mol \cdot L^{-1}$），$NiSO_4$（$0.1mol \cdot L^{-1}$），$MnSO_4$（$0.1mol \cdot L^{-1}$），$CuCl_2$（$0.1mol \cdot L^{-1}$），$AgNO_3$（$0.1mol \cdot L^{-1}$），KI（$0.1mol \cdot L^{-1}$），KSCN（饱和），NH_4VO_3（饱和），$K_3[Fe(CN)_6]$（$0.1mol \cdot L^{-1}$），$K_4[Fe(CN)_6]$（$0.1mol \cdot L^{-1}$），H_2O_2［3%（新制）］，CCl_4，碘水，溴水，丁二酮肟（1%，2瓶），戊醇，$KMnO_4$（$0.01mol \cdot L^{-1}$），$K_2Cr_2O_7$（$0.1mol \cdot L^{-1}$），K_2CrO_4（$0.1mol \cdot L^{-1}$），HNO_3（$6mol \cdot L^{-1}$），NH_4Cl（$1mol \cdot L^{-1}$），KI-淀粉试纸。

自配 Na_2SO_3 溶液：豆粒大的 Na_2SO_3 晶体溶于 3mL 水中。

【实验内容】

Ⅰ. 铁系元素化合物的性质

(1) 铁(Ⅲ)、钴(Ⅲ)、镍(Ⅲ) 化合物的制备与氧化性

① 制备

a. 试管中加入 3 滴 $0.1mol \cdot L^{-1}$ $FeCl_3$ 溶液，滴加 $2mol \cdot L^{-1}$ NaOH 溶液，得到棕红色沉淀，微热离心，洗涤沉淀两次后保留用于实验 Ⅰ-(1)-②。写出反应式。

$$Fe^{3+} + 3OH^- \Longrightarrow Fe(OH)_3 \downarrow$$

b. 两支离心试管中各加 5 滴 $0.1mol \cdot L^{-1}$ $CoCl_2$ 溶液，然后再分别滴加

$2mol \cdot L^{-1} NaOH$ 溶液，观察到蓝色 Co(OH)Cl 沉淀生成后；继续滴加 NaOH 溶液，直至生成粉红色或褐色的 $Co(OH)_2$ 沉淀。往一份 $Co(OH)_2$ 沉淀中滴加 3％ H_2O_2 溶液，往另一份 $Co(OH)_2$ 沉淀中滴加溴水。观察各自沉淀颜色的变化，写出相关的化学反应式。将加入溴水制备的沉淀加入 1mL 蒸馏水离心并洗涤两次后，保留用于实验Ⅰ-(1)-②。

$$Co^{2+} + Cl^- + OH^- \rule[0.5ex]{1.5em}{0.4pt} Co(OH)Cl \downarrow$$

$$Co(OH)Cl + OH^- \rule[0.5ex]{1.5em}{0.4pt} Co(OH)_2 \downarrow + Cl^-$$

$$2Co(OH)_2 + H_2O_2 \rule[0.5ex]{1.5em}{0.4pt} 2Co(OH)_3 \downarrow$$

$$2Co(OH)_2 + 2OH^- + Br_2 \rule[0.5ex]{1.5em}{0.4pt} 2Co(OH)_3 \downarrow + 2Br^-$$

　　c. 在两支离心试管中各加 5 滴 $0.1mol \cdot L^{-1}$ $NiSO_4$ 溶液和 3 滴 $2mol \cdot L^{-1}$ NaOH 溶液，观察亮绿色 $Ni(OH)_2$ 沉淀产生。往一份沉淀中滴加 3％ H_2O_2 溶液 5～6 滴；往另一份沉淀中滴加溴水 5～6 滴观察现象。将加入溴水制备的沉淀加入 1mL 蒸馏水离心并洗涤一次后，保留用于实验Ⅰ-(1)-②。写出反应式。

$$Ni^{2+} + 2OH^- \rule[0.5ex]{1.5em}{0.4pt} Ni(OH)_2 \downarrow$$

$$2Ni(OH)_2 + 2OH^- + Br_2 \rule[0.5ex]{1.5em}{0.4pt} 2Ni(OH)_3 \downarrow + 2Br^-$$

　　② 酸性介质中铁(Ⅲ)、钴(Ⅲ) 和镍(Ⅲ) 的氧化性

　　a. 向 $Fe(OH)_3$ 中滴加浓盐酸至沉淀溶解，悬于试管口上方的湿润的 KI-淀粉试纸不变色。再向试管中加入 $0.5mL$ CCl_4 和 1 滴 $0.1mol \cdot L^{-1}$ KI 溶液。振荡静置，观察下层 CCl_4 的颜色，写出反应式。

$$Fe(OH)_3 + 3HCl(浓) \rule[0.5ex]{1.5em}{0.4pt} FeCl_3 + 3H_2O$$

$$2Fe^{3+} + 2I^- \rule[0.5ex]{1.5em}{0.4pt} 2Fe^{2+} + I_2$$

　　b. 向 $Co(OH)_3$ 和 $Ni(OH)_3$ 沉淀中分别滴加 3 滴浓盐酸。观察现象，并用湿润的 KI-淀粉试纸检查反应生成的气体，写出相关反应式。

　　根据实验结果比较 Fe(Ⅲ)、Co(Ⅲ) 和 Ni(Ⅲ) 氧化性差异。

$$2Co(OH)_3 + 10HCl(浓) \rule[0.5ex]{1.5em}{0.4pt} 2H_2CoCl_4 + 6H_2O + Cl_2 \uparrow$$

$$H_2CoCl_4 + 6H_2O \rule[0.5ex]{1.5em}{0.4pt} [Co(H_2O)_6]^{2-} + 2H^+ + 4Cl^-$$

$$2Ni(OH)_3 + 6HCl(浓) \rule[0.5ex]{1.5em}{0.4pt} 2NiCl_2 + 6H_2O + Cl_2 \uparrow$$

Ⅱ. 锰化合物的氧化还原性

(1) 锰(Ⅱ) 的还原性

　　① 碱性介质中的还原性　　小试管中加入 3 滴 $0.1mol \cdot L^{-1}$ $MnSO_4$ 溶液和 3 滴 $2mol \cdot L^{-1}$ NaOH 溶液，混匀后得肉色沉淀，充分振荡。观察沉淀颜色的变化，并写出相关的反应式。

$$Mn^{2+} + 2OH^- \rule[0.5ex]{1.5em}{0.4pt} Mn(OH)_2 \downarrow$$

$$2Mn(OH)_2 + O_2 \rule[0.5ex]{1.5em}{0.4pt} 2MnO(OH)_2 \downarrow$$

　　② 酸性介质中的还原性　　小试管中放入米粒大小量的固体 $NaBiO_3$ 后，加

入约 $2 \sim 3 \mathrm{mL}$ $6 \mathrm{mol} \cdot \mathrm{L}^{-1}$ HNO_3 溶液和 $1 \sim 3$ 滴 $0.1 \mathrm{mol} \cdot \mathrm{L}^{-1}$ $MnSO_4$ 溶液。充分振荡，观察溶液颜色的变化并写出反应式。

$$5BiO_3^- + 2Mn^{2+} + 14H^+ = 5Bi^{3+} + 2MnO_4^- + 7H_2O$$

(2) $KMnO_4$ 的氧化性

① 酸性介质中　3 滴 $3 \mathrm{mol} \cdot \mathrm{L}^{-1}$ H_2SO_4 和 1 滴 $0.01 \mathrm{mol} \cdot \mathrm{L}^{-1}$ $KMnO_4$ 溶液混合，滴加 Na_2SO_3 溶液（自配）。观察现象，写出反应式。

② 碱性介质中　用 $6 \mathrm{mol} \cdot \mathrm{L}^{-1}$ $NaOH$ 溶液代替 $3 \mathrm{mol} \cdot \mathrm{L}^{-1}$ H_2SO_4 溶液重复上述实验（1）

③ 中性介质中　用蒸馏水代替 $3 \mathrm{mol} \cdot \mathrm{L}^{-1}$ H_2SO_4 溶液重复上述实验（1）

写出以上反应的反应式。

$$2MnO_4^- + 5SO_3^{2-} + 6H^+ = 5SO_4^{2-} + 2Mn^{2+} + 3H_2O$$
$$2MnO_4^- + SO_3^{2-} + 2OH^- = SO_4^{2-} + 2MnO_4^{2-} + H_2O$$
$$2MnO_4^- + 3SO_3^{2-} + H_2O = 3SO_4^{2-} + 2MnO_2 \downarrow + 2OH^-$$

Ⅲ. 铬元素化合物的性质

(1) $Cr(OH)_3$ 的制备和性质

① $Cr(OH)_3$ 的制备　取两支离心试管，各加入 1 滴 $2 \mathrm{mol} \cdot \mathrm{L}^{-1}$ $NaOH$ 溶液，然后滴加 $0.1 \mathrm{mol} \cdot \mathrm{L}^{-1}$ $Cr_2(SO_4)_3$ 溶液至大量灰绿色沉淀生成，写出反应式

$$Cr^{3+} + 3OH^- = Cr(OH)_3 \downarrow$$

② $Cr(OH)_3$ 的酸碱性　向上述制备得到的两份沉淀中，一份滴加 $3 \mathrm{mol} \cdot \mathrm{L}^{-1}$ H_2SO_4 溶液，观察沉淀是否溶解；另一份先滴加 $2 \mathrm{mol} \cdot \mathrm{L}^{-1}$ $NaOH$ 溶液至沉淀刚好溶解，然后加热。观察现象，写出相关反应式。

$$Cr(OH)_3 + 3H^+ = Cr^{3+} + 3H_2O$$
$$Cr(OH)_3 + OH^- = [Cr(OH)_4]^-$$
$$Cr(OH)_4^- \xrightarrow{\triangle} Cr(OH)_3 \downarrow + OH^-$$
$$2Cr(OH)_4^- + (x-3)H_2O \xrightarrow{\triangle} Cr_2O_3 \cdot xH_2O \downarrow + 2OH^-$$

(2) $Cr(Ⅲ)$ 的还原性

① 碱性介质中的还原性　向 2 滴 $0.1 \mathrm{mol} \cdot \mathrm{L}^{-1}$ $Cr_2(SO_4)_3$ 溶液中滴加 $2 \mathrm{mol} \cdot \mathrm{L}^{-1}$ $NaOH$ 溶液至产生的沉淀又消失时，多加 2 滴 $NaOH$ 溶液，然后加入 3 滴 3% H_2O_2 溶液，混匀加热。观察溶液颜色变化，写出反应式。

$$Cr^{3+} + 3OH^- = Cr(OH)_3 \downarrow$$
$$Cr(OH)_3 + OH^- = [Cr(OH)_4]^-$$
$$2Cr(OH)_4^- + 2OH^- + 3H_2O_2 \xrightarrow{\triangle} 2CrO_4^{2-} + 8H_2O$$

② 酸性介质中的还原性　取豆粒大小量的固体 $(NH_4)_2S_2O_8$ 于试管中，加入 3 滴 $0.1 \mathrm{mol} \cdot \mathrm{L}^{-1}$ $Cr_2(SO_4)_3$ 溶液和 1 滴 $0.1 \mathrm{mol} \cdot \mathrm{L}^{-1}$ $AgNO_3$ 溶液，加入 $2\mathrm{mL}$ 水、1 滴 $3 \mathrm{mol} \cdot \mathrm{L}^{-1}$ H_2SO_4 溶液，混匀后，水浴加热，观察溶液颜色变化，

并写出相关反应式。

$$2Cr^{3+}+3S_2O_8^{2-}+7H_2O \xrightarrow[\triangle]{Ag^+} Cr_2O_7^{2-}+14H^++6SO_4^{2-}$$

（3）Cr(Ⅵ) 的氧化性

在两支各装有 1 滴 $0.1mol \cdot L^{-1}$ $K_2Cr_2O_7$ 溶液和 2 滴 $3mol \cdot L^{-1}$ H_2SO_4 溶液的试管中，一支试管中加入少许 Na_2SO_3 晶体，另一支试管中加入 6 滴 $0.1mol \cdot L^{-1}$ $(NH_4)_2Fe(SO_4)_2$ 溶液。观察现象，写出相关反应式。

$$Cr_2O_7^{2-}+3SO_3^{2-}+8H^+ =\!=\!= 2Cr^{3+}+3SO_4^{2-}+4H_2O$$
$$Cr_2O_7^{2-}+6Fe^{2+}+14H^+ =\!=\!= 2Cr^{3+}+6Fe^{3+}+7H_2O$$

（4）Cr(Ⅵ) 的鉴定

试管中加入 $0.5mL$ 水，1 滴 $0.1mol \cdot L^{-1}$ $K_2Cr_2O_7$ 溶液，1 滴 $3mol \cdot L^{-1}$ H_2SO_4 溶液，5 滴戊醇和 1 滴 3% H_2O_2 溶液。充分振荡后静置，观察水层和戊醇层颜色的变化，写出相关反应式。

$$Cr_2O_7^{2-}+4H_2O_2+2H^+ =\!=\!= 5H_2O+2CrO_5$$
$$4CrO_5+12H^+ =\!=\!= 4Cr^{3+}+6H_2O+7O_2\uparrow$$

（5）$Cr_2O_7^{2-}$-CrO_4^{2-} 的相互转化

① 溶液酸碱度的影响　2 滴 $0.1mol \cdot L^{-1}$ $K_2Cr_2O_7$ 溶液中加入 1 滴 $2mol \cdot L^{-1}$ NaOH 溶液，混合均匀。观察溶液颜色的变化。然后再向前述溶液中加入 1 滴 $3mol \cdot L^{-1}$ H_2SO_4 溶液。观察溶液颜色变化，写出反应式。

$$Cr_2O_7^{2-}+2OH^- =\!=\!= 2CrO_4^{2-}+H_2O$$
$$2CrO_4^{2-}+2H^+ =\!=\!= Cr_2O_7^{2-}+H_2O$$

② 难溶盐的生成　在两支离心试管中分别加入 2 滴 $0.1mol \cdot L^{-1}$ $AgNO_3$ 溶液，向一支离心试管中加入 1 滴 $0.1mol \cdot L^{-1}$ $K_2Cr_2O_7$ 溶液；另一支离心试管中加入 2 滴 $0.1mol \cdot L^{-1}$ K_2CrO_4 溶液。观察实验现象，写出相关反应式。

$$Cr_2O_7^{2-}+H_2O+4Ag^+ =\!=\!= 2Ag_2CrO_4\downarrow+2H^+$$
$$CrO_4^{2-}+2Ag^+ =\!=\!= Ag_2CrO_4\downarrow$$

Ⅳ. 钒(Ⅴ) 的氧化性

取 5 滴饱和 NH_4VO_3 溶液于试管中，加入 3 滴 $3mol \cdot L^{-1}$ H_2SO_4 溶液和豆粒大的 $(NH_4)_2C_2O_4$ 晶体，混合均匀并加热。观察溶液颜色的变化，写出相关反应式。

$$VO_3^-+2H^+ =\!=\!= VO_2^++H_2O$$
$$2VO_2^++C_2O_4^{2-}+4H^+ =\!=\!= 2VO^{2+}+2CO_2\uparrow+2H_2O$$

Ⅴ. 钛的氧化还原性

（1）钛(Ⅳ) 的氧化性

取 $0.5\sim1mL$ $0.1mol \cdot L^{-1}$ $TiOSO_4$ 溶液于试管中，加入一粒锌粒，反应一段时间（$10\sim15min$），观察溶液颜色的变化。将溶液分成两份用于完成下面的实验。未反应的锌粒用水冲洗回收。写出相关反应式。

$$2TiO^{2+} + Zn + 4H^+ === 2Ti^{3+} + Zn^{2+} + 2H_2O$$

（2）钛（Ⅲ）的还原性

① 向一份上述溶液中滴加 $0.1mol \cdot L^{-1}$ $CuCl_2$ 溶液（注意：$CuCl_2$ 溶液不能过量），溶液由紫红色变为无色，同时生成白色沉淀。写出反应式。

$$Ti^{3+} + Cu^{2+} + Cl^- + H_2O === TiO^{2+} + 2H^+ + CuCl\downarrow$$

② 往另一份上述溶液中滴加 $0.1mol \cdot L^{-1}$ $FeCl_3$ 溶液，至溶液变为无色为止。写出反应式。

$$Ti^{3+} + Fe^{3+} + H_2O === TiO^{2+} + Fe^{2+} + 2H^+$$

Ⅵ. 金属离子配合物

（1）Co（Ⅱ）、Ni（Ⅱ）氨配合物的稳定性

① 5 滴 $0.1mol \cdot L^{-1}$ $CoCl_2$ 与 2 滴 $1mol \cdot L^{-1}$ NH_4Cl 溶液混匀后，滴加 $6mol \cdot L^{-1}$ $NH_3 \cdot H_2O$ 溶液至溶液变为土黄色。放置片刻，观察颜色变化，写出相关反应式。

② 5 滴 $0.1mol \cdot L^{-1}$ $NiSO_4$ 溶液中，滴加 $6mol \cdot L^{-1}$ $NH_3 \cdot H_2O$ 溶液至生成的沉淀又消失，同时溶液变为蓝色。放置片刻，观察溶液颜色是否变化，写出相关反应式。

$$Co^{2+} + 6NH_3 \cdot H_2O \xrightarrow{NH_4Cl} [Co(NH_3)_6]^{2+} + 6H_2O$$
$$4[Co(NH_3)_6]^{2+} + O_2 + 2H_2O === 4[Co(NH_3)_6]^{3+} + 4OH^-$$
$$Ni^{2+} + 2NH_3 \cdot H_2O === Ni(OH)_2\downarrow + 2NH_4^+$$
$$Ni(OH)_2 + 6NH_3 === [Ni(NH_3)_6]^{2+} + 2OH^-$$

（2）配合物的生成对氧化还原能力的影响

① Fe（Ⅲ）的氧化性

a. 在试管中加入 1 滴 $0.1mol \cdot L^{-1}$ $FeCl_3$ 溶液，1 滴 $0.1mol \cdot L^{-1}$ KI 溶液，振荡，再加 1mL 水和少许 CCl_4，再振荡，静置。观察下层 CCl_4 的颜色变化，写出反应式。

$$2Fe^{3+} + 2I^- === 2Fe^{2+} + I_2$$

b. 在试管中加入 1 滴 $0.1mol \cdot L^{-1}$ $K_3[Fe(CN)_6]$ 溶液，1 滴 $0.1mol \cdot L^{-1}$ KI 溶液，振荡，再加 1mL 水和少许 CCl_4，振荡，静置。观察下层 CCl_4 的颜色有无变化，根据下面的标准电极电势给出解释。

$$\varphi^{\ominus}(Fe^{3+}/Fe^{2+}) = 0.77V, \quad \varphi^{\ominus}([Fe(CN)_6]^{3-}/[Fe(CN)_6]^{4-}) = 0.36V,$$
$$\varphi^{\ominus}(I_2/I^-) = 0.54V$$

② Fe（Ⅱ）的还原性

a. 在试管中加入 2 滴 $0.1mol \cdot L^{-1}$ $(NH_4)_2Fe(SO_4)_2$ 溶液、1 滴碘水，振荡，再加 1mL 水和少许 CCl_4，再振荡后静置。观察下层 CCl_4 的颜色（CCl_4 溶液层为紫红色），并判断有无化学反应发生。

b. 在试管中加入 2 滴 $0.1mol \cdot L^{-1}$ $K_4[Fe(CN)_6]$ 溶液，1 滴碘水振荡，再

加 1mL 水和少许 CCl_4，再振荡后静置。观察下层 CCl_4 的颜色变化，解释并写出反应式。

$$2[Fe(CN)_6]^{4-}+I_2 == 2I^-+2[Fe(CN)_6]^{3-}$$

c. 在试管中加入 2 滴 $0.1mol \cdot L^{-1}$ $(NH_4)_2Fe(SO_4)_2$ 溶液和 1 滴碘水，观察溶液是否褪色。再加入 3 滴 $1mol \cdot L^{-1}$ NaF 溶液。振荡混匀后观察现象，写出反应式。

$$2Fe^{2+}+I_2+6F^- == 2I^-+2FeF_3\downarrow$$

$$FeF_3+3NaF == Na_3FeF_6$$

$(K_{f(FeF_6^{3-})}=1.6\times10^{16}$，$K_{f(FeF_3)}=1.13\times10^{12}$，实验中若出现白色晶体是 Na_3FeF_6)

d. 1 滴 $0.1mol \cdot L^{-1}$ $(NH_4)_2Fe(SO_4)_2$ 溶液和 1 滴 $0.1mol \cdot L^{-1}$ $AgNO_3$ 溶液混合均匀后，观察现象；再加入 2 滴 $0.1mol \cdot L^{-1}$ EDTA 二钠盐溶液。振荡，观察现象，写出反应式。$[\varphi^{\ominus}(Fe^{3+}/Fe^{2+})=0.77V$，$\varphi^{\ominus}([FeY]^-/[FeY]^{2-})=0.13V$，$\varphi^{\ominus}(Ag^+/Ag)=0.80V$，$\varphi^{\ominus}([AgY]^{3-}/Ag)=0.37V]$

$$2Ag^++SO_4^{2-} == Ag_2SO_4\downarrow \quad (K_{sp,Ag_2SO_4}=1.2\times10^{-5})$$

$$[FeY]^{2-}+[AgY]^{3-} == Ag\downarrow+[FeY]^-+Y^{4-}$$

Ⅷ. 配合物应用——金属离子的鉴定

(1) 镍（Ⅱ）的鉴定

1 滴 $0.1mol \cdot L^{-1}$ $NiSO_4$ 溶液中加入 1 滴 $2mol \cdot L^{-1}$ $NH_3 \cdot H_2O$ 溶液。再加入 3 滴 1% 丁二酮肟溶液。混匀后观察现象，写出反应式。

$$Ni^{2+}+2NH_3+2C_4H_8N_2O_2 == Ni(C_4H_7N_2O_2)_2\downarrow+2NH_4^+$$

(2) 钛（Ⅳ）的鉴定

0.5mL $0.1mol \cdot L^{-1}$ $TiOSO_4$ 溶液中加入 2 滴 3% H_2O_2 溶液混匀，观察现象。再滴加 $2mol \cdot L^{-1}$ 观察 $NH_3 \cdot H_2O$ 溶液又有什么现象，写出反应式。

$$TiO^{2+}+H_2O_2 == [TiO(H_2O_2)]^{2+}$$

$$[TiO(H_2O_2)]^{2+}+2NH_3+H_2O == H_2Ti(O_2)O_2\downarrow+2NH_4^+$$

(3) 钒（Ⅴ）的鉴定

取 5 滴饱和 NH_4VO_3 溶液和 5 滴 $3mol \cdot L^{-1}$ H_2SO_4 溶液于试管中，再加入 1 滴 3% H_2O_2 溶液，混匀。观察现象，写出反应式。

$$VO_3^-+2H^+ == VO_2^++H_2O$$

$$VO_2^++H_2O_2+2H^+ == VO_2^{3+}+2H_2O$$

(4) 铁（Ⅱ）的鉴定

1 滴 $0.1mol \cdot L^{-1}$ $(NH_4)_2Fe(SO_4)_2$ 溶液和 1 滴 $6mol \cdot L^{-1}$ HCl 溶液混合均匀后，再加入 1 滴 $0.1mol \cdot L^{-1}$ $K_3[Fe(CN)_6]$ 溶液。振荡，观察现象。

$$K^++Fe^{2+}+[Fe(CN)_6]^{3-} == KFe[Fe(CN)_6]\downarrow$$

(5) 铁（Ⅲ）的鉴定

① 1 滴 $0.1mol \cdot L^{-1}$ $FeCl_3$ 溶液中，加入 1 滴 $0.1mol \cdot L^{-1}$ $K_4[Fe(CN)_6]$ 溶液。振荡，观察现象，写出反应式。

$$K^+ + Fe^{3+} + [Fe(CN)_6]^{4-} =\!=\!= KFe[Fe(CN)_6]\downarrow$$

② 1 滴 $0.1mol \cdot L^{-1}$ $FeCl_3$ 溶液中，加入 1 滴饱和的 KSCN 溶液。振荡，观察现象，写出反应式。

$$Fe^{3+} + SCN^- =\!=\!= [Fe(SCN)]^{2+}$$

(6) 钴（Ⅱ）的鉴定

在 1 滴 $0.1mol \cdot L^{-1}$ $CoCl_2$ 溶液中加入 5 滴戊醇后，再加 2 滴饱和 KSCN 溶液。观察现象，并写出反应式。

$$Co^{2+} + 4SCN^- =\!=\!= [Co(SCN)_4]^{2-}$$

【思考题】

(1) 根据实验Ⅲ-(4)，有中间产物 CrO_5 生成，试分析该产物中 Cr 的价态，并画出分子结构简式。

(2) 分别向 $Fe(OH)_3$、$Co(OH)_3$、$Ni(OH)_3$ 中加入硫酸，会出现什么现象？为什么？

(3) 鉴定 Fe^{3+} 要在酸性条件下进行，能用硝酸、氢氟酸、磷酸、草酸、酒石酸、柠檬酸等酸化吗？

(4) 为什么 d 区元素水合离子具有颜色？

(5) 利用 KI 定量测定 Cu^{2+} 时，杂质 Fe^{3+} 的存在会产生干扰，如何排除干扰？为什么 $FeCl_3$ 溶液中加入 NaF 后不能氧化 I^-？

(6) 根据电对的电极电势，常温下 Fe^{2+} 难以将 Ag^+ 还原为银单质，如何应用配合物性质，用 Fe^{2+} 回收银盐溶液中的银？

(7) 根据实验，往 $[Co(SCN)_4]^{2-}$ 溶液中加入蒸馏水时溶液的颜色会发生变化，说明络合物的形式与什么有关？

(8) 镍的鉴定中为什么要用氨水把溶液首先调节到弱碱性？

【安全环保知识】

(1) 溴不能接触皮肤，凡涉及溴的实验必须在通风橱中进行。

(2) 铬、钒的废液必须倒入污水回收桶中。

(3) 铬及其化合物有毒，Cr(Ⅵ) 不仅对消化道和皮肤有刺激性，且有致癌作用；Cr(Ⅲ) 是一种蛋白质凝聚剂。因此，无论 Cr(Ⅲ) 还是 Cr(Ⅵ)，都对人类、鱼类及农作物有害。实验时，用量要少，废液也应该倒入废液桶回收处理。

实验 6.6　阳离子混合液的分离与鉴定

【实验目的】

(1) 掌握阳离子混合液的分离与鉴定方法；

（2）熟练运用试管反应以及分离与鉴定的基本操作技术；

（3）阳离子的分离分析原理和实验现象。

【实验预习】

（1）阳离子的分离与鉴定的方法；

（2）设计分离与鉴定的实验方案，画出实验流程图。

【仪器和药品】

离心机，离心试管等；

含有 Ag^+、Pb^{2+}、Fe^{3+}、Cu^{2+}、Al^{3+} 混合物溶液（$0.1mol \cdot L^{-1}$），KSCN（$0.1mol \cdot L^{-1}$），HCl（$6mol \cdot L^{-1}$），NaOH（$6mol \cdot L^{-1}$，$2mol \cdot L^{-1}$），$NH_3 \cdot H_2O$（$6mol \cdot L^{-1}$，$2mol \cdot L^{-1}$），HNO_3（$6mol \cdot L^{-1}$），K_2CrO_4（$0.1mol \cdot L^{-1}$），$K_4[Fe(CN)_6]$（$0.1mol \cdot L^{-1}$），H_2SO_4（$3mol \cdot L^{-1}$），HAc（$6mol \cdot L^{-1}$），铝试剂（0.1% 水溶液）。

【实验内容】

Ag^+、Pb^{2+}、Fe^{3+}、Cu^{2+}、Al^{3+} 混合物液的分离与鉴定。

【实验方案】

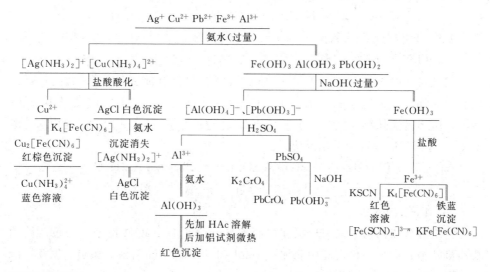

【实验操作】

（1）Ag^+、Cu^{2+} 与 Pb^{2+}、Fe^{3+}、Al^{3+} 的分离

取含有 Ag^+、Pb^{2+}、Fe^{3+}、Cu^{2+}、Al^{3+} 混合物溶液 $0.5\sim 1mL$ 于试管 1 中，加等体积 $6mol \cdot L^{-1}$ $NH_3 \cdot H_2O$，充分搅拌后，离心半分钟，用滴管将深蓝色清液吸取到试管 2 中，并按（7）处理。向沉淀中加 $1mL$ $2mol \cdot L^{-1}$ $NH_3 \cdot H_2O$，充分搅拌后，离心，弃去清液。重复洗涤 3 次后得棕黄色沉淀，保留沉淀并按（2）处理。写出反应式。

$$M^{3+} + 3NH_3 \cdot H_2O \Longrightarrow M(OH)_3 \downarrow + 3NH_4^+ \ (M = Fe、Al)$$

$$M^{2+}+2NH_3 \cdot H_2O =\!=\!= Pb(OH)_2\downarrow + 2NH_4^+ \ (M=Pb、Cu)$$

$$2Ag^++2NH_3 \cdot H_2O =\!=\!= Ag_2O\downarrow +2NH_4^++H_2O$$

$$Ag_2O+4NH_3 \cdot H_2O =\!=\!= 2[Ag(NH_3)_2]^++2OH^-+3H_2O$$

$$Cu(OH)_2+4NH_3 \cdot H_2O =\!=\!= [Cu(NH_3)_4]^{2+}+2OH^-+4H_2O$$

(2) Fe^{3+} 与 Pb^{2+}、Al^{3+} 的分离

向沉淀加 $0.5mL6mol \cdot L^{-1}$ NaOH 溶液,搅拌,使沉淀部分溶解后,再离心。如此重复两次后,吸出的清液(含哪种离子?)都保存在试管 3 中并按(4)处理。向剩余沉淀中加 1mL 水充分搅拌,离心,弃去清液。重复洗涤 3 次后将沉淀保留,并按(3)处理。写出反应式

$$Al(OH)_3+OH^- =\!=\!= [Al(OH)_4]^-$$

$$Pb(OH)_2+OH^- =\!=\!= [Pb(OH)_3]^-$$

(3) Fe^{3+} 的鉴定

向沉淀中滴加 $6mol \cdot L^{-1}$ HCl 溶液使沉淀完全消失。将溶液分成两份,一份溶液中加 $0.1mol \cdot L^{-1}$ KSCN 溶液得到血红色溶液。向另一份溶液中加 $0.1mol \cdot L^{-1}$ $K_4[Fe(CN)_6]$ 溶液得到铁蓝沉淀。

$$Fe^{3+}+nSCN^- =\!=\!= [Fe(SCN)_n]^{3-n}(n=1\sim 6)$$

$$K^++Fe^{3+}+[Fe(CN)_6]^{4-} =\!=\!= KFe[Fe(CN)_6]\downarrow$$

(4) Pb^{2+} 与 Al^{3+} 的分离

向试管 3 中滴加 $3mol \cdot L^{-1}$ H_2SO_4 溶液至白色沉淀(是什么沉淀?)析出时,再多加 $1\sim 2$ 滴 $3mol \cdot L^{-1}$ H_2SO_4 溶液使沉淀完全,此时溶液呈强酸性。离心,吸出清液保存在试管 4 中(是什么离子?)并按(6)处理。沉淀用水洗涤 3 次后,按(5)处理。写出反应式。

$$[Pb(OH)_3]^-+3H^++SO_4^{2-} =\!=\!= PbSO_4\downarrow +3H_2O$$

$$[Al(OH)_4]^-+4H^+ =\!=\!= Al^{3+}+4H_2O$$

(5) Pb^{2+} 的鉴定

将沉淀分成两份。向一份沉淀中滴加 $6mol \cdot L^{-1}$ NaOH 溶液,白色沉淀消失得到清液;向另一份沉淀中滴加 $0.1mol \cdot L^{-1}$ K_2CrO_4 溶液,微热,振荡,沉淀由白色变为黄色。写出反应式。

$$PbSO_4+3OH^- =\!=\!= [Pb(OH)_3]^-+SO_4^{2-}$$

$$PbSO_4+CrO_4^{2-} =\!=\!= PbCrO_4\downarrow +SO_4^{2-}$$

(6) Al^{3+} 的鉴定

将试管 4 中的溶液取 3 滴于另一只洁净的试管中加 4 滴 $6mol \cdot L^{-1}$ $NH_3 \cdot H_2O$(或 NaHCO₃ 溶液)后再加入 3 滴 $6mol \cdot L^{-1}$ HAc 溶液,然后向其加入 3 滴铝试剂,混合均匀后微热,生成红色絮状沉淀。写出反应式。

$$Al^{3+}+3NH_3 \cdot H_2O =\!=\!= Al(OH)_3\downarrow +3NH_4^+$$

铝试剂（玫红三羧酸三胺）

（7）Ag^+ 与 Cu^{2+} 的分离

向试管 2 的溶液中滴加 $6mol \cdot L^{-1}$ HCl 溶液至白色沉淀析出时再多加 1 滴 $6mol \cdot L^{-1}$ HCl 溶液，离心后，吸取清液，将其保存在试管 5 中，并按（9）处理。得到的沉淀洗涤 3 次后按（8）处理。写出反应式。

$$[Ag(NH_3)_2]^+ + 2H^+ + Cl^- = AgCl\downarrow + 2NH_4^+$$
$$[Cu(NH_3)_4]^{2+} + 4H^+ = Cu^{2+} + 4NH_4^+$$

（8）Ag^+ 的鉴定

向沉淀中滴加 $2mol \cdot L^{-1}$ $NH_3 \cdot H_2O$ 氨水至沉淀全部消失，然后再向该溶液中滴加 $6mol \cdot L^{-1}$ HNO_3 溶液，又生成白色沉淀，证实 Ag^+ 的存在。写出反应式。

$$Ag^+ + Cl^- = AgCl\downarrow$$
$$AgCl + 2NH_3 \cdot H_2O = [Ag(NH_3)_2]^+ + Cl^- + 2H_2O$$
$$[Ag(NH_3)_2]^+ + 2H^+ + Cl^- = AgCl\downarrow + 2NH_4^+$$

（9）Cu^{2+} 的鉴定

将 5 号试管中的清液滴加 $2mol \cdot L^{-1}$ NaOH 至弱酸性或中性或弱碱性，再加 3 滴 $6mol \cdot L^{-1}$ HAc 溶液，充分混合后，取 4 滴加入 2 滴 $0.1mol \cdot L^{-1}$ $K_4[Fe(CN)_6]$ 溶液，生成红棕色 $Cu_2[Fe(CN)_6]$ 沉淀。离心，向沉淀中滴加 $6mol \cdot L^{-1}$ $NH_3 \cdot H_2O$ 溶液，沉淀溶解生成蓝色溶液，证实 Cu^{2+} 的存在。写出反应式。

$$2Cu^{2+} + [Fe(CN)_6]^{4-} = Cu_2[Fe(CN)_6]\downarrow$$
$$Cu_2[Fe(CN)_6] + 8NH_3 = 2[Cu(NH_3)_4]^{2+} + [Fe(CN)_6]^{4-}$$

【思考题】

（1）设计方案分离和鉴定 Al^{3+}、Cr^{3+}、Mn^{2+}、Zn^{2+}、Ni^{2+} 混合离子溶液。

（2）设计方案分离和鉴定 Al^{3+}、Cr^{3+}、Fe^{3+}、Ni^{2+} 混合离子溶液。

（3）设计方案分离和鉴定 Al^{3+}、Cu^{2+}、Zn^{2+}、Cd^{2+}、Hg^{2+} 混合离子溶液。

第七部分　设计性实验

实验 7.1　化合物的鉴别

【实验目的】

利用化学试剂特性和差异性设计实验并加以鉴定。

【仪器和药品】

离心机，离心试管，试管，点滴板等。

pH 广泛试纸，HCl（$2mol \cdot L^{-1}$，浓），H_2SO_4（$3mol \cdot L^{-1}$），HNO_3（$6mol \cdot L^{-1}$，$2mol \cdot L^{-1}$），$AgNO_3$（$0.1mol \cdot L^{-1}$），KI（$0.1mol \cdot L^{-1}$），K_2CrO_4（$0.1mol \cdot L^{-1}$），$KMnO_4$（$0.01mol \cdot L^{-1}$），$MnSO_4$（$0.1mol \cdot L^{-1}$），$K[Sb(OH)_6]$（饱和），$NaHC_4H_4O_6$（饱和），镁试剂，$NaB(C_6H_5)_4$（1%），碘水。

【实验内容】

(1) 现有五种无标签溶液：Na_2S、Na_2SO_3、Na_2SO_4、$Na_2S_2O_3$、$K_2S_2O_8$（浓度均为 $0.1mol \cdot L^{-1}$），试设法通过实验鉴别（鉴定试液用量为 1～3 滴）。

(2) 鉴别无标签的 KClO、$KClO_3$、$KClO_4$ 溶液（浓度均为 $0.1mol \cdot L^{-1}$）。注意试液每次用量为 1～3 滴（要求写出实验方案和方案中涉及的化学反应式和具体结果）。

(3) 现有三种无标签溶液：$NaNO_2$、$Na_2S_2O_3$、KI 溶液（浓度均为 $0.1mol \cdot L^{-1}$），试设法通过实验鉴别（要求写出实验方案和方案中涉及的化学反应式）。

(4) 用最简单的方法鉴别下列溶液：$NaHCO_3$、Na_2CO_3、$Na_2B_4O_7$、Na_2SO_4、$NaNO_2$ 溶液（浓度均为 $0.1mol \cdot L^{-1}$）。

(5) 试用一种试剂鉴别下列 6 种固体试剂：Na_2CO_3、$MgCO_3$、Na_2SO_4、$CaCl_2$、$BaSO_4$、$Mg(OH)_2$。（水除外，已鉴别出来的物质可以使用。）

(6) 现有五种溶液，分别为 NaOH、NaCl、$MgSO_4$、K_2CO_3、Na_2CO_3（浓度均为 $1mol \cdot L^{-1}$），试采用合适试剂加以鉴别。

(7) 现有 $(NH_4)_2SO_4$、HNO_3、Na_2CO_3、$BaCl_2$、NaOH、NaCl、H_2SO_4（浓度均为 $1mol \cdot L^{-1}$）溶液，试利用它们之间的相互反应加以鉴别。

(8) 分析 Pb_3O_4 的组成：选择合适的方法简单分析 Pb_3O_4 的组成。通过本试验，说明 Pb_3O_4 中铅有哪几种价态。

【实验要求】

(1) 设计实验方案，画出实验流程图，并写出相关的化学反应式。

（2）实验完毕后提交完整的实验报告，并对实验结果等进行分析和讨论。

实验 7.2　由工业镁渣制备硝酸镁

【实验目的】

（1）运用学过的溶解、结晶等理论知识和除杂质的有关操作，以工业镁渣为原料，设计经济合理的实验步骤回收硝酸镁；

（2）进一步练习固液分离、蒸发浓缩、冷却结晶等基本操作。

【实验要求】

（1）通过查阅书籍和文献资料自行设计实验方案。实验方案应包括实验目的、实验原理、实验仪器与药品、实验步骤。实验步骤设计中应考虑杂质的去除方法及最佳制备条件。

（2）要求制备的硝酸镁质量好，纯度高，能对产品纯度进行简单定性检验。

（3）实验完毕后提交完整的实验报告，并对实验方案的设计、实验结果等进行分析和讨论，提出改进措施。

【实验指导】

镁渣的主要成分是硝酸镁，杂质中以 Fe^{3+} 为主，此外还含有 Ca^{2+}、Mn^{2+}、Ni^{2+}、Cr^{3+}、Cl^- 等可溶性杂质和不溶性杂质（如泥沙等）。根据物质溶解度的不同，不溶性杂质可用溶解和过滤的方法除去；Fe^{3+} 易水解生成 $Fe(OH)_3$ 沉淀，可过滤除去；硝酸镁的溶解度随温度变化较大，少量可溶性杂质 Ca^{2+}、Mn^{2+} 等可用重结晶法除去。

【思考题】

（1）如何确定溶解镁渣的去离子水的用量？

（2）采用什么方法除铁？

（3）能否通过蒸干溶液的方法得到硝酸镁？

实验 7.3　由工业锌渣制备氯化锌

【实验目的】

（1）运用所学过的理论知识及制备和提纯实验操作，以工业锌渣为原料，设计经济合理的实验步骤制备氯化锌；

（2）进一步练习蒸发浓缩、固液分离等基本操作。

【实验要求】

（1）通过查阅书籍和文献资料自行设计实验方案。实验方案应包括实验目的、实验原理、实验仪器与药品、实验步骤。实验步骤设计中应考虑杂质的去除方法及最佳制备条件。

（2）要求制备的氯化锌质量好，纯度高，能对产品纯度进行简单定性检验。

（3）实验完毕后提交完整的实验报告，并对实验方案的设计、实验结果等进行分析和讨论，提出改进措施。

【实验指导】

本实验的主要原料为热镀锌厂收集的锌渣和工业盐酸，主要反应式如下：

$$Zn + HCl \mathtt{=\!=} ZnCl_2 + H_2 \uparrow$$

$$ZnO + HCl \mathtt{=\!=} ZnCl_2 + H_2O$$

锌渣中主要杂质金属有 Fe、Al、Pb、Cd、Cu 等。反应时，保证锌稍过量可使 Cu^{2+}、Pb^{2+}、Cd^{2+} 等离子不进入溶液。通过调节酸度，并用 H_2O_2 氧化，可将 Fe^{3+} 及 Al^{3+} 等离子以氢氧化物沉淀方式除去。溶液经蒸发浓缩，即可得到白色氯化锌产品。

【思考题】

（1）溶液中使铁沉淀的调节是什么？除铁时为何要加双氧水？

（2）采用什么方法调节溶液酸度？

实验 7.4　由废干电池制备硫酸锌

【实验目的】

（1）运用学过的溶解、结晶等理论知识和除杂的有关操作，以废干电池中的锌皮为原料，设计合理的实验步骤制备硫酸锌；

（2）进一步练习蒸发浓缩、冷却结晶、固液分离等基本操作。

【实验要求】

（1）通过查阅书籍和文献资料自行设计实验方案。实验方案应包括实验目的、实验原理、实验仪器与试剂、实验步骤。实验步骤设计中应考虑杂质的去除方法及最佳制备条件。

（2）要求制备的硫酸锌有足够的纯度，能对产品及其纯度进行简单定性检验。

（3）实验完毕后提交完整的实验报告，并对实验方案的设计、实验结果等进行分析和讨论，提出改进措施。

【实验指导】

电池中的锌皮既是电池的负极，又是电池的壳体。电池报废后，大部分的锌却没有被消耗，若能将其回收利用，既能节约资源，又能减少其对环境的污染。

锌是两性金属，既能溶于酸，又能溶于碱。常温下，锌与碱的反应极慢，而与酸的反应则快得多，可考虑用稀硫酸溶解锌皮。回收的锌皮表面可能粘有氯化锌、氯化铵及二氧化锰等杂质，可先用水刷洗除去。锌皮上还可能粘有石蜡、沥青等有机物，难以洗净，可在锌皮溶于酸后过滤除去。废旧锌皮中还含有少量杂质铁，因此还要考虑除铁的问题。可利用 Fe^{3+} 在 pH＝4 左右水解生成 $Fe(OH)_3$ 沉淀，过滤除去。硫酸锌的溶解度随温度变化较大，可蒸发浓缩后，冷却结晶，得到产物。

产品质量鉴定方法提示：（1）定性检验，证实为硫酸盐；证实为锌盐；（2）纯度检验，利用 $AgNO_3$ 溶液检验 Cl^-；利用 KSCN 溶液检验 Fe^{3+}；利用氨水检验 Cu^{2+}。

【思考题】

（1）如何确定溶解锌皮的酸的用量？

（2）本实验采用什么方法除铁？

（3）蒸发浓缩时，是否出现晶膜时就停止加热？为什么？

实验 7.5　由废干电池回收二氧化锰和氯化铵

【实验目的】

（1）了解废干电池对环境的危害及有效成分的利用方法；

（2）运用学过的溶解、结晶等理论知识和分离提纯操作，设计合理的实验步骤将废干电池中的二氧化锰和氯化铵加以回收利用；

（3）掌握无机物的提纯、分析等实验方法和技能。

【实验要求】

（1）通过查阅资料，了解目前我国小型电池的生产、使用和回收情况。通过查阅书籍和文献资料，自拟实验方案。设计出的实验方案要有科学性和先进性，既要有理论依据，又要在原有资料基础上有一定创新。同时，还应考虑防止进一步的污染和节约原材料等因素；设计的方案还要有实用性。

（2）提取 NH_4Cl：①设计实验方案，提取并提纯 NH_4Cl。②产品定性检验，证实其为铵盐；证实其为氯化物；判断有无杂质存在。③测定产品中 NH_4Cl 的含量。

（3）提取 MnO_2：①设计实验方案，提取并精制 MnO_2；②设计实验方案，验证 MnO_2；③试验 MnO_2 与盐酸、MnO_2 与 $KMnO_4$ 的作用（MnO_4^{2-} 的生成及其歧化反应）。

（4）要求制备的 MnO_2 和 NH_4Cl 有足够的纯度，能对产品纯度进行简单定性检验。

（5）实验完毕后提交完整的实验报告，并对实验方案的设计、实验结果等进行分析和讨论，提出改进措施。

注意：所设计的实验方案或采用的装置，要尽可能避免产生实验室空气污染。

【实验指导】

锌锰干电池是日常生活中用的干电池。其负极为作为电池壳体的锌电极，正

极的电芯是由 MnO_2 与乙炔黑、石墨、固体 NH_4Cl 按一定比例混合，加适当的电解液压制而成的。其电池反应为：

$$Zn+2NH_4Cl+2MnO_2 \rule[0.5ex]{2em}{0.4pt} Zn(NH_3)_2Cl_2+2MnO(OH)$$

在使用过程中，锌皮消耗最多，MnO_2 只起氧化作用，NH_4Cl 作为电解质，炭粉是填料。电池放电完后，大部分的 MnO_2 和 NH_4Cl 并未参与反应。因而回收处理废锌锰干电池可以获得多种物质，如铜、锌、MnO_2、NH_4Cl 和炭棒等，实为变废为宝的一种可利用资源。

废干电池可按如下方法拆卸：先剥去电池外层包装纸，用螺丝刀撬去顶盖，用小刀挖去顶盖下面的沥青层，然后用钳子慢慢拔出炭棒（连同铜帽），可留作电解用的电极。用剪刀把废电池外壳剥开，即可取出里面黑色的物质，为 MnO_2、NH_4Cl、炭粉、$ZnCl_2$ 等的混合物。

把这些黑色混合物倒入烧杯中，加入蒸馏水搅拌、过滤。滤液用以提取 NH_4Cl 和 $ZnCl_2$，滤渣用以制备 MnO_2 及锰的化合物。电池的锌壳可以用以制锌及锌盐。

在相同的温度下，$ZnCl_2$ 的溶解度比 NH_4Cl 大得多。根据两者溶解度的不同可回收 NH_4Cl。NH_4Cl 在 100℃ 时开始显著地挥发，338℃ 时解离，350℃ 时升华。回收产品中的 NH_4Cl 含量可由酸碱滴定法测定。NH_4Cl 先与甲醛作用生成六亚甲基四胺和盐酸，后者用 $NaOH$ 标准溶液滴定。有关反应式如下：

$$4NH_4Cl+6HCHO \rule[0.5ex]{2em}{0.4pt} (CH_2)_6N_4+4HCl+6H_2O$$

黑色混合物中还含有 MnO_2、炭粉和其它少量有机物，它们不溶于水，过滤后存在于滤渣中。将滤渣加热除去炭粉和有机物后即可得到 MnO_2。

【思考题】

（1）加热蒸发 NH_4Cl 和 $ZnCl_2$ 混合溶液时应注意什么？

（2）如何确定黑色混合物中的炭粉和有机物已除尽？

（3）如何回收废干电池中的 Pb、Cd 和 Hg？

实验 7.6　从含铜废液中制备二水合氯化铜

【实验目的】

（1）学习查阅资料，并设计实验方案，培养分析问题、解决问题的能力。

（2）了解铜的氧化物及碱式碳酸铜的性质，探求水合氯化铜的制备条件。

【实验要求】

（1）通过查阅书籍和文献资料自行设计实验方案。实验方案应包括实验目的、实验原理、实验仪器与试剂、实验步骤。实验步骤设计中应考虑杂质的去除方法及最佳制备条件。

（2）能对产品纯度进行简单定性检验。

（3）实验完毕后提交完整的实验报告，并对实验方案的设计、实验结果等进行分析和讨论，提出改进措施。

【实验指导】

$CuCl_2 \cdot 2H_2O$ 为绿色菱形结晶，单斜晶系，有毒，应密闭储存。用于制玻璃、陶瓷、颜料、消毒剂、媒染剂、食品添加剂、催化剂（如烃的卤化以及许多有机氧化反应）。用于金属提炼、木材防腐、照相、氧化剂、净水等。在潮湿空气中易潮解，在干燥空气中也易风化。易溶于水、氯化铵、丙酮、醇及醚中。从氯化铜水溶液生成结晶时，在 $299\sim315K$ 得二水盐，在 $288K$ 以下得四水盐，在 $288\sim298.7K$ 得三水盐，在 $315K$ 以上得一水盐。

氯化铜通常由盐酸法制得，用盐酸与氧化铜或碱式碳酸铜反应，将母液浓缩，冷却结晶即可。

含铜废液中常含有不溶性杂质和可溶性杂质（如 Fe^{2+}、Fe^{3+} 等），不溶性杂质通过过滤除去；Fe^{2+}、Fe^{3+} 等通过氧化、调节 pH 除去；其它可溶性杂质则可通过重结晶的方法除去。在一定温度的恒温水浴中，将 $CuSO_4$ 溶液倒入 Na_2CO_3 溶液中，搅拌，制得碱式碳酸铜，洗涤沉淀至无 SO_4^{2-}。用一定浓度的盐酸溶解碱式碳酸铜沉淀，然后水浴蒸发浓缩，冷却结晶，即可得到 $CuCl_2 \cdot 2H_2O$。

【注意事项】

（1）在硫酸铜的提纯中，浓缩液要自然冷却至室温析出晶体。否则，其它盐类（如 Na_2SO_4）也会析出。

（2）在溶液中得到碱式碳酸铜沉淀难以过滤，要控制沉淀条件以得到较大的晶形沉淀。

【思考题】

（1）反应温度对碱式碳酸铜的制备有什么影响？在什么温度下会有褐色产物生成？这种褐色物质是什么？

（2）若将 Na_2CO_3 溶液倒入 $CuSO_4$ 溶液，会有什么结果？

附　　录

附录1　元素及其化合物性质实验报告格式

实验一　p区元素性质（参考）

姓名：_____专业班级：_____学号：_____实验日期：_____

一、实验目的

1. 掌握卤素单质的化性和卤离子的还原性；

2. 掌握卤素含氧酸盐的氧化性；

二、仪器和药品（可只写仪器名称，药品名称略）

三、实验内容（要求以表格形式列出，要反映出每一个实验的标题，实验步骤，实验现象，以及对实验的解释和由实验得到的结论。实验步骤：要反映出试剂的化学名称，浓度，用量，加入方式，先后顺序以及反应条件；实验现象：要注明放热、吸热，沉淀生成或消失，沉淀的状态、颜色以及气体的生成、颜色、气体与特殊试纸的反应变化等；实验现象解释及结论：尽可能用化学反应式来说明）（参考下表）

（一）卤素单质与卤素离子的性质

1. 溴、碘的歧化反应

序号	实验步骤	实验现象	反应方程式	备注
(1)Br_2 的歧化	1 滴 Br_2 水 + 1 滴 $2mol \cdot L^{-1}$ NaOH	溴水褪色	$3Br_2 + 6OH^- == Br^- + 5BrO^- + 3H_2O$ $3BrO^- \xrightarrow{OH^-,室温} BrO_3^- + 2Br^-$	
(2)I_2 的歧化	1 滴 I_2 水 + 1 滴 $2mol \cdot L^{-1}$ NaOH	碘水褪色	$3I_2 + 6OH^- == 5I^- + IO_3^- + 3H_2O$	

2. 卤素单质的氧化性与卤素离子的还原性

	实验步骤	实验现象	反应方程式	备注
(1)Br_2 水与 I^- 的反应	2 滴 0.1 M KI + 0.3mL CCl_4 + 1 滴 Br_2 水	下层 CCl_4 由黄色→紫色	$2I^- + Br_2 == 2Br^- + I_2$	碘的 CCl_4 溶液为紫红
(2)Cl_2 与 Br^-、I^- 混合液的反应	0.5mL CCl_4 + 1 滴 $0.1mol \cdot L^{-1}$ KBr + 1 滴 $0.01mol \cdot L^{-1}$ KI，混匀后滴加氯水	下层 CCl_4 无色 →（粉红）→ 紫红 →橙色 →棕黄	$2I^- + Cl_2 == 2Cl^- + I_2$ $I_2 + 5Cl_2 + 6H_2O == 2HIO_3 + 10HCl$ $2Br^- + Cl_2 == 2Cl^- + Br_2$	

结论：卤素单质氧化性大小：$Cl_2 > Br_2 > I_2$；卤素离子还原性大小：……

（二）卤素含氧酸盐的氧化性

……

四、问题与讨论（列出实验中尚未解决的问题及简要理论知识的探讨）

附录2　相对原子质量（2007 年）

原子序数	名称	符号	相对原子质量	原子序数	名称	符号	相对原子质量	原子序数	名称	符号	相对原子质量
1	氢	H	1.00794(7)	32	锗	Ge	72.64(1)	63	铕	Eu	151.964(1)
2	氦	He	4.002602(2)	33	砷	As	74.92160(2)	64	钆	Gd	157.25(3)
3	锂	Li	6.941(2)	34	硒	Se	78.96(3)	65	铽	Tb	158.92535(2)
4	铍	Be	9.012182(3)	35	溴	Br	79.904(1)	66	镝	Dy	162.500(1)
5	硼	B	10.811(7)	36	氪	Kr	83.798(2)	67	钬	Ho	164.93032(2)
6	碳	C	12.0107(8)	37	铷	Rb	85.4678(3)	68	铒	Er	167.259(3)
7	氮	N	14.0067(2)	38	锶	Sr	87.62(1)	69	铥	Tm	168.93421(2)
8	氧	O	15.9994(3)	39	钇	Y	88.90585(2)	70	镱	Yb	173.054(5)
9	氟	F	18.9984032(5)	40	锆	Zr	91.224(2)	71	镥	Lu	174.9668(1)
10	氖	Ne	20.1797(6)	41	铌	Nb	92.90638(2)	72	铪	Hf	178.49(2)
11	钠	Na	22.98976928(2)	42	钼	Mo	95.96(2)	73	钽	Ta	180.94788(2)
12	镁	Mg	24.3050(6)	43	锝	Tc	[97.9072]	74	钨	W	183.84(1)
13	铝	Al	26.9815386(8)	44	钌	Ru	101.07(2)	75	铼	Re	186.207(1)
14	硅	Si	28.0855(3)	45	铑	Rh	102.90550(2)	76	锇	Os	190.23(3)
15	磷	P	30.973762(2)	46	钯	Pd	106.42(1)	77	铱	Ir	192.217(3)
16	硫	S	32.065(5)	47	银	Ag	107.8682(2)	78	铂	Pt	195.084(9)
17	氯	Cl	35.453(2)	48	镉	Cd	112.411(8)	79	金	Au	196.966569(4)
18	氩	Ar	39.948(1)	49	铟	In	114.818(3)	80	汞	Hg	200.59(2)
19	钾	K	39.0983(1)	50	锡	Sn	118.710(7)	81	铊	Tl	204.3833(2)
20	钙	Ca	40.078(4)	51	锑	Sb	121.760(1)	82	铅	Pb	207.2(1)
21	钪	Sc	44.955912(6)	52	碲	Te	127.60(3)	83	铋	Bi	208.98040(1)
22	钛	Ti	47.867(1)	53	碘	I	126.90447(3)	84	钋	Po	[208.9824]
23	钒	V	50.9415(1)	54	氙	Xe	131.293(6)	85	砹	At	[209.9871]
24	铬	Cr	51.9961(6)	55	铯	Cs	132.9054519(2)	86	氡	Rn	[222.0176]
25	锰	Mn	54.938045(5)	56	钡	Ba	137.327(7)	87	钫	Fr	[223]
26	铁	Fe	55.845(2)	57	镧	La	138.90547(7)	88	镭	Re	[226]
27	钴	Co	58.933195(5)	58	铈	Ce	140.116(1)	89	锕	Ac	[227]
28	镍	Ni	58.6934(4)	59	镨	Pr	140.90765(2)	90	钍	Th	232.03806(2)
29	铜	Cu	63.546(3)	60	钕	Nd	144.242(3)	91	镤	Pa	231.03588(2)
30	锌	Zn	65.38(2)	61	钷	Pm	[145]	92	铀	U	238.02891(3)
31	镓	Ga	69.723(1)	62	钐	Sm	150.36(2)				

　　注：1. 相对原子质量末位数的不确定度加注在其后的（　）内，比如原子序数为8的氧元素的相对原子质量 15.9994（3）是 15.9994±0.00003 的简写。

　　2. 方括号内的原子质量为放射性元素的半衰期最长的同位素的质量数。

附录 3　常用酸碱的相对密度和浓度

1. 市售的溶液的相对密度和浓度

酸或碱	化学式	浓度/mol·L^{-1}	溶质质量分数/%	相对密度
浓硫酸	H_2SO_4	18	98	1.84
浓硝酸	HNO_3	16	72	1.42
盐酸	HCl	12	37	1.18
磷酸	H_3PO_4	14.7	85	1.70
冰乙酸	CH_3COOH	17.50	99.5	1.05
甲酸	HCOOH	23.40	90	1.20
浓氨水	$NH_3·H_2O$	15	28	0.90
氢氧化钠	NaOH	14.4	40	1.44

2. 硝酸溶液的相对密度和浓度

相对密度	溶液的浓度/mol·L^{-1}	溶质质量分数/%	相对密度	溶液的浓度/mol·L^{-1}	溶质质量分数/%
1.100	2.985	17.10	1.440	17.06	74.68
1.200	6.159	32.34	1.450	18.53	79.98
1.300	9.759	47.48	1.480	20.21	86.05
1.340	11.49	54.07	1.500	22.39	94.09
1.360	12.42	57.57	1.510	23.50	98.10
1.380	13.42	61.27	1.520	24.04	99.67
1.400	14.51	65.30			

3. 盐酸溶液的相对密度和浓度

相对密度	溶液的浓度/mol·L^{-1}	溶质质量分数/%	相对密度	溶液的浓度/mol·L^{-1}	溶质质量分数/%
1.100	6.037	20.01	1.160	10.03	31.52
1.110	6.673	21.92	1.170	10.74	33.46
1.120	7.317	23.82	1.180	11.45	35.38
1.130	7.981	25.75	1.190	12.15	37.23
1.140	8.648	27.66	1.200	12.87	39.11
1.150	9.327	29.57			

4. 硫酸溶液的相对密度和浓度

相对密度	溶液的浓度/mol·L^{-1}	溶质质量分数/%	相对密度	溶液的浓度/mol·L^{-1}	溶质质量分数/%
1.100	1.610	14.35	1.840	17.935	95.6
1.200	3.343	27.32	1.8405	17.995	95.95
1.300	5.195	39.19	1.8410	18.085	96.38
1.400	7.155	50.11	1.8415	18.270	97.35
1.500	9.130	59.70	1.8410	18.435	98.20
1.600	11.205	68.70	1.8405	18.495	98.52
1.700	13.375	77.17	1.8400	18.515	98.72
1.800	15.945	86.92	1.8395	18.525	98.77
1.810	16.295	88.30	1.8390	18.590	99.12
1.820	16.710	90.05	1.8385	18.615	99.31
1.830	17.195	92.10	1.837	18.830	100.00

附录4　常用缓冲溶液的配制方法

1. 甘氨酸-盐酸缓冲溶液（0.05mol·L⁻¹）

pH	X/mL	Y/mL	pH	X/mL	Y/mL
2.2	50	44.0	3.0	50	11.4
2.4	50	32.4	3.2	50	8.2
2.6	50	24.2	3.4	50	6.4
2.8	50	16.8	3.6	50	5.0

甘氨酸 $M_r=75.07$；$0.2\text{mol}\cdot L^{-1}$ 甘氨酸溶液含 $15.01\text{g}\cdot L^{-1}$。$X\text{mL}$ $0.2\text{mol}\cdot L^{-1}$ 甘氨酸＋$Y\text{mL}$ $0.2\text{mol}\cdot L^{-1}$ HCl，再加水稀释至200mL。

2. 邻苯二甲酸-盐酸缓冲溶液（0.05mol·L⁻¹）

pH(20℃)	X/mL	Y/mL	pH(20℃)	X/mL	Y/mL
2.2	5	4.670	3.2	5	1.470
2.4	5	3.960	3.4	5	0.990
2.6	5	3.295	3.6	5	0.597
2.8	5	2.642	3.8	5	0.263
3.0	5	2.032			

邻苯二甲酸氢钾 $M_r=204.23$；$0.2\text{mol}\cdot L^{-1}$ 邻苯二甲酸氢钾溶液含 $40.85\text{g}\cdot L^{-1}$。$X\text{mL}$ $0.2\text{mol}\cdot L^{-1}$ 邻苯二甲酸氢钾＋$Y\text{mL}$ $0.2\text{mol}\cdot L^{-1}$ HCl，再加水稀释至20mL。

3. 磷酸氢二钠-柠檬酸缓冲溶液

pH	$0.2\text{mol}\cdot L^{-1}$ Na_2HPO_4/mL	$0.1\text{mol}\cdot L^{-1}$ 柠檬酸/mL	pH	$0.2\text{mol}\cdot L^{-1}$ Na_2HPO_4/mL	$0.1\text{mol}\cdot L^{-1}$ 柠檬酸/mL
2.2	0.40	19.60	5.2	10.72	9.28
2.4	1.24	18.76	5.4	11.15	8.85
2.6	2.18	17.82	5.6	11.60	8.40
2.8	3.17	16.83	5.8	12.09	7.91
3.0	4.11	15.89	6.0	12.63	7.37
3.2	4.94	15.06	6.2	13.22	6.78
3.4	5.70	14.30	6.4	13.85	6.15
3.6	6.44	13.56	6.6	14.55	5.45
3.8	7.10	12.90	6.8	15.45	4.55
4.0	7.71	12.29	7.0	16.47	3.53
4.2	8.28	11.72	7.2	17.39	2.61
4.4	8.82	11.18	7.4	18.17	1.83
4.6	9.35	10.65	7.6	18.73	1.27
4.8	9.86	10.14	7.8	19.15	0.85
5.0	10.30	9.70	8.0	19.45	0.55

Na_2HPO_4：$M_r=141.98$，$0.2\text{mol}\cdot L^{-1}$ 溶液为 $28.40\text{g}\cdot L^{-1}$；

$Na_2HPO_4\cdot 2H_2O$：$M_r=178.05$，$0.2\text{mol}\cdot L^{-1}$ 溶液含 $35.61\text{g}\cdot L^{-1}$；

$C_6H_8O_7\cdot H_2O$：$M_r=210.14$，$0.1\text{mol}\cdot L^{-1}$ 溶液为 $21.01\text{g}\cdot L^{-1}$。

4. 磷酸盐缓冲溶液

(1) 磷酸氢二钠-磷酸二氢钠缓冲溶液 （0.2mol·L⁻¹）

pH	$0.2mol·L^{-1}$ Na_2HPO_4/mL	$0.2mol·L^{-1}$ NaH_2PO_4/mL	pH	$0.2mol·L^{-1}$ Na_2HPO_4/mL	$0.2mol·L^{-1}$ NaH_2PO_4/mL
5.8	8.0	92.0	7.0	61.0	39.0
5.9	10.0	90.0	7.1	67.0	33.0
6.0	12.3	87.7	7.2	72.0	28.0
6.1	15.0	85.0	7.3	77.0	23.0
6.2	18.5	81.5	7.4	81.0	19.0
6.3	22.5	77.5	7.5	84.0	16.0
6.4	26.5	73.5	7.6	87.0	13.0
6.5	31.5	68.5	7.7	89.5	10.5
6.6	37.5	62.5	7.8	91.5	8.5
6.7	43.5	56.5	7.9	93.0	7.0
6.8	49.0	51.0	8.0	94.7	5.3
6.9	55.0	45.0			

$Na_2HPO_4·2H_2O$：$M_r=178.05$，$0.2mol·L^{-1}$溶液为$35.61g·L^{-1}$；

$Na_2HPO_4·12H_2O$：$M_r=358.22$，$0.2mol·L^{-1}$溶液为$71.64g·L^{-1}$；

$NaH_2PO_4·H_2O$：$M_r=138.01$，$0.2mol·L^{-1}$溶液为$27.6g·L^{-1}$；

$NaH_2PO_4·2H_2O$：$M_r=156.03$，$0.2mol·L^{-1}$溶液为$31.21g·L^{-1}$。

(2) 磷酸氢二钠-磷酸二氢钾缓冲溶液 （1/15mol·L⁻¹）

pH	$1/15mol·L^{-1}$ Na_2HPO_4/mL	$1/15mol·L^{-1}$ KH_2PO_4/mL	pH	$1/15mol·L^{-1}$ Na_2HPO_4/mL	$1/15mol·L^{-1}$ KH_2PO_4/mL
4.92	0.10	9.90	7.17	7.00	3.00
5.29	0.50	9.50	7.38	8.00	2.00
5.91	1.00	9.00	7.73	9.00	1.00
6.24	2.00	8.00	8.04	9.50	0.50
6.47	3.00	7.00	8.34	9.75	0.25
6.64	4.00	6.00	8.67	9.90	0.10
6.81	5.00	5.00	8.18	10.00	0
6.98	6.00	4.00			

$Na_2HPO_4·2H_2O$：$M_r=178.05$，$1/15mol·L^{-1}$溶液为$11.876g·L^{-1}$；

KH_2PO_4：$M_r=136.09$，$1/15mol·L^{-1}$溶液为$9.078g·L^{-1}$。

5. 磷酸二氢钾-氢氧化钠缓冲溶液 （0.05mol·L⁻¹）

pH(20℃)	X/mL	Y/mL	pH(20℃)	X/mL	Y/mL
5.8	5	0.372	7.0	5	2.963
6.0	5	0.570	7.2	5	3.500
6.2	5	0.860	7.4	5	3.950
6.4	5	1.260	7.6	5	4.280
6.6	5	1.780	7.8	5	4.520
6.8	5	2.365	8.0	5	4.680

XmL $0.2mol·L^{-1}$ KH_2PO_4＋YmL $0.2mol·L^{-1}$ NaOH 加水稀释至 20mL。

6. 乙酸-乙酸钠缓冲溶液 （0.2mol·L⁻¹）

pH(18℃)	0.2mol·L⁻¹ NaAc/mL	0.2mol·L⁻¹ HAc/mL	pH(18℃)	0.2mol·L⁻¹ NaAc/mL	0.2mol·L⁻¹ HAc/mL
3.6	0.75	9.25	4.8	5.90	4.10
3.8	1.20	8.80	5.0	7.00	3.00
4.0	1.80	8.20	5.2	7.90	2.10
4.2	2.65	7.35	5.4	8.60	1.40
4.4	3.70	6.30	5.6	9.10	0.90
4.6	4.90	5.10	5.8	9.40	0.60

NaAc·3H₂O：M_r=136.09，0.2mol·L⁻¹溶液为27.22g·L⁻¹。

7. 柠檬酸-氢氧化钠-盐酸缓冲溶液

pH	钠离子浓度 /mol·L⁻¹	柠檬酸 (C₆O₇H₈·H₂O)/g	NaOH(97%)/g	HCl(浓)/mL	最终体积/L*
2.2	0.20	210	84	160	10
3.1	0.20	210	83	116	10
3.3	0.20	210	83	106	10
4.3	0.20	210	83	45	10
5.3	0.35	245	144	68	10
5.8	0.45	285	186	105	10
6.5	0.38	266	156	126	10

* 使用时可以每升加入1g酚，若最后pH有变化，再用少量50%NaOH溶液或浓盐酸调节，冰箱保存。

8. 柠檬酸-柠檬酸钠缓冲溶液 （0.1mol·L⁻¹）

pH	0.1mol·L⁻¹ 柠檬酸/mL	0.1mol·L⁻¹ 柠檬酸钠/mL	pH	0.1mol·L⁻¹ 柠檬酸/mL	0.1mol·L⁻¹ 柠檬酸钠/mL
3.0	18.6	1.4	5.0	8.2	11.8
3.2	17.2	2.8	5.2	7.3	12.7
3.4	16.0	4.0	5.4	6.4	13.6
3.6	14.9	5.1	5.6	5.5	14.5
3.8	14.0	6.0	5.8	4.7	15.3
4.0	13.1	6.9	6.0	3.8	16.2
4.2	12.3	7.7	6.2	2.8	17.2
4.4	11.4	8.6	6.4	2.0	18.0
4.6	10.3	9.7	6.6	1.4	18.6
4.8	9.2	10.8			

柠檬酸 C₆H₈O₇·H₂O：M_r=210.14，0.1mol·L⁻¹溶液为21.01g·L⁻¹；

柠檬酸钠 Na₃C₆H₅O₇·2H₂O：M_r=294.12，0.1mol·L⁻¹溶液为29.41g·L⁻¹。

9. 巴比妥钠-盐酸缓冲溶液（18℃）

pH	0.04mol · L⁻¹ 巴比妥钠溶液/mL	0.2mol · L⁻¹ 盐酸/mL	pH	0.04mol · L⁻¹ 巴比妥钠溶液/mL	0.02mol · L⁻¹ 盐酸/mL
6.8	100	18.4	8.4	100	5.21
7.0	100	17.8	8.6	100	3.82
7.2	100	16.7	8.8	100	2.52
7.4	100	15.3	9.0	100	1.65
7.6	100	13.4	9.2	100	1.13
7.8	100	11.47	9.4	100	0.70
8.0	100	9.39	9.6	100	0.35
8.2	100	7.21			

巴比妥钠盐：$M_r = 206.18$，$0.04 mol · L^{-1}$ 溶液为 $8.25 g · L^{-1}$。

10. 硼酸-硼砂缓冲溶液（0.2mol · L⁻¹ 硼酸根）

pH	0.05mol · L⁻¹ 硼砂/mL	0.2mol · L⁻¹ 硼酸/mL	pH	0.05mol · L⁻¹ 硼砂/mL	0.2mol · L⁻¹ 硼酸/mL
7.4	1.0	9.0	8.2	3.5	6.5
7.6	1.5	8.5	8.4	4.5	5.5
7.8	2.0	8.0	8.7	6.0	4.0
8.0	3.0	7.0	9.0	8.0	2.0

硼砂 $Na_2B_4O_7 · 10H_2O$：$M_r = 381.43$，$0.05 mol · L^{-1}$ 溶液（$= 0.2 mol · L^{-1}$ 硼酸根）含 $19.07 g · L^{-1}$；

硼酸 H_3BO_3：$M_r = 61.84$，$0.2 mol · L^{-1}$ 溶液为 $12.37 g · L^{-1}$；

硼砂易失去结晶水，必须在带塞的瓶中保存。

11. Tris-盐酸缓冲溶液（0.05mol · L⁻¹，25 ℃）

pH	X/mL	pH	X/mL
7.10	45.7	8.10	26.2
7.20	44.7	8.20	22.9
7.30	43.4	8.30	19.9
7.40	42.0	8.40	17.2
7.50	40.3	8.50	14.7
7.60	38.5	8.60	12.4
7.70	36.6	8.70	10.3
7.80	34.5	8.80	8.5
7.90	32.0	8.90	7.0
8.00	29.2		

50mL $0.1 mol · L^{-1}$ 三羟甲基氨基甲烷（Tris）溶液与 XmL $0.1 mol · L^{-1}$ 盐酸混匀后，加水稀释至 100mL。

12. 甘氨酸-氢氧化钠缓冲溶液 （0.05mol·L⁻¹）

pH	X/mL	Y/mL	pH	X/mL	Y/mL
8.6	50	4.0	9.6	50	22.4
8.8	50	6.0	9.8	50	27.2
9.0	50	8.8	10.0	50	32.0
9.2	50	12.0	10.4	50	38.6
9.4	50	16.8	10.6	50	45.5

甘氨酸 M_r＝75.07，0.2mol·L⁻¹溶液含 15.01g·L⁻¹；XmL 0.2mol·L⁻¹甘氨酸＋YmL 0.2mol·L⁻¹ NaOH 加水稀释至 200mL。

13. 硼砂-氢氧化钠缓冲溶液 （0.05mol·L⁻¹硼酸根）

pH	X/mL	Y/mL	pH	X/mL	Y/mL
9.3	50	6.0	9.8	50	34.0
9.4	50	11.0	10.0	50	43.0
9.6	50	23.0	10.1	50	46.0

硼砂 $Na_2B_4O_7 \cdot 10H_2O$：Mr＝381.43，0.05mol·L⁻¹溶液为 19.07g·L⁻¹；XmL 0.05mol·L⁻¹硼砂＋YmL 0.2mol·L⁻¹ NaOH 加水稀释至 200mL。

14. 碳酸钠-碳酸氢钠缓冲溶液 （0.1mol·L⁻¹）

pH		0.1mol·L⁻¹ Na_2CO_3/mL	0.1mol·L⁻¹ $NaHCO_3$/mL
20℃	37℃		
9.16	8.77	1	9
9.40	9.12	2	8
9.51	9.40	3	7
9.78	9.50	4	6
9.90	9.72	5	5
10.14	9.90	6	4
10.28	10.08	7	3
10.53	10.28	8	2
10.83	10.57	9	1

$Na_2CO_3 \cdot 10H_2O$：M_r＝286.2，0.1mol·L⁻¹溶液为 28.62g·L⁻¹；

$NaHCO_3$：M_r＝84.0，0.1mol·L⁻¹溶液为 8.40g·L⁻¹；

Ca^{2+}、Mg^{2+}存在时不得使用。

附录5　常用指示剂

1. 常用酸碱指示剂

名称	变色 pH 范围	颜色变化	配　制　方　法
0.1%百里酚蓝	1.2～2.8	红～黄	0.1g 百里酚蓝溶于 20mL 乙醇中,加水至 100mL
0.1%甲基橙	3.1～4.4	红～黄	0.1g 甲基橙溶于 100mL 热水中
0.1%溴酚蓝	3.0～1.6	黄～紫蓝	0.1g 溴酚蓝溶于 20mL 乙醇中,加水至 100mL

名称	变色 pH 范围	颜色变化	配 制 方 法
0.1%溴甲酚绿	4.0~5.4	黄~蓝	0.1g 溴甲酚绿溶于 20mL 乙醇中,加水至 100mL
0.1%甲基红	4.8~6.2	红~黄	0.1g 甲基红溶于 60mL 乙醇中,加水至 100mL
0.1%溴百里酚蓝	6.0~7.6	黄~蓝	0.1g 溴百里酚蓝溶于 20mL 乙醇中,加水至 100mL
0.1%中性红	6.8~8.0	红~黄橙	0.1g 中性红溶于 60mL 乙醇中,加水至 100mL
0.2%酚酞	8.0~9.6	无色~红	0.2g 酚酞溶于 90mL 乙醇中,加水至 100mL
0.1%百里酚蓝	8.0~9.6	黄~蓝	0.1g 百里酚蓝溶于 20mL 乙醇中,加水至 100mL
0.1%百里酚酞	9.4~10.6	无色~蓝	0.1g 百里酚酞溶于 90mL 乙醇中,加水至 100mL
0.1%茜素黄	10.1~12.1	黄~紫	0.1g 茜素黄溶于 100mL 水中

2. 氧化还原指示剂

名称	变色电位 φ/V	颜色		配 制 方 法
		氧化态	还原态	
二苯胺(1%)	0.76	紫	无色	1g 二苯胺在搅拌下溶于 100mL 浓硫酸和 100mL 浓磷酸,储于棕色瓶中
二苯胺磺酸钠(0.5%)	0.85	紫	无色	0.5 g 二苯胺磺酸钠溶于 100mL 水中,必要时过滤
邻菲罗啉硫酸亚铁(0.5%)	1.06	淡蓝	红	0.5g $FeSO_4 \cdot 7H_2O$ 溶于 100mL 水中,加 2 滴硫酸,加 0.5g 邻菲罗啉
邻苯氨基苯甲酸(0.2%)	1.08	红	无色	0.2g 邻苯氨基苯甲酸加热溶解在 100mL 0.2% Na_2CO_3 溶液中,必要时过滤
淀粉(0.2%)				0.2g 可溶性淀粉,加少许水调成浆状,在搅拌下注入 100mL 沸水中,微沸 2 min,放置,取上层溶液使用(若要保持稳定,可在研磨淀粉时加入 1 mg HgI_2)

3. 金属离子指示剂

名称	颜色		配 制 方 法
	游离	化合物	
铬酸钾	黄	砖红	5%水溶液
硫酸铁铵(40%)	无色	血红	$NH_4Fe(SO_4)_2 \cdot 12H_2O$ 饱和水溶液中加数滴浓 H_2SO_4
荧光黄(0.5%)	绿色荧光	玫瑰红	0.50g 荧光黄溶于乙醇,并用乙醇稀释至 100mL
铬黑 T	蓝	酒红	0.50g 铬黑 T 溶于 100mL 去离子水中,储于棕色瓶中
钙指示剂	蓝	红	0.5g 钙指示剂与 100g NaCl 研细、混匀
二甲酚橙(0.5%)	黄	红	0.5g 二甲酚橙溶于 100mL 去离子水中
K-B 指示剂	蓝	红	0.2g 酸性铬蓝 K 与 0.4g 萘酚绿 B 溶于 100mL 去离子水中
磺基水杨酸	无	红	10%水溶液
PAN 指示剂(0.2%)	黄	红	0.2g PAN 溶于 100mL 乙醇中
邻苯二酚紫(0.1%)	紫	蓝	0.1g 邻苯二酚紫溶于 100mL 去离子水中

附录6　部分难溶电解质的溶度积常数

化合物	K_{sp}	化合物	K_{sp}	化合物	K_{sp}
AgAc	1.94×10^{-3}	Hg_2CrO_4	2.0×10^{-9}	Hg_2SO_4	6.5×10^{-7}
AgBr	5.0×10^{-13}	$PbCrO_4$	2.8×10^{-13}	$PbSO_4$	1.6×10^{-8}
AgCl	1.8×10^{-10}	$SrCrO_4$	2.2×10^{-5}	$SrSO_4$	3.2×10^{-7}
AgI	8.3×10^{-17}	$Al(OH)_3$	1.3×10^{-33}	Ag_2S	6.3×10^{-50}
BaF_2	1.84×10^{-7}	$Be(OH)_2$	1.6×10^{-22}	CdS	8.0×10^{-27}
CaF_2	5.3×10^{-9}	$Ca(OH)_2$	5.5×10^{-6}	CoS(α-型)	4.0×10^{-21}
CuBr	5.3×10^{-9}	$Cd(OH)_2$	5.27×10^{-15}	CoS(β-型)	2.0×10^{-25}
CuCl	1.2×10^{-6}	$Co(OH)_2$(粉红)	1.09×10^{-15}	Cu_2S	2.5×10^{-48}
CuI	1.1×10^{-12}	$Co(OH)_2$(蓝色)	5.92×10^{-15}	CuS	6.3×10^{-36}
Hg_2Cl_2	1.3×10^{-18}	$Co(OH)_3$	1.6×10^{-44}	FeS	6.3×10^{-18}
Hg_2I_2	4.5×10^{-29}	$Cr(OH)_2$	2×10^{-16}	HgS(黑)	1.6×10^{-52}
HgI_2	2.9×10^{-29}	$Cr(OH)_3$	6.3×10^{-31}	HgS(红)	4×10^{-53}
$PbBr_2$	6.60×10^{-6}	$Cu(OH)_2$	2.2×10^{-20}	MnS(晶形)	2.5×10^{-13}
$PbCl_2$	1.6×10^{-5}	$Fe(OH)_2$	8.0×10^{-16}	NiS	1.07×10^{-21}
PbF_2	3.3×10^{-8}	$Fe(OH)_3$	4.0×10^{-38}	PbS	8.0×10^{-28}
PbI_2	7.1×10^{-9}	$Mg(OH)_2$	1.8×10^{-11}	SnS	1×10^{-25}
SrF_2	4.33×10^{-9}	$Mn(OH)_2$	1.9×10^{-13}	SnS_2	2×10^{-27}
Ag_2CO_3	8.45×10^{-12}	$Ni(OH)_2$	2.0×10^{-15}	ZnS	2.93×10^{-25}
$BaCO_3$	5.1×10^{-9}	$Pb(OH)_2$	1.2×10^{-15}	Ag_3PO_4	1.4×10^{-16}
$CaCO_3$	3.36×10^{-9}	$Sn(OH)_2$	1.4×10^{-28}	$AlPO_4$	6.3×10^{-19}
$CdCO_3$	1.0×10^{-12}	$Zn(OH)_2$	1.2×10^{-17}	$CaHPO_4$	1×10^{-7}
$CuCO_3$	1.4×10^{-10}	$Ag_2C_2O_4$	5.4×10^{-12}	$Ca_3(PO_4)_2$	2.0×10^{-29}
$FeCO_3$	3.13×10^{-11}	BaC_2O_4	1.6×10^{-7}	$Cd_3(PO_4)_2$	2.53×10^{-33}
Hg_2CO_3	3.6×10^{-17}	$CaC_2O_4 \cdot H_2O$	4×10^{-9}	$Cu_3(PO_4)_2$	1.40×10^{-37}
$MgCO_3$	6.82×10^{-6}	CuC_2O_4	4.43×10^{-10}	$FePO_4 \cdot 2H_2O$	9.91×10^{-16}
$MnCO_3$	2.24×10^{-11}	$FeC_2O_4 \cdot 2H_2O$	3.2×10^{-7}	$MgNH_4PO_4$	2.5×10^{-13}
$NiCO_3$	1.42×10^{-7}	$Hg_2C_2O_4$	1.75×10^{-13}	$Mg_3(PO_4)_2$	1.04×10^{-24}
$PbCO_3$	7.4×10^{-14}	$MgC_2O_4 \cdot 2H_2O$	4.83×10^{-6}	$Pb_3(PO_4)_2$	8.0×10^{-43}
$SrCO_3$	5.6×10^{-10}	$MnC_2O_4 \cdot 2H_2O$	1.70×10^{-7}	$Zn_3(PO_4)_2$	9.0×10^{-33}
$ZnCO_3$	1.46×10^{-10}	PbC_2O_4	8.51×10^{-10}	$Cu_2[Fe(CN)_6]$	1.3×10^{-16}
Ag_2CrO_4	1.12×10^{-12}	$SrC_2O_4 \cdot H_2O$	1.6×10^{-7}	AgSCN	1.03×10^{-12}
$Ag_2Cr_2O_7$	2.0×10^{-7}	$ZnC_2O_4 \cdot 2H_2O$	1.38×10^{-9}	CuSCN	4.8×10^{-15}
$BaCrO_4$	1.2×10^{-10}	Ag_2SO_4	1.2×10^{-5}	$AgBrO_3$	5.3×10^{-5}
$CaCrO_4$	7.1×10^{-4}	$BaSO_4$	1.1×10^{-10}	$AgIO_3$	3.0×10^{-8}
$CuCrO_4$	3.6×10^{-6}	$CaSO_4$	9.1×10^{-6}	$Cu(IO_3)_2 \cdot H_2O$	7.4×10^{-8}

附录 7　弱电解质的电离常数

名称	化学式	电离常数(K)	pK
醋酸	HAc	1.76×10^{-5}	4.75
碳酸	H_2CO_3	$K_1 = 4.30 \times 10^{-7}$	6.37
		$K_2 = 5.61 \times 10^{-11}$	10.25
草酸	$H_2C_2O_4$	$K_1 = 5.90 \times 10^{-2}$	1.23
		$K_2 = 6.40 \times 10^{-5}$	4.19
亚硝酸	HNO_2	4.6×10^{-4}(285.5K)	3.37
磷酸	H_3PO_4	$K_1 = 7.52 \times 10^{-3}$	2.12
		$K_2 = 6.23 \times 10^{-8}$	7.21
		$K_3 = 2.2 \times 10^{-13}$(291K)	12.67
亚硫酸	H_2SO_3	$K_1 = 1.54 \times 10^{-2}$(291K)	1.81
		$K_2 = 1.02 \times 10^{-7}$	6.91
硫酸	H_2SO_4	$K_2 = 1.20 \times 10^{-2}$	1.92
硫化氢	H_2S	$K_1 = 9.1 \times 10^{-8}$(291K)	7.04
		$K_2 = 1.1 \times 10^{-12}$	11.96
氢氰酸	HCN	4.93×10^{-10}	9.31
铬酸	H_2CrO_4	$K_1 = 1.8 \times 10^{-1}$	0.74
		$K_2 = 3.20 \times 10^{-7}$	6.49
硼酸	H_3BO_3	5.8×10^{-10}	9.24
氢氟酸	HF	3.53×10^{-4}	3.45
过氧化氢	H_2O_2	2.4×10^{-12}	11.62
次氯酸	HClO	2.95×10^{-5}(291K)	4.53
次溴酸	HBrO	2.06×10^{-9}	8.69
次碘酸	HIO	2.3×10^{-11}	10.64
碘酸	HIO_3	1.69×10^{-1}	0.77
砷酸	H_3AsO_4	$K_1 = 5.62 \times 10^{-3}$(291K)	2.25
		$K_2 = 1.70 \times 10^{-7}$	6.77
		$K_3 = 3.95 \times 10^{-12}$	11.40
亚砷酸	$HAsO_2$	6×10^{-10}	9.22
铵根离子	NH_4^+	5.56×10^{-10}	9.25
氨水	$NH_3 \cdot H_2O$	1.79×10^{-5}	4.75
联胺	N_2H_4	8.91×10^{-7}	6.05

续表

名称	化学式	电离常数(K)	pK
羟氨	NH_2OH	9.12×10^{-9}	8.04
氢氧化铅	$Pb(OH)_2$	9.6×10^{-4}	3.02
氢氧化锂	$LiOH$	6.31×10^{-1}	0.2
氢氧化铍	$Be(OH)_2$	1.78×10^{-6}	5.75
	$BeOH^+$	2.51×10^{-9}	8.6
氢氧化铝	$Al(OH)_3$	5.01×10^{-9}	8.3
	$Al(OH)_2^+$	1.99×10^{-10}	9.7
氢氧化锌	$Zn(OH)_2$	7.94×10^{-7}	6.1
氢氧化镉	$Cd(OH)_2$	5.01×10^{-11}	10.3
乙二胺	$H_2NC_2H_4NH_2$	$K_1=8.5\times10^{-5}$	4.07
		$K_2=7.1\times10^{-8}$	7.15
六亚甲基四胺	$(CH_2)_6N_4$	1.35×10^{-9}	8.87
尿素	$CO(NH_2)_2$	1.3×10^{-14}	13.89
质子化六亚甲基四胺	$(CH_2)_6N_4H^+$	7.1×10^{-6}	5.15
甲酸	$HCOOH$	1.77×10^{-4}(293K)	3.75
氯乙酸	$ClCH_2COOH$	1.40×10^{-3}	2.85
氨基乙酸	NH_2CH_2COOH	1.67×10^{-10}	9.78
邻苯二甲酸	$C_6H_4(COOH)_2$	$K_1=1.12\times10^{-3}$	2.95
		$K_2=3.91\times10^{-6}$	5.41
柠檬酸	$(HOOCCH_2)_2C(OH)COOH$	$K_1=7.1\times10^{-4}$	3.14
		$K_2=1.68\times10^{-5}$(293K)	4.77
		$K_3=4.1\times10^{-7}$	6.39
α-酒石酸	$(CHCOOH)_2$ 丨 OH	$K_1=1.04\times10^{-3}$	2.98
		$K_2=4.55\times10^{-5}$	4.34
8-羟基喹啉	C_9H_6NOH	$K_1=8\times10^{-6}$	5.1
		$K_2=1\times10^{-9}$	9.0
苯酚	C_6H_5OH	1.28×10^{-10}(293K)	9.89
对氨基苯磺酸	$H_2NC_6H_4SO_3H$	$K_1=2.6\times10^{-1}$	0.58
		$K_2=7.6\times10^{-4}$	3.12
乙二胺四乙酸(EDTA)	$(CH_2COOH)_2NH^+CH_2CH_2NH^+(CH_2COOH)_2$	$K_5=5.4\times10^{-7}$	6.27
		$K_6=1.12\times10^{-11}$	10.95

摘自 R. C. Weast，Handbook of Chemistry and Physics D-165，70th. Ed.，1989~1990。

附录 8　　一些配离子的稳定常数（298K）

配离子	K_f	配离子	K_f
$[Ag(CN)_2]^-$	5.6×10^{18}	$[Fe(EDTA)]^-$	1.7×10^{24}
$[Ag(EDTA)]^{3-}$	2.1×10^7	$[Fe(EDTA)]^{2-}$	2.1×10^{14}
$[Ag(en)_2]^+$	5.0×10^7	$[Fe(en)_3]^{2+}$	5.0×10^9
$[Ag(NH_3)_2]^+$	1.6×10^7	$[Fe(ox)_3]^{3-}$	2.0×10^{20}
$[Ag(SCN)_4]^{3-}$	1.2×10^{10}	$[Fe(ox)_3]^{4-}$	1.7×10^5
$[Ag(S_2O_3)_2]^{3-}$	1.7×10^{13}	$[Fe(SCN)]^{2+}$	8.9×10^2
$[Al(EDTA)]^-$	1.3×10^{16}	$[HgCl_4]^{2-}$	1.2×10^{15}
$[Al(OH)_4]^-$	1.1×10^{33}	$[Hg(CN)_4]^{2-}$	3.0×10^{41}
$[Al(ox)_3]^{3-}$	2.0×10^{16}	$[Hg(EDTA)]^{2-}$	6.3×10^{21}
$[CdCl_4]^{2-}$	6.3×10^2	$[Hg(en)_2]^{2+}$	2.0×10^{23}
$[Cd(CN)_4]^{2-}$	6.0×10^{18}	$[HgI_4]^{2-}$	6.8×10^{29}
$[Cd(en)_3]^{2+}$	1.2×10^{12}	$[Hg(ox)_2]^{2-}$	9.5×10^6
$[Cd(NH_3)_4]^{2+}$	1.3×10^7	$[Ni(CN)_4]^{2-}$	2.0×10^{31}
$[Co(EDTA)]^-$	1.0×10^{36}	$[Ni(EDTA)]^{2-}$	3.6×10^{18}
$[Co(EDTA)]^{2-}$	2.0×10^{16}	$[Ni(en)_3]^{2+}$	2.1×10^{18}
$[Co(en)_3]^{2+}$	8.7×10^{13}	$[Ni(NH_3)_6]^{2+}$	5.5×10^8
$[Co(en)_3]^{3+}$	4.9×10^{48}	$[Ni(ox)_3]^{4-}$	3.0×10^8
$[Co(NH_3)_6]^{2+}$	1.3×10^5	$[PbCl_3]^-$	2.4×10^1
$[Co(NH_3)_6]^{3+}$	4.5×10^{33}	$[Pb(EDTA)]^{2-}$	2.0×10^{18}
$[Co(ox)_3]^{3-}$	1.0×10^{20}	$[PbI_4]^{2-}$	3.0×10^4
$[Co(ox)_3]^{4-}$	5.0×10^9	$[Pb(OH)_3]^-$	3.8×10^{14}
$[Co(SCN)_4]^{2-}$	1.0×10^3	$[Pb(ox)_2]^{2-}$	3.5×10^6
$[Cr(EDTA)]^-$	1.0×10^{23}	$[Pb(S_2O_3)_3]^{4-}$	2.2×10^6
$[Cr(OH)_4]^-$	8.0×10^{29}	$[PtCl_4]^{2-}$	1.0×10^{16}
$[CuCl_3]^{2-}$	5.0×10^5	$[Pt(NH_3)_6]^{2+}$	2.0×10^{35}
$[Cu(CN)_4]^{3-}$	2.0×10^{30}	$[Zn(CN)_4]^{2-}$	1.0×10^{18}
$[Cu(EDTA)]^{2-}$	5.0×10^{18}	$[Zn(EDTA)]^{2-}$	3.0×10^{16}
$[Cu(en)_2]^{2+}$	1.0×10^{20}	$[Zn(en)_2]^{2+}$	1.3×10^{14}
$[Cu(NH_3)_4]^{2+}$	1.1×10^{13}	$[Zn(NH_3)_4]^{2+}$	4.1×10^8
$[Cu(ox)_2]^{2-}$	3.0×10^8	$[Zn(OH)_4]^{2-}$	4.6×10^{17}
$[Fe(CN)_6]^{3-}$	1.0×10^{42}	$[Zn(ox)_3]^{4-}$	1.4×10^8
$[Fe(CN)_6]^{4-}$	1.0×10^{37}		

注：1. 数据摘自 Petrucci, R. H., Harwood, W. S., Herring, F. G. general Chemistry: Principles and Modern Applications 8ed. 2002。

2. ox—草酸根离子（oxalate ion）；en—乙二胺（ethylenediamine）；EDTA—乙二胺四乙酸根离子（ethylenediaminetetraacetato ion），EDTA^{4-}。

附录9　常见阴、阳离子的鉴定反应

1. 常见阳离子的主要鉴定反应

离子	试剂	鉴定反应	介质	主要干扰离子
NH_4^+	NaOH	$NH_4^+ + NaOH \Longrightarrow NH_3 \uparrow + H_2O$ NH_3 使润湿的红色石蕊试纸变蓝或 pH 试纸呈碱性反应	强碱性	$CN^- + 2H_2O \Longrightarrow HCOO^- + NH_3$
	奈斯特	$NH_4^+ + 2[HgI_4]^{2-} + 4OH^- \Longrightarrow$ $\left[O \begin{array}{c} Hg \\ \\ Hg \end{array} NH_2 \right] I \downarrow$（红色）$+$ $7I^- + 3H_2O$	碱性	Fe^{3+}、Cr^{3+}、Co^{2+}、Ni^{2+}、Ag^+、Hg^{2+} 等离子能与奈斯特试剂生成有色沉淀，妨碍鉴定
Na^+	醋酸铀酰锌	$Na^+ + Zn^{2+} + 3UO_2^{2+} + 9Ac^- + 9H_2O \Longrightarrow NaZn(UO_2)_3(Ac)_9 \cdot 9H_2O) \downarrow$（淡黄绿色）	中性或乙酸溶液中	大量 K^+ 存在有干扰[生成 KAc·UO_2·（Ac）针状晶体]，Ag^+、Hg_2^{2+}、Sb（Ⅲ）存在亦有干扰
	焰色反应	挥发性钠盐在煤气灯的无色火焰(氧化焰)中灼烧时，火焰呈黄色		
K^+	$Na_3[Co(NO_2)_6]$	$2K^+ + Na^+ + [Co(NO_2)_6]^{3-} \Longrightarrow K_2Na[Co(NO_2)_6] \downarrow$（亮黄色）	中性或弱酸性	Rb^+、Cs^+、NH_4^+ 能与试剂形成相似的化合物，妨碍鉴定
	焰色反应	挥发性钾盐在煤气灯的无色火焰(氧化焰)中灼烧时，火焰呈紫色		Na^+ 存在时，所显示的紫色被黄色遮盖，可透过蓝色玻璃去观察
Mg^{2+}	镁试剂	镁试剂被氢氧化镁吸附后呈天蓝色沉淀	强碱性	(1)除碱金属外，在强碱性介质中能形成有色沉淀的离子如 Ag^+、Hg^{2+}、Ni^{2+}、Co^{2+}、Cr^{3+}、Cu^{2+}、Mn^{2+}、Fe^{3+} 等对反应均有干扰，应预先分离。 (2)大量 NH_4^+ 存在降低 OH^- 的浓度，从而降低鉴定反应的灵敏度
Ba^{2+}	焰色反应	挥发性钡盐使火焰呈黄绿色		
	K_2CrO_4	$Ba^{2+} + CrO_4^{2-} \Longrightarrow BaCrO_4 \downarrow$（黄色）	中性或弱酸性	Sr^{2+}、Pb^{2+}、Ag^+、Ni^{2+}、Hg^{2+} 等离子与 CrO_4^{2-} 能生成有色沉淀，影响 Ba^{2+} 的检出
Ca^{2+}	$(NH_4)_2C_2O_4$ 饱和溶液	$Ca^{2+} + C_2O_4^{2-} \Longrightarrow CaC_2O_4 \downarrow$（白色）	中性或弱酸性	Ag^+、Pb^{2+}、Cd^{2+}、Hg^{2+}、Hg_2^{2+} 等金属离子均能与作用生成沉淀对反应有干扰，可在氨性试液中加入锌粉，将它们还原而除去
	焰色反应	挥发性钙盐使火焰呈砖红色		
Al^{3+}	铝试剂	形成红色絮状沉淀	pH=4～5 的 HAc-NH_4Ac 缓冲溶液	Fe^{3+}、Cr^{3+}、Co^{2+}、Mn^{2+} 等离子也能生成与铝类似的红色沉淀而有干扰

续表

离子	试剂	鉴定反应	介质	主要干扰离子
Sb^{3+}	Sn 片	$2Sb^{3+}+3Sn \Longrightarrow 2Sb\downarrow$（黑色）$+3Sn^{2+}$	酸性介质	Ag^+、AsO_2^-、Bi^{3+} 等离子也能与 Sn 发生氧化还原反应，析出黑色金属，妨碍 Sb^{3+} 鉴定
Bi^{3+}	$Na_2[Sn(OH)_4]$	$2Bi^{3+}+3[Sn(OH)_4]^{2-}+6OH^- \Longrightarrow 2Bi\downarrow$（黑色）$+3[Sn(OH)_6]^{2-}$ 注意:试剂必须临时配制	强碱性介质	Pb^{2+} 存在时，也会慢慢地被 $[Sn(OH)_4]^{2-}$ 还原而析出黑色金属 Pb，干扰 Bi^{3+} 的鉴定
Sn^{2+}	$HgCl_2$	$Sn^{2+}+2HgCl_2+4Cl^- \Longrightarrow Hg_2Cl_2\downarrow$（白色）$+[SnCl_6]^{2-}$ $Sn^{2+}+Hg_2Cl_2+4Cl^- \Longrightarrow 2Hg\downarrow$（黑色）$+[SnCl_6]^{2-}$	酸性介质	
Pb^{2+}	K_2CrO_4	$Pb^{2+}+CrO_4^{2-} \Longrightarrow K_2CrO_4\downarrow$（黄色）	中性或弱酸性	Ba^{2+}、Sr^{2+}、Ag^+、Ni^{2+}、Zn^{2+} 等离子与 CrO_4^{2-} 作用生成有色沉淀，影响 Pb^{2+} 的检出
Cr^{3+}	过量 NaOH 条件下，用 H_2O_2 氧化后加可溶性的 Pb^{2+}、Ag^+ 或 Ba^{2+} 盐	$Cr^{3+}+4OH^- \Longrightarrow [Cr(OH)_4]^-$ $2[Cr(OH)_4]^-+3H_2O_2+2OH^- \Longrightarrow 2CrO_4^{2-}+8H_2O$	酸性介质	凡与 CrO_4^{2-} 生在有色沉淀的金属离子均有干扰。
		$CrO_4^{2-}+Pb^{2+} \Longrightarrow PbCrO_4\downarrow$（黄色） $CrO_4^{2-}+Ag^+ \Longrightarrow Ag_2CrO_4\downarrow$（砖红） $CrO_4^{2-}+Ba^{2+} \Longrightarrow BaCrO_4\downarrow$（黄色）	用醋酸酸化成弱碱	
CrO_4^{2-} 或 $Cr_2O_7^{2-}$	加可溶性 Pb^{2+}、Ag^+ 或 Ba^{2+} 盐；酸性条件下，并用戊醇（或乙醚）萃取	$2CrO_4^{2-}+2H^+ \Longrightarrow Cr_2O_7^{2-}+H_2O$ $Cr_2O_7^{2-}+4H_2O_2+2H^+ \Longrightarrow 5H_2O+2CrO_5$（蓝） 反应要求在较低温度下进行	酸性介质	
Mn^{2+}	$NaBiO_3$	$2Mn^{2+}+5NaBiO_3+14H^+ \Longrightarrow 2MnO_4^-+5Na^++5Bi^{3+}+7H_2O$	HNO_3 或 H_2SO_4	
Fe^{2+}	$K_3[Fe(CN)_6]$	$Fe^{2+}+K^++[Fe(CN)_6]^{3-} \Longrightarrow KFe[Fe(CN)_6]\downarrow$（深蓝色）	酸性介质	
Fe^{3+}	NH_4SCN	$Fe^{3+}+SCN^- \Longrightarrow Fe(NCS)]^{2+}$（血红色）	酸性介质	氟化物、磷酸、草酸、酒石酸、柠檬酸，含有 α-OH 或 β-OH 的有机物能与 Fe^{3+} 生成稳定的配合物，妨碍 Fe^{3+} 的检出；大量 Cu^{2+} 存在能 SCN^- 生成黑绿色 $Cu(SCN)_2$ 的沉淀，干扰 Fe^{3+} 的检出
	$K_4[Fe(CN)_6]$	$Fe^{3+}+K^++[Fe(CN)_6]^{4-} \Longrightarrow KFe[Fe(CN)_6]\downarrow$（深蓝色）		

离子	试剂	鉴定反应	介质	主要干扰离子
Co^{2+}	NH_4SCN	$Co^{2+} + 4SCN^- =\!\!=\!\![Co(NCS)_4]^{2-}$(艳蓝绿色)	酸性介质	Fe^{3+} 干扰 Co^{2+} 的检出
Ni^{2+}	丁二酮肟	Ni^{2+} 能与丁二酮肟生成玫瑰红的螯合物沉淀	$pH=5\sim10$	Co^{2+}、Fe^{2+}、Bi^{3+} 分别与本试剂反应生成棕色、红色可溶物和黄色沉淀，Fe^{3+}、Mn^{2+} 与氨水生成有色沉淀，均干扰 Ni^{2+} 的检出
Cu^{2+}	$K_4[Fe(CN)_6]$	$2Cu^{2+} + [Fe(CN)_6]^{4-} =\!\!=\!\!= Cu_2[Fe(CN)_6]\downarrow$(红褐色)	中性或酸性	Co^{2+}、Fe^{2+}、Bi^{3+} 等离子能与本试剂反应生成深红色沉淀，均有干扰
Ag^+	HCl	$Ag^+ + Cl^- =\!\!=\!\!= AgCl\downarrow$(白色) 沉淀溶于过量的氨水，用 HNO_3 酸化后沉淀又重新析出。$AgCl + 2NH_3 \cdot H_2O =\!\!=\!\!= [Ag(NH_3)_2]^+ + Cl^- + 2H_2O$ $[Ag(NH_3)_2]^+ + Cl^- + 2H^+ =\!\!=\!\!= 2NH_4^+ + AgCl\downarrow$	酸性介质	Pb^{2+}、Hg_2^{2+} 与 Cl^- 生成白色沉淀，干扰 Ag^+ 的鉴定。但白色沉淀难溶于氨水，可与 AgCl 分离
	K_2CrO_4	$CrO_4^{2-} + 2Ag^+ =\!\!=\!\!= Ag_2CrO_4\downarrow$(砖红色)	中或微酸	Pb^{2+}、Hg_2^{2+} 干扰 Ag^+ 的鉴定
Zn^{2+}	$(NH_4)_2S$	$Zn^{2+} + S^{2-} =\!\!=\!\!= ZnS\downarrow$(白色)	$[H^+] < 0.3mol/L^{-1}$	凡能与 S^{2-} 生成有色硫化物的金属均有干扰
	二苯硫腙（打萨宗）	加入二苯硫腙振荡后水层呈粉红色	碱性	在中性或弱酸性条件下，许多重金属离子都能与二苯硫腙生成有色的配合物，因而应注意鉴定的介质条件
Cd^{2+}	H_2S 或 Na_2S	$Cd^{2+} + H_2S =\!\!=\!\!= CdS\downarrow$(黄色) $+2H^+$	碱性	凡能与 S^{2-} 生成有色硫化物沉淀的金属离子均有干扰
	$SnCl_2$	见 Sn^{2-} 的鉴定	酸性	
Hg^+	KI、$NH_3 \cdot H_2O$	先加入过量的 KI，发生下列反应：$Hg^{2+} + 2I^- =\!\!=\!\!= HgI_2\downarrow$ $HgI_2 + 2I^- =\!\!=\!\!= [HgI_4]^{2-}$ 再加入 $NH_3 \cdot H_2O$ 或 NH_4^+ 盐溶液并加入浓碱溶液，则生成红棕色沉淀：$NH_4^+ + 2[HgI_4]^{2-} + 4OH^- =\!\!=\!\!= \left[O\begin{matrix}Hg\\Hg\end{matrix}NH_2\right]I\downarrow$（棕色）$+ 7I^- + 3H_2O$		凡能与 I^-、OH^- 生成深色沉淀的金属离子均有干扰

2. 常见阴离子的主要鉴定反应

离子	试剂	鉴定反应	介质	主要干扰离子
Cl^-	$AgNO_3$	$Ag^+ + Cl^- =\!=\!= AgCl\downarrow$ AgCl 溶于过量氨水 $(NH_4)_2CO_3$，用 HNO_3 酸化后沉淀重新析出	酸性介质	
Br^-	氯水，CCl_4 或苯	$2Br^- + Cl_2 =\!=\!= Br_2 + 2Cl^-$，析出的 Br_2 溶于 CCl_4 或苯溶剂中呈橙黄色或橙红色	中性或酸性	
I^-	氯水，CCl_4 苯	$2I^- + Cl_2 =\!=\!= I_2 + 2Cl^-$ 析出的碘溶于溶剂中呈紫红色	中性或酸性	
SO_4^{2-}	$BaCl_2$	$Ba^{2+} + SO_4^{2-} =\!=\!= BaSO_4\downarrow$（白色）	酸性	
SO_3^{2-}	稀 HCl	$SO_3^{2-} + 2H^+ =\!=\!= SO_2\uparrow + H_2O$ SO_2 的鉴定： （1）SO_2 可使 MnO_4^- 还原而褪色。 （2）SO_2 可将 I_2 还原为 I^-，使淀粉溶液褪色。 （3）SO_2 可使品红溶液褪色。因此可用蘸有 MnO_4^- 溶液或淀粉溶液或品红溶液的试纸检验	酸性介质	$S_2O_3^{2-}$、S^{2-}、SO_4^{2-} 对 SO_3^{2-} 的鉴定有干扰
SO_3^{2-}	$Na_2[Fe(CN)_5NO]$ $ZnSO_4K_4[Fe(CN)_6]$	生成红色沉淀	中性介质	S^{2-} 与 $Na_2[Fe(CN)_5NO]$ 生成紫红色配合物，干扰 SO_3^{2-} 的鉴定
$S_2O_3^{2-}$	稀 HCl	$S_2O_3^{2-} + 2H^+ =\!=\!= SO_2\uparrow + S\downarrow + H_2O$ 反应中有硫析出使溶液变浑浊	酸性介质	S^{2-}，SO_3^{2-} 同时存在时，干扰 $S_2O_3^{2-}$ 的鉴定
	$AgNO_3$	$2Ag^+ + S_2O_3^{2-} =\!=\!= Ag_2S_2O_3\downarrow$ $Ag_2S_2O_3$ 沉淀不稳定，生成后立即发生水解反应，并且伴随明显的颜色变化，有白→黄→棕，最后变成黑色的 Ag_2S $Ag_2S_2O_3 + H_2O =\!=\!= Ag_2S\downarrow + 2H^+ + SO_4^{2-}$	中性介质	S^{2-}
S^{2-}	稀 HCl	$S^{2-} + H^+ =\!=\!= H_2S\uparrow$ H_2S 气体可使 $Pb(NO_3)_2$ 蘸有或 $Pb(Ac)_2$ 的试纸变黑	酸性介质	$S_2O_3^{2-}$、SO_3^{2-} 存在干扰
	$Na_2[Fe(CN)_5NO]$	$S^{2-} + [Fe(CN)_5NO]^{2+} =\!=\!= [Fe(CN)_5NOS]$（紫红色）	碱性介质	

续表

离子	试剂	鉴定反应	介质	主要干扰离子
NO_2^-	对-氨基苯黄酸 α-苯胺	溶液呈红色	中性或乙酸	MnO_4^- 强氧化剂的干扰
NO_3^-	$FeSO_4$ 浓 H_2SO_4	$NO_3^- + 3Fe^{2+} + 4H^+ = 3Fe^{3+} + NO + 2H_2O$ $Fe^{2+} + NO = [Fe(NO)]^{2+}$（棕色） 在混合液与浓硫酸分层处形成棕色环	酸性介质	NO_2^- 有同样的反应,妨碍鉴定
CO_3^{2-}	稀 HCl 或稀 H_2SO_4	$CO_3^{2-} + H^+ = CO_2\uparrow + H_2O$ CO_2 气体使澄清石灰水变浑浊	酸性介质	
PO_4^{3-}	$AgNO_3$	$PO_4^{3-} + 3Ag^+ = Ag_3PO_4\downarrow$（黄色）	中性或弱酸性	CrO_4^-、S^{2-}、AsO_4^{3-}、AsO_3^{3-}、I^-、$S_2O_3^{2-}$ 等离子能与 Ag^+ 生成有色沉淀有妨碍
	$(NH_4)_2MoO_4$（过量试剂）	$PO_4^{3-} + 3NH_4^+ + 12MoO_4^{2-} + 24H^+ = (NH_4)_3PO_4 \cdot 12MoO_3 \cdot 6H_2O\downarrow$（黄色）$+6H_2O$ (1)无干扰离子时不必加 HNO_3。 (2)磷钼酸铵能溶于过量磷酸盐溶液生成配合物,因此需要加入过量的钼酸铵试剂	HNO_3 介质	(1)SO_3^{2-},$S_2O_3^{2-}$,S^{2-},I^-,Sn^{2+} 等还原性离子将钼酸铵试剂还原为低价钼的化合物钼蓝,严重影响检出。 (2)SiO_3^{2-},AsO_4^{3-} 与钼酸铵试剂也能形成相似的黄色沉淀,妨碍鉴定。 (3)大量 Cl^- 存在时,可与 $Mo(VI)$ 形成配合物而降低反应的灵敏度
SiO_3^{2-}	NH_4Cl(饱和)（加热）	$SiO_3^{2-} + 2NH_4^+ = H_2SiO_3\downarrow$（白色胶状）$+ NH_3\uparrow$	碱性介质	
F^-	H_2SO_4	$CaF_2 + H_2SO_4 = 2HF\uparrow + CaSO_4$ HF 与硅酸盐或 SiO_2 作用,生成 SiF_4 气体。当 SiF_4 与水作用,立即转化为硅酸沉淀而使水变浑。 $SiO_2 + 4HF = SiF_4 + 2H_2O$ $SiF_4 + 4H_2O = H_4SiO_4\downarrow + 4HF$ 用上述方法鉴定溶液中的 F^- 时,应将溶液蒸发至干或在乙酸存在下用 $CaCl_2$ 沉淀 F^-,将 CaF_2 离心分离后,然后试验		

附录 10　标准电极电势

1. 在酸性溶液中（298K）

电极反应	$\varphi^{\ominus}/V$	电极反应	$\varphi^{\ominus}/V$
$Li^+ + e \Longrightarrow Li$	-3.0401	$Eu^{3+} + e \Longrightarrow Eu^{2+}$	-0.36
$Cs^+ + e \Longrightarrow Cs$	-3.026	$PbSO_4 + 2e \Longrightarrow Pb + SO_4^{2-}$	-0.3588
$Rb^+ + e \Longrightarrow Rb$	-2.98	$In^{3+} + 3e \Longrightarrow In$	-0.3382
$K^+ + e \Longrightarrow K$	-2.931	$Tl^+ + e \Longrightarrow Tl$	-0.336
$Ba^{2+} + 2e \Longrightarrow Ba$	-2.912	$Co^{2+} + 2e \Longrightarrow Co$	-0.28
$Sr^{2+} + 2e \Longrightarrow Sr$	-2.89	$H_3PO_4 + 2H^+ + 2e \Longrightarrow H_3PO_3 + H_2O$	-0.276
$Ca^{2+} + 2e \Longrightarrow Ca$	-2.868	$PbCl_2 + 2e \Longrightarrow Pb + 2Cl^-$	-0.2675
$Na^+ + e \Longrightarrow Na$	-2.71	$Ni^{2+} + 2e \Longrightarrow Ni$	-0.257
$La^{3+} + 3e \Longrightarrow La$	-2.379	$V^{3+} + e \Longrightarrow V^{2+}$	-0.255
$Mg^{2+} + 2e \Longrightarrow Mg$	-2.372	$H_2GeO_3 + 4H^+ + 4e \Longrightarrow Ge + 3H_2O$	-0.182
$Ce^{3+} + 3e \Longrightarrow Ce$	-2.336	$AgI + e \Longrightarrow Ag + I^-$	-0.15224
$H_2(g) + 2e \Longrightarrow 2H^-$	-2.23	$Sn^{2+} + 2e \Longrightarrow Sn$	-0.1375
$AlF_6^{3-} + 3e \Longrightarrow Al + 6F^-$	-2.069	$Pb^{2+} + 2e \Longrightarrow Pb$	-0.1262
$Th^{4+} + 4e \Longrightarrow Th$	-1.899	$CO_2(g) + 2H^+ + 2e \Longrightarrow CO + H_2O$	-0.12
$Be^{2+} + 2e \Longrightarrow Be$	-1.847	$P(white) + 3H^+ + 3e \Longrightarrow PH_3(g)$	-0.063
$U_3^+ + 3e \Longrightarrow U$	-1.798	$Hg_2I_2 + 2e \Longrightarrow 2Hg + 2I^-$	-0.0405
$HfO^{2+} + 2H^+ + 4e \Longrightarrow Hf + H_2O$	-1.724	$Fe^{3+} + 3e \Longrightarrow Fe$	-0.037
$Al^{3+} + 3e \Longrightarrow Al$	-1.662	$2H^+ + 2e \Longrightarrow H_2$	0.0000
$Ti^{2+} + 2e \Longrightarrow Ti$	-1.630	$AgBr + e \Longrightarrow Ag + Br^-$	0.07133
$ZrO_2 + 4H^+ + 4e \Longrightarrow Zr + 2H_2O$	-1.553	$S_4O_6^{2-} + 2e \Longrightarrow 2S_2O_3^{2-}$	0.08
$[SiF_6]^{2-} + 4e \Longrightarrow Si + 6F^-$	-1.24	$TiO^{2+} + 2H^+ + e \Longrightarrow Ti^{3+} + H_2O$	0.10
$Mn^{2+} + 2e \Longrightarrow Mn$	-1.185	$S + 2H^+ + 2e \Longrightarrow H_2S(aq)$	0.142
$Cr^{2+} + 2e \Longrightarrow Cr$	-0.913	$Sn_4^+ + 2e \Longrightarrow Sn^{2+}$	0.151
$Ti^{3+} + e \Longrightarrow Ti^{2+}$	-0.9	$Sb_2O_3 + 6H^+ + 6e \Longrightarrow 2Sb + 3H_2O$	0.152
$H_3BO_3 + 3H^+ + 3e \Longrightarrow B + 3H_2O$	-0.8698	$Cu^{2+} + e \Longrightarrow Cu^+$	0.153
$TiO_2 + 4H^+ + 4e \Longrightarrow Ti + 2H_2O$	-0.86	$BiOCl + 2H^+ + 3e \Longrightarrow Bi + Cl^- + H_2O$	0.1583
$Te + 2H^+ + 2e \Longrightarrow H_2Te$	-0.793	$SO_4^{2-} + 4H^+ + 2e \Longrightarrow H_2SO_3 + H_2O$	0.1722
$Zn^{2+} + 2e \Longrightarrow Zn$	-0.7618	$SbO^+ + 2H^+ + 3e \Longrightarrow Sb + H_2O$	0.212
$Ta_2O_5 + 10H^+ + 10e \Longrightarrow 2Ta + 5H_2O$	-0.750	$AgCl + e \Longrightarrow Ag + Cl^-$	0.22233
$Cr^{3+} + 3e \Longrightarrow Cr$	-0.744	$HAsO_2 + 3H^+ + 3e \Longrightarrow As + 2H_2O$	0.248
$Nb_2O_5 + 10H^+ + 10e \Longrightarrow 2Nb + 5H_2O$	-0.644	$Hg_2Cl_2 + 2e \Longrightarrow 2Hg + 2Cl^-$ (饱和 KCl)	0.26808
$As + 3H^+ + 3e \Longrightarrow AsH_3$	-0.608	$BiO^+ + 2H^+ + 3e \Longrightarrow Bi + H_2O$	0.320
$U^{4+} + e \Longrightarrow U^{3+}$	-0.607	$UO2^{2+} + 4H^+ + 2e \Longrightarrow U_4^+ + 2H_2O$	0.327
$Ga^{3+} + 3e \Longrightarrow Ga$	-0.549	$2HCNO + 2H^+ + 2e \Longrightarrow (CN)_2 + 2H_2O$	0.330
$H_3PO_2 + H^+ + e \Longrightarrow P + 2H_2O$	-0.508	$VO^{2+} + 2H^+ + e \Longrightarrow V^{3+} + H_2O$	0.337
$H_3PO_3 + 2H^+ + 2e \Longrightarrow H_3PO_2 + H_2O$	-0.499	$Cu^{2+} + 2e \Longrightarrow Cu$	0.3419
$2CO_2 + 2H^+ + 2e \Longrightarrow H_2C_2O_4$	-0.49	$ReO_4^- + 8H^+ + 7e \Longrightarrow Re + 4H_2O$	0.368
$Fe^{2+} + 2e \Longrightarrow Fe$	-0.447	$Ag_2CrO_4 + 2e \Longrightarrow 2Ag + CrO_4^{2-}$	0.4470
$Cr^{3+} + e \Longrightarrow Cr^{2+}$	-0.407	$H_2SO_3 + 4H^+ + 4e \Longrightarrow S + 3H_2O$	0.449
$Cd^{2+} + 2e \Longrightarrow Cd$	-0.4030	$Cu^+ + e \Longrightarrow Cu$	0.521
$Se + 2H^+ + 2e \Longrightarrow H_2Se(aq)$	-0.399	$I_2 + 2e \Longrightarrow 2I^-$	0.5355
$PbI_2 + 2e \Longrightarrow Pb + 2I^-$	-0.365	$I_3^- + 2e \Longrightarrow 3I^-$	0.536

续表

电极反应	$\varphi^{\ominus}/V$	电极反应	$\varphi^{\ominus}/V$
$H_3AsO_4+2H^++2e \Longrightarrow HAsO_2+2H_2O$	0.560	$2HNO_2+4H^++4e \Longrightarrow N_2O+3H_2O$	1.297
$Sb_2O_5+6H^++4e \Longrightarrow 2SbO^++3H_2O$	0.581	$Cr_2O_7^{2-}+14H^++6e \Longrightarrow 2Cr^{3+}+7H_2O$	1.33
$TeO_2+4H^++4e \Longrightarrow Te+2H_2O$	0.593	$HBrO+H^++2e \Longrightarrow Br^-+H_2O$	1.331
$UO_2^++4H^++e \Longrightarrow U^{4+}+2H_2O$	0.612	$HCrO_4^-+7H^++3e \Longrightarrow Cr^{3+}+4H_2O$	1.350
$2HgCl_2+2e \Longrightarrow Hg_2Cl_2+2Cl^-$	0.63	$Cl_2(g)+2e \Longrightarrow 2Cl^-$	1.35827
$[PtCl_6]^{2-}+2e \Longrightarrow [PtCl_4]^{2-}+2Cl^-$	0.68	$ClO_4^-+8H^++8e \Longrightarrow Cl^-+4H_2O$	1.389
$O_2+2H^++2e \Longrightarrow H_2O_2$	0.695	$ClO_4^-+8H^++7e \Longrightarrow 1/2Cl_2+4H_2O$	1.39
$[PtCl_4]^{2-}+2e \Longrightarrow Pt+4Cl^-$	0.755	$Au^{3+}+2e \Longrightarrow Au^+$	1.401
$H_2SeO_3+4H^++4e \Longrightarrow Se+3H_2O$	0.74	$BrO_3^-+6H^++6e \Longrightarrow Br^-+3H_2O$	1.423
$Fe^{3+}+e \Longrightarrow Fe^{2+}$	0.771	$2HIO+2H^++2e \Longrightarrow I_2+2H_2O$	1.439
$Hg_2^{2+}+2e \Longrightarrow 2Hg$	0.7973	$ClO_3^-+6H^++6e \Longrightarrow Cl^-+3H_2O$	1.451
$Ag^++e \Longrightarrow Ag$	0.7996	$PbO_2+4H^++2e \Longrightarrow Pb^{2+}+2H_2O$	1.455
$OsO_4+8H^++8e \Longrightarrow Os+4H_2O$	0.8	$ClO_3^-+6H^++5e \Longrightarrow 1/2Cl_2+3H_2O$	1.47
$2NO_3^-+4H^++2e \Longrightarrow N_2O_4+2H_2O$	0.803	$HClO+H^++2e \Longrightarrow Cl^-+H_2O$	1.482
$Hg^{2+}+2e \Longrightarrow Hg$	0.851	$BrO_3^-+6H^++5e \Longrightarrow 1/2Br_2+3H_2O$	1.482
$SiO_2+4H^++4e \Longrightarrow Si+2H_2O$	0.857	$Au^{3+}+3e \Longrightarrow Au$	1.498
$Cu^{2+}+I^-+e \Longrightarrow CuI$	0.86	$MnO_4^-+8H^++5e \Longrightarrow Mn^{2+}+4H_2O$	1.507
$2HNO_2+4H^++4e \Longrightarrow H_2N_2O_2+2H_2O$	0.86	$Mn^{3+}+e \Longrightarrow Mn^{2+}$	1.5415
$2Hg^{2+}+2e \Longrightarrow Hg_2^{2+}$	0.920	$HClO_2+3H^++4e \Longrightarrow Cl^-+2H_2O$	1.570
$NO_3^-+3H^++2e \Longrightarrow HNO_2+H_2O$	0.934	$HBrO+H^++e \Longrightarrow 1/2Br_2(aq)+H_2O$	1.574
$Pd^{2+}+2e \Longrightarrow Pd$	0.951	$2NO+2H^++2e \Longrightarrow N_2O+H_2O$	1.591
$NO_3^-+4H^++3e \Longrightarrow NO+2H_2O$	0.957	$H_5IO_6+H^++2e \Longrightarrow IO_3^-+3H_2O$	1.601
$HNO_2+H^++e \Longrightarrow NO+H_2O$	0.983	$HClO+H^++e \Longrightarrow 1/2Cl_2+H_2O$	1.611
$HIO+H^++2e \Longrightarrow I^-+H_2O$	0.987	$HClO_2+2H^++2e \Longrightarrow HClO+H_2O$	1.645
$VO_2^++2H^++e \Longrightarrow VO^{2+}+H_2O$	0.991	$NiO_2+4H^++2e \Longrightarrow Ni^{2+}+2H_2O$	1.678
$V(OH)_4^++2H^++e \Longrightarrow VO^{2+}+3H_2O$	1.00	$MnO_4^-+4H^++3e \Longrightarrow MnO_2+2H_2O$	1.679
$[AuCl_4]^-+3e \Longrightarrow Au+4Cl^-$	1.002	$PbO_2+SO_4^{2-}+4H^++2e \Longrightarrow PbSO_4+2H_2O$	1.6913
$H_6TeO_6+2H^++2e \Longrightarrow TeO_2+4H_2O$	1.02	$Au^++e \Longrightarrow Au$	1.692
$N_2O_4+4H^++4e \Longrightarrow 2NO+2H_2O$	1.035	$Ce^{4+}+e \Longrightarrow Ce^{3+}$	1.72
$N_2O_4+2H^++2e \Longrightarrow 2HNO_2$	1.065	$N_2O+2H^++2e \Longrightarrow N_2+H_2O$	1.766
$IO_3^-+6H^++6e \Longrightarrow I^-+3H_2O$	1.085	$H_2O_2+2H^++2e \Longrightarrow 2H_2O$	1.776
$Br_2(aq)+2e \Longrightarrow 2Br^-$	1.0873	$Co^{3+}+e \Longrightarrow Co^{2+}(2mol \cdot L^{-1} H_2SO_4)$	1.83
$SeO_4^{2-}+4H^++2e \Longrightarrow H_2SeO_3+H_2O$	1.151	$Ag^{2+}+e \Longrightarrow Ag^+$	1.980
$ClO_3^-+2H^++e \Longrightarrow ClO_2+H_2O$	1.152	$S_2O_8^{2-}+2e \Longrightarrow 2SO_4^{2-}$	2.010
$Pt^{2+}+2e \Longrightarrow Pt$	1.18	$O_3+2H^++2e \Longrightarrow O_2+H_2O$	2.076
$ClO_4^-+2H^++2e \Longrightarrow ClO_3^-+H_2O$	1.189	$F_2O+2H^++4e \Longrightarrow H_2O+2F^-$	2.153
$2IO_3^-+12H^++10e \Longrightarrow I_2+6H_2O$	1.195	$O_3+2H^++2e \Longrightarrow O_2+H_2O$	2.076
$ClO_3^-+3H^++2e \Longrightarrow HClO_2+H_2O$	1.214	$F_2O+2H^++4e \Longrightarrow H_2O+2F^-$	2.153
$MnO_2+4H^++2e \Longrightarrow Mn^{2+}+2H_2O$	1.224	$FeO_4^{2-}+8H^++3e \Longrightarrow Fe^{3+}+4H_2O$	2.20
$O_2+4H^++4e \Longrightarrow 2H_2O$	1.229	$O(g)+2H^++2e \Longrightarrow H_2O$	2.421
$Tl^{3+}+2e \Longrightarrow Tl^+$	1.252	$F_2+2e \Longrightarrow 2F^-$	2.866
$ClO_2+H^++e \Longrightarrow HClO_2$	1.277	$F_2+2H^++2e \Longrightarrow 2HF$	3.053

2. 在碱性溶液中（298K）

电极反应	$\varphi^{\ominus}/V$	电极反应	$\varphi^{\ominus}/V$
$Ca(OH)_2+2e\Longrightarrow Ca+2OH^-$	-3.02	$ReO_4^-+2H_2O+3e\Longrightarrow ReO_2+4OH^-$	-0.59
$Ba(OH)_2+2e\Longrightarrow Ba+2OH^-$	-2.99	$SbO_3^-+H_2O+2e\Longrightarrow SbO_2^-+2OH^-$	-0.59
$La(OH)_3+3e\Longrightarrow La+3OH^-$	-2.90	$ReO_4^-+4H_2O+7e\Longrightarrow Re+8OH^-$	-0.584
$Sr(OH)_2\cdot 8H_2O+2e\Longrightarrow Sr+2OH^-+8H_2O$	-2.88	$2SO_3^{2-}+3H_2O+4e\Longrightarrow S_2O_3^{2-}+6OH^-$	-0.58
$Mg(OH)_2+2e\Longrightarrow Mg+2OH^-$	-2.690	$TeO_3^{2-}+3H_2O+4e\Longrightarrow Te+6OH^-$	-0.57
$Be_2O_3^{2-}+3H_2O+4e\Longrightarrow 2Be+6OH^-$	-2.63	$Fe(OH)_3+e\Longrightarrow Fe(OH)_2+OH^-$	-0.56
$HfO(OH)_2+H_2O+4e\Longrightarrow Hf+4OH^-$	-2.50	$S+2e\Longrightarrow S^{2-}$	-0.47627
$H_2ZrO_3+H_2O+4e\Longrightarrow Zr+4OH^-$	-2.36	$Bi_2O_3+3H_2O+6e\Longrightarrow 2Bi+6OH^-$	-0.46
$H_2AlO_3^-+H_2O+3e\Longrightarrow Al+OH^-$	-2.33	$NO_2^-+H_2O+e\Longrightarrow NO+2OH^-$	-0.46
$H_2PO_2^-+e\Longrightarrow P+2OH^-$	-1.82	$[Co(NH_3)_6]^{2+}+2e\Longrightarrow Co+6NH_3$	-0.422
$H_2BO_3^-+H_2O+3e\Longrightarrow B+4OH^-$	-1.79	$SeO_3^{2-}+3H_2O+4e\Longrightarrow Se+6OH^-$	-0.366
$HPO_3^{2-}+2H_2O+3e\Longrightarrow P+5OH^-$	-1.71	$Cu_2O+H_2O+2e\Longrightarrow 2Cu+2OH^-$	-0.360
$SiO_3^{2-}+3H_2O+4e\Longrightarrow Si+6OH^-$	-1.697	$Tl(OH)+e\Longrightarrow Tl+OH^-$	-0.34
$HPO_3^{2-}+2H_2O+2e\Longrightarrow H_2PO_2^-+3OH^-$	-1.65	$[Ag(CN)_2]^-+e\Longrightarrow Ag+2CN^-$	-0.31
$Mn(OH)_2+2e\Longrightarrow Mn+2OH^-$	-1.56	$NO_3^-+H_2O+2e\Longrightarrow NO_2^-+2OH^-$	0.01
$Cr(OH)_3+3e\Longrightarrow Cr+3OH^-$	-1.48	$SeO_4^{2-}+H_2O+2e\Longrightarrow SeO_3^{2-}+2OH^-$	0.05
$[Zn(CN)_4]^{2-}+2e\Longrightarrow Zn+4CN^-$	-1.26	$Pd(OH)_2+2e\Longrightarrow Pd+2OH^-$	0.07
$Zn(OH)_2+2e\Longrightarrow Zn+2OH^-$	-1.249	$S_4O_6^{2-}+2e\Longrightarrow 2S_2O_3^{2-}$	0.08
$H_2GaO_3^-+H_2O+2e\Longrightarrow Ga+4OH^-$	-1.219	$HgO+H_2O+2e\Longrightarrow Hg+2OH^-$	0.0977
$ZnO_2^{2-}+2H_2O+2e\Longrightarrow Zn+4OH^-$	-1.215	$[Co(NH_3)_6]^{3+}+e\Longrightarrow[Co(NH_3)_6]^{2+}$	0.108
$CrO_2^-+2H_2O+3e\Longrightarrow Cr+4OH^-$	-1.2	$Pt(OH)_2+2e\Longrightarrow Pt+2OH^-$	0.14
$Te+2e\Longrightarrow Te^{2-}$	-1.143	$Co(OH)_3+e\Longrightarrow Co(OH)_2+OH^-$	0.17
$PO_4^{3-}+2H_2O+2e\Longrightarrow HPO_3^{2-}+3OH^-$	-1.05	$PbO_2+H_2O+2e\Longrightarrow PbO+2OH^-$	0.247
$[Zn(NH_3)_4]^{2+}+2e\Longrightarrow Zn+4NH_3$	-1.04	$IO_3^-+3H_2O+6e\Longrightarrow I^-+6OH^-$	0.26
$WO_4^{2-}+4H_2O+6e\Longrightarrow W+8OH^-$	-1.01	$ClO_3^-+H_2O+2e\Longrightarrow ClO_2^-+2OH^-$	0.33
$HGeO_3^-+2H_2O+4e\Longrightarrow Ge+5OH^-$	-1.0	$Ag_2O+H_2O+2e\Longrightarrow 2Ag+2OH^-$	0.342
$[Sn(OH)_6]^{2-}+2e\Longrightarrow HSnO_2^-+H_2O+3OH^-$	-0.93	$[Fe(CN)_6]^{3-}+e\Longrightarrow[Fe(CN)_6]^{4-}$	0.358
$Cu(OH)_2+2e\Longrightarrow Cu+2OH^-$	-0.222	$ClO^-+H_2O+2e\Longrightarrow ClO_3^-+2OH^-$	0.36
$CrO_4^{2-}+4H_2O+3e\Longrightarrow Cr(OH)_3+5OH^-$	-0.13	$[Ag(NH_3)_2]^++e\Longrightarrow Ag+2NH_3$	0.373
$[Cu(NH_3)_2]^++e\Longrightarrow Cu+2NH_3$	-0.12	$O_2+2H_2O+4e\Longrightarrow 4OH^-$	0.401
$O_2+H_2O+2e\Longrightarrow HO_2^-+OH^-$	-0.076	$IO^-+H_2O+2e\Longrightarrow I^-+2OH^-$	0.485
$AgCN+e\Longrightarrow Ag+CN^-$	-0.017	$NiO_2+2H_2O+2e\Longrightarrow Ni(OH)_2+2OH^-$	0.490
$SO_4^{2-}+H_2O+2e\Longrightarrow SO_3^{2-}+2OH^-$	-0.93	$MnO_4^-+e\Longrightarrow MnO_4^{2-}$	0.558
$Se+2e\Longrightarrow Se^{2-}$	-0.924	$MnO_4^-+2H_2O+3e\Longrightarrow MnO_2+4OH^-$	0.595
$HSnO_2^-+H_2O+2e\Longrightarrow Sn+3OH^-$	-0.909	$MnO_4^{2-}+2H_2O+2e\Longrightarrow MnO_2+4OH^-$	0.60
$P+3H_2O+3e\Longrightarrow PH_3(g)+3OH^-$	-0.87	$2AgO+H_2O+2e\Longrightarrow Ag_2O+2OH^-$	0.607
$2NO_3^-+2H_2O+2e\Longrightarrow N_2O_4+4OH^-$	-0.85	$BrO_3^-+3H_2O+6e\Longrightarrow Br^-+6OH^-$	0.61
$2H_2O+2e\Longrightarrow H_2+2OH^-$	-0.8277	$ClO_3^-+3H_2O+6e\Longrightarrow Cl^-+6OH^-$	0.62
$Cd(OH)_2+2e\Longrightarrow Cd(Hg)+2OH^-$	-0.809	$ClO_2^-+H_2O+2e\Longrightarrow ClO^-+2OH^-$	0.66
$Co(OH)_2+2e\Longrightarrow Co+2OH^-$	-0.73	$H_3IO_6^{2-}+2e\Longrightarrow IO_3^-+3OH^-$	0.7
$Ni(OH)_2+2e\Longrightarrow Ni+2OH^-$	-0.72	$ClO_3^-+2H_2O+4e\Longrightarrow Cl^-+4OH^-$	0.76
$AsO_4^{3-}+2H_2O+2e\Longrightarrow AsO_2^-+4OH^-$	-0.71	$BrO^-+H_2O+2e\Longrightarrow Br^-+2OH^-$	0.761
$Ag_2S+2e\Longrightarrow 2Ag+S^{2-}$	-0.691	$ClO^-+H_2O+2e\Longrightarrow Cl^-+2OH^-$	0.841
$AsO_2^-+2H_2O+3e\Longrightarrow As+4OH^-$	-0.68	$ClO_2(g)+e\Longrightarrow ClO_2^-$	0.95
$SbO_2^-+2H_2O+3e\Longrightarrow Sb+4OH^-$	-0.66	$O_3+H_2O+2e\Longrightarrow O_2+2OH^-$	1.24

参 考 文 献

[1] 北京师范大学无机化学教研室等. 无机化学实验. 第 3 版. 北京：高等教育出版社，2001.

[2] 中山大学等校编. 无机化学实验. 第 3 版. 北京：高等教育出版社，1992.

[3] 武汉大学等校编. 无机化学. 第 3 版. 北京：高等教育出版社，1994.

[4] 魏琴，盛永利主编. 无机及分析化学实验. 北京：科学出版社，2008.

[5] 王升富，周立群主编. 无机及分析化学实验. 北京：科学出版社，2009.

[6] 铁步荣，闫静，吴巧凤主编. 无机化学实验. 北京：科学出版社，2007.

[7] 朱贵云等主编. 化学试剂知识. 北京：科学出版社，1987.

[8] 北京师范大学化学系编. 简明化学手册. 北京出版社，1982.

[9] 胡凤才主编. 基础化学实验教程. 北京：科学出版社，2000.